工业和信息产业科技与教育专著出版资金资助出版

光电&仪器类专业教材

测控技术与仪器专业导论

徐熙平　张　宁　主编

闫钰锋　石利霞　参编

電子工業出版社

Publishing House of Electronics Industry

北京·BEIJING

内 容 简 介

本书以测控技术与仪器专业相关内容为主线，用通俗简要的语言来诠释生硬的专业知识和深奥的教育理念。本书内容涵盖了测控技术与仪器专业的定义、特点、发展概况和在国民经济与国防建设中的地位等，以及该专业的知识体系和课程体系，使学生对该专业有初步了解，方便制定学习规划，对学习专业课也起到先导作用。为了帮助大一新生适应大学生活、掌握学习方法，本书还介绍了大学教育理念的演变历史以及如何学习。最后，对大学生比较关心的就业、创业或考研深造等分别进行了阐述。

本书结构清晰，通俗易懂，通过追溯专业背景和发展趋势，将相关知识、概念的来龙去脉呈现在读者面前，通过大量的人物故事和案例，将教育理念、方法置于情景之中，增强了趣味性和可读性，有助于认识专业、认识教育、认识自我。

本书适用性强，既可作为测控技术与仪器专业的本科导论课程教材，也可供从事自动化、机电一体化、电子信息工程、电气工程及其自动化等相关专业的技术、管理人员参考。

图书在版编目（CIP）数据

测控技术与仪器专业导论 / 徐熙平，张宁主编. —北京：电子工业出版社，2018.3
ISBN 978-7-121-33450-4

Ⅰ. ①测… Ⅱ. ①徐… ②张… Ⅲ. ①测量系统－控制系统－高等学校－教材 ②电子测量设备－高等学校－教材 Ⅳ. ①TM93

中国版本图书馆 CIP 数据核字（2018）第 001990 号

责任编辑：韩同平　　特约编辑：李佩乾　李宪强　宋　薇
印　　刷：北京盛通数码印刷有限公司
装　　订：北京盛通数码印刷有限公司
出版发行：电子工业出版社
　　　　　北京市海淀区万寿路 173 信箱　　邮编：100036
开　　本：787×1092　1/16　印张：12.75　字数：367.2 千字
版　　次：2018 年 3 月第 1 版
印　　次：2024 年 7 月第 11 次印刷
定　　价：39.90 元

凡所购买电子工业出版社图书有缺损问题，请向购买书店调换。若书店售缺，请与本社发行部联系，联系及邮购电话：（010）88254888，88258888。

质量投诉请发邮件至 zlts@phei.com.cn，盗版侵权举报请发邮件至 dbqq@phei.com.cn。

本书咨询联系方式：88254525。

前　言

作为测控技术与仪器专业的大学新生，满怀憧憬与期望步入大学校园，困惑也随之接踵而至。测控技术与仪器专业到底是什么？都包含哪些课程？要制定什么样的学习规划才能学好它？带着这些疑问，高校第一学期开设专业第一课——测控技术与仪器专业导论，为测控技术与仪器专业揭开面纱。本书作为该课程的参考教材，全面深入地介绍本专业所属学科、基础理论、知识体系、发展方向，以及就业、创业等相关内容，使学生能够对所学专业有全面深入的认识，激发学生的学习兴趣，树立学习目标，制定适合自己的学习规划。

测控技术与仪器专业是多学科融合的专业，集光、机、电、算、控等于一体，技术交叉、知识面广，本书尽量用简单易懂的语言，深入浅出地介绍专业内容。全书共 7 章，第 1 章为绪论，介绍开设导论课的目的、意义，并从信息和信息论入手，介绍信息科学技术的门类、特点、应用和发展趋势；第 2 章为专业概述，介绍测控技术与仪器的内容及应用、发展历史、所属的学科及专业、核心概念和在各个行业中的应用；第 3 章为测控技术概述，介绍常用测量与控制技术的基本原理，使学生了解测控技术在高速度、高精度、非接触与遥感遥测领域的应用；第 4 章为专业培养方案，介绍专业培养目标，知识体系和课程体系，卓越工程师教育培养计划，专业创新特色教育——王大珩科学技术学院，并通过该章，使同学们可以依据自身特点确定个性化目标；第 5 章介绍大学教育，从西方大学理念演化史、中国教育思想与中国大学发展史来诠释大学理念，说明大学不是中学的简单延伸，更多的是综合素质、创新能力的培养；第 6 章探讨大学怎么读，站在学生的角度，从大学新生面临的问题开始谈起，围绕课内与课外、预习和复习、理论与实验、主课和辅课的关系与方法进行逐一探讨，最后介绍科技实践、学科竞赛以及如何走进科研实验室，并通过本章，了解大学的多样性，帮助学生快速转变观念，明确目标；第 7 章讨论就业、创业与考研深造问题，指明测控技术与仪器专业的良好职业发展前景。

本书可使学生对专业内容深入理解，了解在大学四年中要学习什么知识和技能，同时将大学教育的内涵与综合素质的培养紧密结合起来，并介绍测控技术与仪器专业的发展前景和在国民经济中的作用。通过本书，使学生全面了解专业的同时，少一分迷茫，少一些弯路，更好地激发斗志，以积极的心态投入大学学习。

本书由徐熙平、张宁主编，具体分工如下：徐熙平负责第 2、5～7 章的编写，张宁负责第 1、3 章的编写，闫钰锋和石利霞负责第 4 章的编写。在编写的过程中，韩同平编辑提供了大力支持并提出了中肯的建议。此外，本书参考了大量公开发表的文献和网上资料，在此一并致以衷心的感谢。

由于编者水平有限，书中不足或错误之处在所难免，敬请读者批评指正并提出宝贵意见，以便改进。

编者电子邮箱：xxp@cust.edu.cn

编　者

目　录

第1章 绪 论

测控技术与仪器专业是本科仪器类的唯一专业，肩负着我国科学仪器设备研究和振兴仪器仪表行业的双重重任，通过各类仪器拓展人的感官、获取有用信息，从而完成对力学、光学、电学、热学和原子物理等物理量与主观量的检测，利用检测数据控制量的变化，使其向人们需要的方向发展或将其控制在一定的范围内。测控内容非常丰富，例如加工一个阶梯轴，需要机床按照事先确定的程序从毛坯料开始车削，车削过程需要不断地检测是否符合图样要求，不足则继续车削，如果满足公差带的要求，就要停止加工，进入下一工序的切削操作。可见，测与控是不可分割的技术环节。

仪器或仪表是利用力学、光学、电学、磁学、热学和原子物理等学科的原理、定律（或规律）研制的，同时它们又用于检测上述学科所产生的各种现象，例如位移、运动速度、加速度、发光强度、光照度、电流、电压、电功率、磁场强度和温度等参数。显然，仪器仪表的服务面非常之宽。我国著名科学家钱学森明确指出："发展高新技术，信息技术是关键。信息技术包括测量技术、计算机技术和通信技术，测量技术是关键和基础。"王大珩院士也多次指出："在当今以信息技术带动工业化发展的时代，仪器仪表与测试技术是信息科学技术最根本的组成部分。"作为测量和测试技术集中体现的测控技术与仪器专业，其在当今我国国民经济和科学技术发展中的作用日益明显，测控技术与仪器专业的发展关系到国防与国民经济各个部门。

仪器仪表专业肩负着为先进制造业、农业、商业、能源、环保、航空、航天、国防科技等部门培养人才的重任，观察、检测、测量、计算、记录自然现象，实施人为干涉、干预，使之向有利于人类生活方向发展。测控技术与仪器对国家安全、国民经济发展和人类文明起到至关重要的作用。

为了国家安全，必须发展国防科技，"落后就要挨打"是颠扑不破的真理。先进的武器是保卫祖国、制止战争的利器。而先进武器的研制过程离不开测控技术与仪器专业人才的辛勤工作。

1.1 专业导论的目的、性质

怎样让刚踏入大学校门的学生了解"测控技术及仪器"专业的确切含义？它需要学习哪些基础知识？学习哪些专业课？掌握哪些技能？大学4年能够学习到哪些知识？将来能够从事哪些行业？从事怎样的工作？就业前景如何？在国民经济和国防建设中能够发挥的作用和价值又是如何？这一系列问题都需要通过学习《测控技术及仪器专业导论》得到基本的解答，导论课将针对这些实际问题逐一展开讨论，给出理想的答案。让刚刚进入大学校门的学生了解大学教育，了解大学与中学的差异，更快、更早地适应大学学习与生活的氛围，勾画出大学期间学习、生活与发展的蓝图。

让导论课成为整个大学学习的序幕，序幕拉开，美好、壮丽、内容丰富的大学生活将从此开始，人生最美好的时光从此到来。

1.1.1 专业导论的目的

专业是高等学校根据社会分工需要而划分的学业门类。教育部高等教育司于2012年9月正式颁布的《普通高等学校本科专业目录（2012）》中列出13个学科门类，每个门类中包含了多个专业，例如第8学科门类为工学（08），它包含0801～0831共31类专业，测控技术与仪器为0803仪器类的唯一的专业，代码为080301。

随着社会的发展、科技的进步，学科门类也在适应科技发展过程中不断地分离、整合、调整与发展。每个专业都有自己的历史溯源，有自己描述问题和研究问题的词汇和方法。专业导论的一个任务是介绍专业衍生发展的过程，帮助学生理解所学专业的发展规律，充分认识专业的社会价值与专业成长、发展的历史。认识历史才能展望其未来发展。

专业导论的另一个任务是帮助学生认识大学的生活、学习与发展，尽快地从初等教育模式上升到高等教育阶段，掌握高等教育阶段的学习、思维与处事方法，尽快适应高等学校中集体生活、独立思考、认真研究和抓住发展机遇的基本能力。

1.1.2　专业导论的性质

专业导论是将本学科专业做整体概述性的介绍，使学生认识专业的培养目标、所学课程、课程内容的衔接、课程之间的相关性和每门课程对完成培养目标的贡献。理解实施的教学计划、教学各环节安排的意义，帮助学生理解每门课程，以便更好地将自己培养成专业需要的人才，成为合格的毕业生，成为对国家有用的人才。

专业导论的另外一个性质是对专业进行全面的介绍。测控技术与仪器内容广博、知识领域宽，系统性强。专业导论课对专业内容介绍的原则如下：

（1）尽量以通俗易懂的方式给出专业所涉及的最基本原理和核心概念。重点介绍主干学科与主干课程的内容，帮助学生了解时代发展的特征，适应测控技术突飞猛进的发展形式，理解专业的前沿技术。

（2）将专业所需的高深数理知识、理论与基本技术的描述采用简单扼要的方式，只要求学生“知其然”，把“所以然”的问题留在后续课中解决，仅起到“序幕”的作用。

（3）尽量引导学生思索、提问、设定相关问题展开主题讨论，不求彻底解决，但求增强师生沟通的路径。

（4）强化素质培养、能力培养，让学生在大学开始阶段就认识到多学科交叉是现代科技发展的总趋势，需要树立“终身学习”的思想，明白打好坚实的理论基础才能紧跟技术创新发展的道理。大一是学习基础理论阶段，是大学学习的重要时期，要抓好大一的课程学习。

1.2　信息科学技术与信息时代

信息科学技术是当今社会起主导作用的科学技术，已形成众多学科与技术专业方向。为适应信息科学技术发展对人才的需要，教育部1998年后为此设置了10多个本科专业。如信息工程、通信工程、电子信息工程、自动化、电气工程及其自动化、电子科学与技术、测控技术与仪器、计算机科学与技术、生物医学工程、软件工程、电子信息科学与技术、光信息科学与技术等，而且还在不断形成新的学科和专业。可见信息科学技术涵盖面之宽、人才市场之大、发展速度之快，都是前所未有的。

通俗地说，信息时代是指信息科学技术在众多科学技术群体中占主导的时代，或者说，信息时代是人类的一切活动都离不开信息科学技术的时代。信息时代如同人类已经经历过的“农业时代”“工业时代”一样，是人类社会发展和进步的必然；人们预料信息时代之后的下一个时代将是以生命科学为主导的时代。

① 农业时代——以资源经济为主；

② 工业时代——以资本经济为主；

③ 信息时代——以知识经济为主。

1.3 信息与信息科学

信息时代，是以信息技术为主导技术，以信息经济为主导经济，以信息产业为主导产业，以信息文化为主导文化的时代。信息文化将改变人类的教育、生活和工作方式，改变人类的思维方式和价值观念。

信息经济亦称知识经济，即在充分知识化的社会中，以信息智力资源的占有、投入和配置与知识产品的生产、分配和消费为主要因素的经济。信息经济与工业时代的资本经济相比，其主要不同点是：

① 信息经济更依赖于知识，知识在信息经济中的作用和价值大于在资本经济中的作用和价值；

② 在信息经济下，信息和知识本身已成为一种最重要、最积极的投入要素。

1.3.1 信息和信息论

1. 信息的定义

早期信息的代名词是具有一定含义的“音讯”和“消息”。随着工业时代社会的大规模生产实践和科学技术的发展，使社会的信息量迅速增加，如何获得或利用信息，是人类面临的新课题，于是就有人去探讨或研究，进而形成了有关信息的多种定义。如：

（1）信息是可用数值、文字、声音、图像等形式描述的状态；

（2）信息是用数据作为载体来描述和表示的客观现象；

（3）信息是对数据加工提炼的结果，是对人类有用的知识；

（4）信息是隐含在物理信号中具有一定含义的消息；信号处理的目的就是为了从信号中获得有用的信息。

概括地说：信息是可以描述的客观现象，是具有一定物理含义的消息或知识。

2. 狭义信息论的产生和发展

信息的生产、传递和利用是人类的一种本能，随着社会信息量的迅速增加，如何及时准确地获得、处理、传递和利用信息，成为人类的新课题，使人们不得不去深入研究信息的基本性质和运动规律。

1924 年，奈奎斯特（H. Nyquist）发表了《影响电报速度的某些因素》一文，探讨了电信号的传输速率与通信系统的信道频带宽度之间的关系。

1928 年，哈特莱（L.V.R.Hartley）发表了《信息传输》一文，第一次提出了消息是具体的、多样的代码或符号，而信息则是蕴涵于具体消息中的抽象量的理论，并导出第一个用消息出现概率的对数来度量信息的公式。

1948 年，香农[①]（C.E.Shannon，1916—2001）发表了《通信的数学理论》的著名论文，

---

① 香农，美国数学家，信息论创始人，1940 年获得美国麻省理工学院数学博士学位和电子工程硕士学位，他的硕士论文是关于布尔代数在开关理论中的应用，并证明布尔代数的逻辑运算可通过继电器电路来实现，1941 年加入贝尔实验室数学部，在此工作了 15 年。

指出："通信的基本问题就是在一点重新准确地或近似地再现另一点所选择的消息"，并用非常简明的数学公式定义了信息量——香农信息量公式。

1949 年，香农又发表了《噪声下的通信》一文，提出了通信系统的模型。并解决了信息容量、信源统计特性、信源编码、信道编码、信息度量和信道容量与噪声的关系等有关精确传递通信符号的基本技术问题。这两篇文章是现代信息论的奠基之作。因此香农被誉为信息理论的奠基人，时年香农才 33 岁。

由于上述的有关信息的研究都是基于统计概率的信息，没有考虑更广泛、更常见的非概率统计信息，故称其为"狭义信息论"。

3．广义信息论的创立

狭义信息论的局限性是十分明显的，正如香农所说："信息论（狭义的）的基本结果，都是针对某些非常特殊的问题，它们未必切合心理学、经济学以及其他一些社会科学领域。"狭义信息论的局限性主要表现在下述三个方面：

（1）只考虑了信息的形式，没有考虑信息的含义与价值，而在信息处理和利用时又不能回避这个问题。

（2）只局限于"消除随机不定性"的范畴，把其理论建立在概率论基础上。而概率论研究的是是非界限明显的随机过程，在实际生活中，更多的是"亦此亦彼"的模糊现象。所以狭义信息论无法解决普遍存在的这些模糊现象。

（3）只考虑统计信息，没有考虑更广泛的非统计信息；只涉及信息的传递，没有研究更广泛、更重要的其他信息过程的原理和规律。

为了克服狭义信息论的局限性，20 世纪 70 年代起陆续有一些学者开始了新的信息理论——广义信息论的研究：

（1）1972 年，德鲁卡（A. Deluca）和特米尼（S.Termini）提出了用于测量模糊事件的信息量的模糊信息熵[①]公式。

（2）1981 年，我国科学家钟义信提出了一种"广义信息函数"，试图用来描述概率信息和非概率信息。

（3）20 世纪 90 年代，斯托尼尔（T. Stonier）提出了"统一的信息理论基础"理论。他把信息看成宇宙的一种基本属性，其目标是在信息物理学的基础上，结合其他信息科学理论，构建一个广义的信息理论框架。

1.3.2 其他信息类学科的出现

1．控制论

1948 年，美国著名数学家维纳出版了《控制论》一书，系统地揭示了机器、生物和人所遵循的共同规律——信息变换和反馈控制规律，为机器模拟人和动物的行为或功能提供了理论依据，由此诞生了一门新的学科——控制论。维纳研究的控制论在第二次世界大战中得到了直接应用：当时由于德国飞机的速度已接近炮弹的速度，直接瞄准射击的方法不灵了，要求控制系统能预测飞机的飞行位置，即要求控制装置在行为上具有与人和动物某些相似的行为能力。通过大量的研究，人们找到了自动控制装置这种模拟人的、有目的性的行为能力，这就是后来

① 熵，其本义是源于热力学：在热力学中，人们把不能用于作功的热能的变化量除以温度所得的商，称之为"熵"。在现代科学技术中，泛指某些物质系统状态可能出现的程度。

机器人或机器动物。这里一个最基本的概念就是“反馈控制”，自动控制系统利用输入的目标信息经处理后输送出去，又把输出信息馈送到原输入端，并对信息的再输出进行调整，达到反馈控制的目的。维纳还发现人的神经控制和工程控制系统都是建立在对周围环境和自身状态各种信息的获取、传递和处理的基础上的，而这种信息过程又都是随机过程，必须用概率和统计的方法才能定量地把握它们。

反馈控制理论不仅在工程技术领域，而且在经济管理和日常生活中都有着重要的应用价值。

2．系统论

系统的概念人们早有认识，但系统论作为一门学科知识是从 20 世纪 40 年代才开始形成的。早期美籍奥地利生物学家贝塔朗菲（L.V.Bertalanffy）认为，虽然人类对生物发展的认识已深入到分子、原子层次，并取得重要成果，但在很大程度上是以失去其全貌为代价的。

为此，他从生物整体出发，把生物及其环境作为一个大系统来研究。认为生物的整体属性大于其各组成部分属性的简单总和。其次，他还认识到，生命和非生命存在一个明显的矛盾，即热力学的“退化论”和生物学的“进化论”相对立，也就是说，热力学中研究的非生命系统随着时间的推移，系统的熵越来越大，走向无序状态；而生命系统的进化则是朝有序方向发展的。

1969 年，比利时自由大学教授普利高津（I.Pri-gogine）提出了“耗散结构理论”，分析了一个系统从无序向有序转化的机理、条件和规律，科学地解释了前面所说的“退化”和“进化”的矛盾，进一步发展了系统论，他的这一理论荣获了 1977 年的诺贝尔奖。

系统论以复杂系统为主要研究对象，强调整体性原则、层次结构原则、动态性原则和综合优在原则。还研究系统各部分最优组合问题，即一般意义上的从无序转化为有序的问题；并使信息系统各组成部分发生相互作用。一个好的系统，必须是一个能够充分利用信息的系统。

3．计算机科学

计算机科学是研究计算机及其与各种相关的现象和规律的科学，因为计算机是处理信息的主要工具，所以也称计算机科学是研究信息处理的科学。计算机科学的理论在数字计算机出现之前就已存在，其最具代表的人物——图灵。

英国剑桥大学数学家艾伦•图灵（Alan Mathison Turing，1912—1957）于 1936 年发表了题为“论可计算数及其在判定问题中的应用”的论文，提出了著名的理论计算机模型——图灵机，时年 22 岁。现在几乎所有的编程语言都建立在图灵机模型上，因而图灵被誉为计算机科学的奠基人。

1945 年，美籍数学家冯•诺伊曼（John von Neumann，1903—1957 ）等人首次发表了题为“电子计算机逻辑结构初探”的报告，奠定了存储程序式计算机的理论基础。

1946 年，由美国宾夕法尼亚大学物理学家约•英克利（John.w.Mauchly）领导研制的世界上第一台电子计算机 ENIAC（Electronic Numerical Integrator And Calculator，电子数值积分计算机）正式投入使用。

世界上第一台电子计算机采用电子管作为基本逻辑部件，其由 18800 只电子管、1500 个继电器、7 万只电阻，1 万个电容和 6000 个开关组成，结构体积达 3000 立方英尺，重达 30 吨，占地面积约 170m^2；存储容量为 20 个字长为 10 位的二进制数，运算速度为每秒 5000 次加法，3ms 做一次乘法，功耗 25kW。ENIAC 共运行了 10 年，1956 年被送入博物馆。

ENIAC 诞生后短短的几十年间，计算机的发展突飞猛进。主要电子器件相继使用了晶体管，中、小规模集成电路和大规模、超大规模集成电路，引起计算机的几次更新换代。每一次更新换代都使计算机的体积和耗电量大大减小，功能大大增强，应用领域进一步拓宽。特别是体积小、价格低、功能强的微型计算机的出现，使得计算机迅速普及，进入了办公室和家庭，在办公室自动化和多媒体应用方面发挥了很大的作用。目前，计算机的应用已扩展到社会的各个领域。

电子计算机还在向以下四个方面发展：

（1）巨型化。天文、军事、仿真等领域需要进行大量的计算，要求计算机有更高的运算速度、更大的存储量，这就需要研制功能更强的巨型计算机。

（2）微型化。专用微型机已经大量应用于仪器、仪表和家用电器中。通用微型机已经大量进入办公室和家庭，但人们需要体积更小、更轻便、易于携带的微型机，以便出门在外或在旅途中均可使用计算机。应运而生的便携式微型机（笔记本型）和掌上型微型机正在不断涌现，迅速普及。

（3）网络化。将地理位置分散的计算机通过专用的电缆或通信线路互相连接，就组成了计算机网络。网络可以使分散的各种资源得到共享，使计算机的实际效用提高了很多。计算机连网不再是可有可无的事，而是计算机应用中一个很重要的部分。人们常说的因特网（INTERNET，也译为国际互联网）就是一个通过通信线路连接、覆盖全球的计算机网络。通过因特网，人们足不出户就可获取大量的信息，与世界各地的亲友快捷通信，进行网上贸易等。

（4）智能化。目前的计算机已能够部分地代替人的脑力劳动，因此也常称为电脑。但是人们希望计算机具有更多的类似人的智能，比如：能听懂人类的语言，能识别图形，会自行学习等，这就需要进一步进行研究。

近年来，通过进一步的深入研究，发现由于电子电路的局限性，理论上电子计算机的发展也有一定的局限，因此人们正在研制不使用集成电路的计算机，例如：生物计算机、光子计算机、超导计算机等。

除上述三个方面之外，还有情报科学、生物信息学、智能科学等，都获得了巨大的进步。

1.3.3 信息的特征与信息科学的研究

1. 信息的主要特征

不同信源产生的信息具有各自不同的特性，但各种信源产生的信息都具有一定的共同特征。

（1）信息的不灭性。自然界的物质和能量是不灭的，其形式可以转化，但作为一个独立体总是客观存在的。信息不像物质和能量，它不能单独存在，作为一种客观现象它必须依赖于某一载体之上；它是某事物运动的状态和方式，而不是事物的本身。信息的不灭性是指一条信息产生后，虽然其载体（如一本书、一张光盘）可以被毁掉，但信息本身并不会被消灭。如同一个犯人要消灭罪证一样，保存罪证的载体可能一时被消失了，但罪证本身还是客观存在的。

（2）信息的可传递性。信息可以依赖于一定的载体进行传递，称之为通信。我们把信息的发布者称为信源，相应地把传递信息的通道称为信道，把信息的接受者称为信宿。信息依赖信道（如电话、网络、微波、卫星等）可从信源传递到信宿。信息在时间上的传递称为信息存储，利用存储介质（如纸张、磁带、磁盘、光盘等）可将文字、声音或图像表示的信息记录下来，信息存储为永久性传递提供了极大的方便。

（3）信息的可处理性。利用计算机或其他工具可对信息进行加工处理，信息处理的目的是从某一个信号中获取我们所需要的信息，或从多个信息中找到我们所要找的某个信息，或分析某一个信息的特性，利用信息的这一特性为我们服务等。不断提高信息的识别、加工处理和利用能力是信息科学技术中的重要分支。

（4）信息的共享性。信息从信源发出后，可通过一定的信道或存储介质传递到多个信宿处，这就是信息的共享性。信息的创造或发布，有时需要很大的投入，但现在进行信息的传递或复制往往十分方便，也就是说信息可以廉价复制，且毫无损失的广泛传播。正因为如此，信息社会特别强调知识产权和信息道德，并通过立法来维护知识产权。

2．信息科学的主要研究对象

随着人类社会对信息的获取和运用越来越频繁，信息论的含义越来越丰富，信息论的应用越来越广泛，随着计算机技术、大规模集成电路技术的不断成熟，有关信息的研究已由通信领域迅速向物理学、化学、生物学、心理学、管理学、经济学、计算机科学、系统工程学、遥感遥测遥控学及其他社会科学领域渗透，使信息与信息论的科学研究逐渐成为一门多学科融合的交叉学科——信息科学。这一新兴的学科涉及自然科学等多学科分支，处于不同学科分支下的专家学者对信息科学的理解和解释不尽相同，因而给信息科学一个完整的统一的定义是有困难的；但其共识是一致的，即信息科学中的信息范围不应该是局限于某些特定领域，而应该是多元化的，只有统一的信息科学才是真正的信息科学。

信息科学是以信息的性质、运动规律和利用为主要研究内容，以计算机和通信网络为主要研究工具，以提高人类获取和利用信息的能力为主要研究目标的。或者说，信息科学研究各种信息系统中信息的产生、获取、传递、加工、存储、变换、表示、检索和利用，使信息的研究更好地服从于科学技术的发展和人类社会的进步。

1.4 信息科学技术概述

人类社会由农业时代、工业时代向信息时代的进步和转变，其主要动力就是信息科学技术的不断发展和应用。纵观人类社会发展史和科学技术史，信息科学技术在众多科学技术群体中，越来越显示出强大的生命力。随着现代世界经济及科学技术的飞速发展，高新技术和产品层出不穷，种类繁多，日新月异，而现代社会高新技术发展的集中代表和最主要的科学技术领域就是信息科学技术。那么信息科学技术到底是何物，本节我们将从下面几个方面予以概述。

1.4.1 信息科学技术的产生及内涵

1．信息科学技术的产生

科学技术的产生和发展总是与人类自身的不断进化相吻合的，这就是“科学技术辅人律”。按照辩证唯物主义的观点，人类的一切活动都可以归结为认识世界和改造世界，人类需要科学技术，因为科学技术可以为人类不断认识世界和改造世界提供智慧和力量。在远古时期，原始人以野果为食，以捕猎为生，以赤手空拳方式与大自然做斗争。当人类在斗争中逐渐认识到自身的功能不足时，就产生要延伸自身器官功能的要求，因而就产生了木钩、木棍、石刀和弓箭，以便采摘到用手够不着的高处或远处的果子，捕猎较大或较凶猛的动物。后来，人类为了满足长久或远距离交流的需要，又陆续创造出符号、文字、印刷和通信技术。

如果我们把扩展人类器官功能的原理和规律称之为“科学”，则相应地把扩展人类各种器官的具体方法和手段称之为“技术”，这就是科学技术的“拟人律”，信息科学技术的产生和发展也遵循此“拟人律”。

在农业时代和早期的工业时代，由于生产力和生产社会化程度不高，人们仅凭自身的信息器官就能满足当时认识世界和改造世界的需要；虽然人们一直在与信息打交道，但无延长信息器官功能的需要。到了近代，随着生产和实践活动的不断发展，特别是蒸汽机的发明和应用以后，促进了大规模工业的形成和发展，人类信息器官的功能已越来越滞后于社会对其功能的需求。这一客观需求促使人类不但要加强自己的肢体器官，还要扩展和延长自己的信息器官；于是信息科学技术的产生和发展就开始了，经过几十年的探索和积累，到20世纪70年代信息科学技术进入了高速发展的新时代，人类社会也开始由工业时代向信息时代转变和发展。

2．信息科学技术的内涵

信息科学技术在社会各个领域的应用和作用日益突出，世界各国都开始了对信息科学技术的研究，使得信息科学技术迅速成为一门独立的学科技术。但从广义上给信息科学技术的内涵下个定义是困难的，我们还是从科学技术的“拟人律”角度来探讨信息科学技术的内涵，可以给出如下明确的定义：

信息科学技术是指能够扩展、延伸人类信息器官功能的技术。一般说来，人类的信息器官主要包括以下四大类：

（1）感觉器官：包括视觉器官、听觉器官、嗅觉器官、味觉器官、触觉器官和平衡觉器官等；

（2）传导神经网络：包括导入神经网络，导出神经网络和中间传导神经网络等；

（3）思维器官：包括记忆系统、联想系统、分析系统、推理系统和决策系统；

（4）效应器官：也叫执行器官，包括操作器官（手）、行走器官（脚）和语言器官（口）等。

人类四大信息器官的功能及其相应的扩展技术如表1-1所示。

表1-1　人类四大信息器官的功能及其相应的扩展技术

人类信息器官	人类信息器官功能	用来扩展人类信息器官功能的信息技术
感觉器官	获取信息	感测技术
传导神经网络	传递信息	通信技术
思维器官	加工和再生信息	处理技术
效应器官	使用和反馈信息	控制技术

（1）感测技术——包括传感技术和检测技术，它们是感觉器官的延伸，使人们能够超越感觉器官而更好地从外部世界中获得各种有用信息。

（2）通信技术——主要用于信息的传递、交换和分配，使人们更好地跨时域、跨地域利用信息，它是人体传导神经网络功能的延伸。

（3）处理技术——是人体思维器官功能的延伸，主要帮助人们加工和再生信息，以便更好地利用信息；主要有计算机技术。

（4）控制技术——它是人体效应器官功能的延伸，主要通过反馈控制系统，对信源等外部事物的运动状态进行干预，以便更好地认识世界和改造世界。

1.4.2　信息科学技术的分类

信息科学技术是一门尚在高速发展的多学科交叉技术，必然有很多个学科分支，并且还在不断地产生新的学科分支。因而从学科分支角度是很难分类的，这里我们还是结合科学技术的“拟人律”，对信息科学技术进行分类。

1．按结构层次分类

信息科学技术按结构层次可分为三大类：

（1）信息基础技术——主要包括新材料、新能源、新器件的开发或制造技术，它是整个信息技术的基础。具体有：

① 微电子技术：如集成电路设计与集成电路制造技术；

② 光子技术：如光材料、光器件、光学系统的开发和制造技术；

③ 光电子技术：如硅半导体材料、金属氧化物、半导体材料、砷化镓材料的开发和利用技术，半导体光电器件的开发和利用技术等；

④ 分子电子技术：即分子电子器件制造技术。

（2）信息系统技术——即有关信息的获取、传递、处理和控制技术。具体有：

① 信息获取技术：如传感技术、检测技术等；

② 信息处理技术：即计算机软件和硬件技术；

③ 信息传输技术：如网络通信技术、微波通信技术、卫星通信技术等；

④ 信息控制技术：如反馈控制技术、现代控制技术等。

（3）信息应用技术——即有关信息的实际应用技术，主要指信息管理、信息控制、信息决策等社会信息应用技术，如办公自动化、企业管理自动化、电子商务及电子政务等。

2．按应用领域分类

信息科学技术按其应用领域不同可分为两大类，即社会信息科学技术和自然信息科学技术，前者称之为管理信息系统，后者相应地称之为工程信息系统。

（1）管理信息系统

管理信息系统是指根据社会信息实施科学管理的信息系统。它是由管理科学、系统科学、计算机科学等组合起来的新的边缘科学，它能帮助人们实测国民经济部门或企业的各种运行情况，能利用过去和现在的信息，预测未来的发展或变化，能从全局出发辅助决策，能利用信息控制国民经济部门或企业的活动，帮助其实现规划目标。

管理信息系统一般由信息数据的输入、输出、传输、存储和加工处理等部分组成。

① 数据收集和输入：将分散在各处的信息数据收集并记录下来，整理成信息要求的格式和形式。当数据录入到一定的介质（如磁带、光盘等）上后，即可以输入到计算机中进行处理。

② 数据存储：管理信息系统数据通常是大批量的数据，需要一次存储多次使用，并允许多个过程实现数据共享，因此整理后输入的大量数据一定要给予保存，通常内外存储器双备份存储。当需要时可从内存或外存中调出，进行必要的更新，更新后的数据要即时存储。

③ 数据传输：数据传输通常以计算机为中心，通过通信线路或设备将信息数据从信源传至信宿，或从这一端传到另一端。远程传输要通过通信网络，衡量数据传输的质量指标，主要有传输速度和误码率。还有一种利用磁盘存储人工传输方式，这种方式虽然传输速度较慢，但可大容量无误码地一次性传输。

④ 数据处理：输入的信息数据要求进行必要的加工处理，计算机对信息数据的处理主要有数据的分类、排序、合并、存取、查询、计算等；还包括对于一些经济管理模型的仿真、优化处理等，以形成必要的判断、推理和决策。

⑤ 数据输出：对于经过加工处理的数据，应根据不同的需要以不同形式或规格进行输出，有的可直接供人阅读，如文字、报表、图形等，有的则提供给上位机做进一步的加工处理。

（2）工程信息系统

工程信息系统这里指的是面对自然科学领域的工程信息系统。它是由工程科学、系统科学和计算机科学等组合而成的交叉学科，由于信息科学技术的高度发展，目前工程信息系统分支甚多，如电子信息工程、通信工程、电气工程、自动化、光电工程、生物工程、现场控制、现代检测等。工程信息系统的发展，帮助人们更好地认识世界和改造世界，推动人类社会的进步。

工程信息系统由四大部分组成：

① 感测技术：以传感器为感觉器官的现代检测技术；

② 通信技术：以计算机网络、电话、电视和卫星为通信工具的信息传输技术；

③ 处理技术：以计算机为核心的智能信息加工处理技术；

④ 控制技术：以控制器、调节器为执行机构的反馈自动控制技术。

1.4.3 信息科学技术的基本特征

当前，信息革命的浪潮正以不可阻挡之势席卷全球，现代信息科学技术日新月异，信息科学技术魅力无穷。为了更好地认识信息科学技术，我们有必要了解一下它的基本特征。

（1）高度的战略地位

世界各国都把信息科学技术作为衡量一个国家综合国力的重要标志之一。谁拥有最先进的信息科学技术，谁就能在日趋激烈的国际竞争中立于不败之地。因此，如何开发和利用信息技术已成为各国首先考虑的重大战略决策之一，各国都将发展信息技术和信息产业提高到立国之本的高度来认识，并将信息产业作为国家的龙头产业，以期通过信息技术和产业，带动其他科学技术和产业。

近十多来年，信息科学技术有了很大的发展，传感技术、光纤技术、光电技术、国际互联网技术等高新技术产业异军突起，对社会的经济、政治、军事、文化等各方面的影响越来越大，毋庸置疑，信息科学技术所具有的高度战略地位将使其成为21世纪各学科的主导技术。

（2）巨大的渗透能力

信息科学技术是一门高度综合性的技术，它涉及众多学科门类，使得整个社会都处在信息技术的网络之中。随着大数据时代的到来，信息科学技术市场应用范围将与人类的劳动力高度密切相关，大大促进经济的发展，并改变人们的生活和工作方式。信息科学技术创造了巨大的信息产业和市场，产业和市场的结合和互动带动了整个国民经济的发展，并大大加强了企业和国家的整体竞争力。

（3）更新速度快

信息科学技术的发展速度之快，实在令人咋舌，从1946年第一台电子管计算机问世，到如今第五代人工智能计算机的应用，70余年间，计算机的性能指标提高了上百万倍。卫星、光纤等通信技术也在飞速发展，目前通信卫星已发展到第六代，光纤传输技术，网络通信技术发展迅速，遍布全球的因特网已把地球变成一个小小的村落。

（4）高额的投入

信息科学技术是知识、人才、资金密集型新兴科学技术群体，对信息技术的研究和开发，需要大量的资金投入，这也是前所未有的。信息技术产品由于更新换代极快，为了抢占市场，新产品的开发和制造需要一次性快速、高额资金注入。

（5）高度的竞争性

信息经济是上世纪 90 年代以来伴随信息技术迅猛发展而产生的新的经济形式。数字革命、互联网、电子商务和通信技术在这种新经济形式中扮演着重要角色。可以说，信息产业是知识经济的重要载体和经济发展的原动力，信息技术产业已成为发达国家经济新的增长点，是人类社会迈入知识经济时代的加速器。

随着信息科学技术的飞速发展，其产业的竞争已远远超出企业与企业间科学技术和商业竞争的范围，而成为国与国之间在军事、政治、经济竞争领域的战略“制高点”。信息技术的竞争，实质上是一场关于资金、人才、管理和市场的全方位的较量。基于高新知识的信息产业是当今竞争最激烈、变化最急剧的产业，在这一领域内，哪怕比别人只领先或落后几个星期、几天甚至几个小时，就足以使一个企业变成暴发户或面临破产。显然，用“白热化”和“瞬息万变”来形容信息技术和信息产业的竞争和发展态势，是毫不过分的。

（6）高度的风险性

信息科学技术的研究和发展前期需投入大量的人力、物力、财力和时间，而开发一项新的信息技术，必定是处于当代科学技术发展的前沿技术，这种具有高度超前性和先导性的信息技术，在研发初期对其产品的市场预测及其占有额难以把握，因而就存在着高度的风险性。据统计，在激烈的市场竞争下，高新技术产业的成功率一般只有20%左右，一半以上不能成功，20%面临破产。因此，各国在发展信息科学技术和产业的时候，一定要审时度势、明确方向、把握市场，尽可能地降低风险度。

1.4.4 信息科学技术发展趋势

1. 计算机技术

计算机始终是信息科学技术的核心，是最活跃也是发展最快的技术，从1946年世界上第一台计算机诞生至今，计算机的发展已经历了5个发展阶段。

（1）提高速度、增大容量——第一台计算机结构体积达3000立方英尺，18800个电子管、1500个继电器、70000个电阻、10000个电容、6000个开关，重30吨；运算速度5000次/秒（加法，乘法为3秒一次），存储容量为20个字长的10位二进制数，功耗25kW；

（2）减小体积、降低能耗——1971年，Intel公司推出的第一台微处理器4004，只有2300个晶体管，运算速度每秒达6万条指令，随后个人微型机相继问世。

（3）语言和软件系统的高级化——各种高级语言及其软件系统的开发和应用。

（4）从单机到多机网络——20世纪90年代后的计算机通信网络。

（5）从增加功能到智能化——20世纪90年代以后，计算机朝智能化方向发展，目前计算机的速度已达每秒几十亿次，内存容量达几百兆字节，体积小到只有一本书的大小。其功能不只是数值运算，还可以实现逻辑判断等多种功能，称其为第五代计算机。

可以预计，21世纪计算机技术继续高速发展，不久的未来，在个人计算机、巨型机及智能机上将有较大的突破。

（1）个人微型计算机

当前个人微型计算机正朝着以下几个方向发展。

① 高速化——个人微机运算速度目前虽然已达到每秒10亿条指令的处理能力，但还不能满足高速实时图像处理、实时决策与控制等速度要求。

② 微型化——笔记本或个人微机是近十年来开发的产品，随着市场对笔记本式微机的进一步需要，新一代性能和价格优良的各种款式的微型机将进一步取代台式微型计算机。

③ 多媒体化——多媒体技术是一种把文字、数字、声音、图形、图像等信息媒体有机地

结合在一起，并由计算机综合控制的信息技术。这项技术近 10 年来发展很快，并且日益显示出它的广阔的发展前景，多媒体技术的进一步发展，将使个人计算机多媒体化的趋势愈加明显。

④ 网络化——从传统的巨、大、中、小、微机向客户/服务器转变，高可靠性、可扩展的超级服务器将成为高性能计算机的发展方向，网络计算机、具有连网功能的个人数字助理（PDA）产品正在飞速发展。信息处理由单维向多维过渡，人类将走向一个以因特网为基础的计算机、通信和消费类电子相结合的世界。

⑤ 隐形化——随着各种各样智能化产品的开发，个人计算机正在逐步摆脱主机、键盘、显示器的传统形象，新型的电视计算机、电话计算机、手表计算机将大量出现。由于计算机不再有键盘或显示屏，这种个人计算机将是 IPC（看不见的个人计算机）。

隐形后的计算机与电视、电话等日常电器的结合不但使它成为人们更容易接近的东西，而且是无处不在。

⑥ 界面更友好——个人计算机还在大量走入百姓家庭，为使计算机成为人类最好的朋友，最容易使用的现代工具，专家们还在采取各种措施，改善人机界面，增强易用性。诸如手写输入信息、自然语言输入等多模式人机接口，以及声音、图像、文字一体化输入方式的个人计算机将日趋实用化。

（2）巨型机

超大容量超高速的巨型机一直是各国专用计算机的发展方向。这种巨型机，除了要提高元器件工作速度、减小体积之外，还要改变计算机结构设计，采取大规模多处理器并行运行处理等。目前巨型机的运算速度可达几百万亿次/秒，典型产品是 1998 年美国能源部和 IBM 公司共同研制的名为 Blue Pacific（蓝色太平洋）的超级计算机，这台计算机拥有 5800 个处理器，由超过 8KM 的线路连接，共有 25 亿个以上的晶体管，其运算速度达每秒 3.9 亿次。

2011 年 6 月 21 日国际 TOP500 组织宣布，日本超级计算机“京”（K computer）以每秒 8162 万亿次运算速度成为全球最快的超级计算机。由日本政府出资、富士通制造的巨型计算机“K Computer”落户日本理化研究所，并成功从中国手中夺回运算速度排行榜第一的宝座。以每秒 8162 万亿次运算速度成为全球最快的超级计算机。“K Computer”当前运算速度为每秒 8 千万亿次，到 2012 年完全建成时，其运算速度达到每秒一万万亿次。“K Computer”比现居第二的中国超级计算机速度快约 3 倍，甚至比排名第 2 至第 6 的计算机运算速度总和还要快。

2013 年 6 月 17 日，在德国莱比锡开幕的 2013 年国际超级计算机大会上，TOP500 组织公布了最新全球超级计算机 500 强排行榜榜单，中国国防科技大学研制的天河二号超级计算机，以每秒 33.86 千万亿次的浮点运算速度夺得头筹，中国“天河二号”成为全球最快超级计算机。

2014 年 6 月 23 日，在德国莱比锡市发布的第 43 届世界超级计算机 500 强排行榜上，中国超级计算机系统“天河二号”再次位居榜首，获得世界超算“三连冠”，其运算速度比位列第二名的美国“泰坦”快近 1 倍。

评论指出，中国将借此在超级计算机领域称霸很长一段时间，中国的航天事业也将得到极大的促进，尤其是 2020 年载人登陆月球、2025 年载人探索火星，不过其他国家也不甘落后，比如澳大利亚就在规划 1000PFlops 的更恐怖超算，也就是每秒 100 亿亿次的浮点性能，但要过几年才会实现。

2016 年 6 月，中国已经研发出了世界上最快的超级计算机“神威太湖之光”，目前落户在位于无锡的中国国家超级计算机中心，其浮点运算速度是世界第二快超级计算机“天河二号”（同样由中国研发）的 2 倍，达 9.3 亿亿次每秒。

（3）智能机

自20世纪90年代之后，各发达国家加速了新一代计算机的研制，如光学计算机、人工神经网络计算机、生物计算机和量子计算机等。新一代计算机的共同特点是向超高速、超大容量、超微型和智能化方向发展。预计 21 世纪后半叶可能是生物信息技术时代，生物计算机（也称分子计算机）是目前主要研究对象，这种研究的目的是要开发一类用蛋白质及其他分子组成的计算机，来代替目前大规模硅集成电路；由于这类蛋白质构成的“生物芯片”几乎不存在什么电阻，能耗极小，且具有巨大的存储能力，因而生物计算机比电子计算机和光学计算机拥有更多优异的性能和发展潜力。

2．通信技术

自 1837 莫尔斯发明电报以来，随着电子技术的发展，通信技术及其电信业都有了极大的发展。20 世纪 90 年代开始，由于网络技术的发展和应用，通信技术迎来了发展的新高，其发展趋势是：在数字化、综合化的基础上向高速化、宽带化、智能化和个人化方向发展。

（1）数字化

由于数字通信技术的发展，近年来通信、计算机和多媒体三位合一，形成多媒体通信技术，使得文字、语音、图像、视频和数据都实现了数字化，人们称此为数字融合，因特网就是数字融合的典型产物，数字融合使人类进入了一个新的时代。随着智能移动终端的普及，数字通信正在改变着人类的生活方式。

（2）高速化

目前通信传输正在向高速、大容量、长距离方向发展。常规的光纤通信、卫星通信、无线通信等技术日臻完善，新型的通信方式，尤其是网络通信的新技术日新月异、层出不穷，网络与通信技术正朝着超高速多功能方向发展。

（3）宽带化

近十年来，全球互联网发展驶入快车道，流量增长不断提速。全球化背景下，区域之间、国家之间的信息往来日趋频繁。作为数据传输和资源共享的主要载体，互联网在支撑企业跨境运营、公众跨境访问方面发挥了重要作用，其承载的数字化信息流量在加速增长。2012—2016 年，全球互联网流量从 510.6 EB 攀升至 1125.6 EB，年复合增长率达到 21.9%；预计 2017—2021 年，全球互联网流量将以更高的速度增长至 3200 EB 以上，这对互联网网络架构的有效承载流量提出了更高要求。

（4）综合化

随着蓝光、4K、超高清等技术被广泛应用于各类视频服务，以视频通信为综合应用典型的互联网视频业务对全球互联网流量的贡献力度正在逐年增强。2012—2016 年，互联网视频业务流量在全球互联网流量中的占比从 65%上升到 73%。而 CDN（Content Delivery Network）网络作为保障视频业务质量的基础，受到越来越多的互联网视频服务提供商的青睐，而互联网巨头倾向于自建 CDN 实现包括视频在内的多种静态自有内容的分发。由此，CDN 对互联网流量的承载和疏导作用日益凸显，自建 CDN 成为主力军。2012—2016 年，CDN 承载流量在全球互联网流量中的占比从 33.7%上升到 52.0%，其中 Google、Amazon、Facebook 和 Microsoft 等巨头自建 CDN 的流量占比在 2016 年达到 61%；预计 2017—2021 年，CDN 承载流量在全球互联网流量中的占比将持续累积至 70%以上，这恰好是网络掌控力转向应用网络层的例证。

（5）云计算

云计算兴起改变了互联网流量模型，以 DC 为中心网络重构全面启动。随着云计算的快速兴起，数据中心间流量交互需求显著增长，互联网流量模型从数据中心-用户向数据中心-数据中心转变，根据 Cisco 预测，到 2020 年数据中心间流量在数据中心外部流量中占比将达到 39%。未来几年全球云计算市场进入稳定期，继续保持快速平稳增长。以公有云市场为例，根据 Gartner 预测，2017 年全球公有云市场将达到 2468 亿美元，年增长率 18%，未来几年公有云市场年复合增长率为 16.3%，预计 2020 年将达到 3834 亿美元。同时，全球云计算流量规模保持同步增长。根据 Cisco 的预测，未来几年云数据中心流量年复合增长率为 30%，预计 2020 年将达到 14.1ZB/年，占全球数据中心总流量的 92%。

参考互联网网络架构发展白皮书（2017 年）http://www.caict.ac.cn/kxyj/qwfb/bps/201712/P020171213443441234758.pdf。

随着云计算的快速兴起，全球企业开始广泛使用云资源，部分企业根据自身需要以及不同云公司的服务特点，甚至需要接入多个云资源。根据 RightScale《2017 年云计算调查报告》统计数据，1002 家受访企业中 95%使用云服务，使用云服务的企业中，20%的企业接入多个公有云，平均每个企业接入 1.8 个公有云。云资源的广泛使用催生多种云互连需求，包括公有云内部互连、公有云和私有云互连、公有云之间互连等。

（6）智能化

2007 年 1 月 9 日，乔布斯发布了世界上第一台 iPhone 手机，真实开启了新的智能手机时代，而这台手机之所以可以改变世界，其中一个关键因素便在于一块 3.5 英寸的电容触摸屏，以至于后来的键盘交互模式的功能机逐渐被采用触摸大屏设计的手机所取代。近 5 年，智能移动终端发展非常快，每 6～12 个月，配置就会迎来一轮新的升级。

3．信息存储技术

信息存储技术是信息技术发展的一个很重要的领域，目前高性能的半导体存储芯片、光盘和生物芯片是提高存储容量的主要研究对象。

（1）半导体存储技术

高技术半导体芯片是计算机产业的核心技术，也是其他高科技电子产品中必不可少的电子元器件。高技术半导体芯片的小型化、低能耗、高精度、高可靠性，以及新型制造技术是高技术芯片发展的关键技术，掌握和开发这些技术成为世界各国在半导体存储技术领域竞争的焦点。谁在这个领域内占有优势，谁就会在 21 世纪信息社会的竞争中获得更大的优势。目前，美、日等发达国家的高技术芯片已取得了很大进展而占据世界领先地位，因而它们的高技术芯片开发和制造技术代表了当代的最新潮流。

（2）光学存储技术

近几年来，光盘存储技术日趋成熟，光盘的存储能力是半导体的数百倍，它的发展和应用，使得信息存储技术发生深刻的变化。

① CD-ROM（只读光盘）：CD-ROM 以其具有的容量大（数百兆）、寿命长、价格低、携带方便等优异功能，成为当今存储永久性多媒体信息的最理想的介质。

② WMRA（可擦重写光盘）：WMRA 光盘的出现，将会取代现有磁盘的重要地位，用于个人计算机和多媒体计算机的存储器，能与磁盘兼容的磁光盘驱动器也正在加速开发之中。

③ DVD（数字化视频光盘）：当今世界，有关 DVD 技术及产品的竞争十分激烈，这种光盘在装载电影、音乐和多媒体信息时，其容量是 CD 盘的 4 倍，可达 4.7GB，这意味着可以装载一部完整的故事片。目前 DVD 主要产品在索尼公司、飞利浦公司和东芝公司，日本通信业巨人日本电报电话公司（NTT）宣布开发出一种高密光学存储芯片，可以在名片大小的芯片上存储 100GB 的数字信息。

④ 光学存储系统：包括各类光盘自动化存储器（Jwke-box）和堆垛式光盘（Stacked Optical Disk Library）。其存储容量可达 1TB（即 1000GB）。如将这种光盘连在计算机网络上，实现资源共享，将使大量用户能够快速访问数据量极大的图像和数据资源。

1.4.5 信息时代与科教兴国

振兴科学、发展教育是所有国家走向富强、走向发达、走向现代化的必由之路。

1. 科教兴国的根本任务是发展科学技术

1988 年 9 月邓小平提出“科学技术是第一生产力”。这是基于马克思基本原理和现代科学技术发展提出的科学论断，20 世纪 80 年代初邓小平就指出：“当代自然科学正以空前的规模和速度应用于生产，使社会物质生产的各个领域面貌焕然一新。”特别是由于电子计算机、控制论和自动化技术的发展，正在迅速提高生产自动化的程度。同样数量的劳动力，在同样的劳动时间里，可以生产比过去多几十倍、几百倍的产品。社会生产力有这样巨大的发展，劳动生产率有这样大幅度的提高，靠的是什么？最主要的是靠科学的力量、技术的力量。

1995 年 5 月，江泽民同志在全国科技大会上的讲话中提出了实施科教兴国的战略，确立科技和教育是兴国的手段和基础的方针。这个方针大大提高了各级干部对科技和教育重要性的认识，增强了对“科学技术是第一生产力”的理解。实施科教兴国战略，既要充分发挥科技和教育在兴国中的作用，又要努力培植科技和教育这个兴国的基础。

2011 年 5 月 4 日，胡锦涛同志在庆祝清华大学建校 100 周年大会上寄语青年学生厚望。海阔凭鱼跃，天高任鸟飞。全面建设小康社会，建设社会主义现代化国家，实现中华民族伟大复兴，为我国广大有志青年提供了创造精彩人生的广阔舞台。生长在我们这样一个伟大时代，我国青年一代应该大有作为，也必将大有作为。让我们紧紧携起手来，志存高远，脚踏实地，共同为我们伟大祖国、伟大民族更加美好的明天奋斗、奋斗、再奋斗。

2017 年，中国共产党第十九次全国代表大会报告指出，经过长期努力，中国特色社会主义进入了新时代，这是我国发展新的历史方位。

中国特色社会主义进入新时代，意味着近代以来久经磨难的中华民族迎来了从站起来、富起来到强起来的伟大飞跃，迎来了实现中华民族伟大复兴的光明前景；意味着科学社会主义在 21 世纪的中国焕发出强大生机活力，在世界上高高举起了中国特色社会主义伟大旗帜；意味着中国特色社会主义道路、理论、制度、文化不断发展，拓展了发展中国家走向现代化的途径，给世界上那些既希望加快发展又希望保持自身独立性的国家和民族提供了全新选择，为解决人类问题贡献了中国智慧和中国方案。

这个新时代，是承前启后、继往开来、在新的历史条件下继续夺取中国特色社会主义伟大胜利的时代，是决胜全面建成小康社会、进而全面建设社会主义现代化强国的时代，是全国各族人民团结奋斗、不断创造美好生活、逐步实现全体人民共同富裕的时代，是全体中华儿女勠力同心、奋力实现中华民族伟大复兴中国梦的时代，是我国日益走近世界舞台中央、不断为人类做出更大贡献的时代。（引自中国共产党第十九次全国代表大会报告）

2. 大学教育在信息时代中的地位和作用

大学历来是培养社会栋梁的基地，在信息时代由于信息科学技术的发展和应用，知识经济使大学的这一地位得到进一步加强。

未来大学中，创新是大学教育的主题——（产生）新思想、新实践、新产品、新商机。要求大学在注重培养学生基本知识和基本技能的同时，要强调与社会实践、生产实践、商业实践相结合，使大学有可能成为新思想的发源地、新实践的实习基地、新产品的研发基地、新商机的创造基地。

创造性人才从来不像今天这样受到如此重视，有如此多便利的机会脱颖而出，对社会对未来发挥如此之大的影响。创造型人才是人类文明历史的最可宝贵的财富。

天才和具有特殊创造才能的人毕竟是少数，大学要培养出大量能够接受新思想、进行新实践、开发和制造新产品，抓住新商机、赢得利润回报社会的劳动者和消费者。

我们的国家现正处在高速发展的大好时期，在不远的将来，把我们的国家建设成为一个强大的社会主义祖国是完全有可能的。我们都要为此而努力奋斗，希望寄托在你们身上。

习近平总书记在十九大报告中这样深情寄语年轻一代："青年兴则国家兴，青年强则国家强。青年一代有理想、有本领、有担当，国家就有前途，民族就有希望。中国梦是历史的、现实的，也是未来的；是我们这一代的，更是青年一代的。中华民族伟大复兴的中国梦终将在一代代青年的接力奋斗中变为现实。"

第2章 测控技术与仪器专业概述

如图 2.1 所示，这个形似狗的四足机器人被命名为“大狗”（Bigdog），由波士顿动力学工程公司（Boston dynamics）专门为美国军队研究设计。这只机器狗与真狗一般大小，它能够在战场上发挥重要作用：为士兵运送弹药、食物和其他物品。“大狗”可以攀越 35° 的斜坡，其液压装置由单缸两冲程发动机驱动。它可以承载 40 多公斤的装备，还可以自行沿着简单的路线行进，或是被远程控制。其原理是：由汽油机驱动的液压系统带动装有关节的四肢运动；陀螺仪和其他传感器帮助机载计算机规划每一步的运动，其中压力传感器可探测到地势变化，根据情况做出调整；如果有一条腿比预期更早地碰到了地面，计算机就会认为它可能踩到了岩石或是山坡，“大狗”就会相应调节自己的步伐；每条腿有三个靠传动装置提供动力的关节，并有一个“弹性”关节，这些关节由一个机载计算机处理器控制以维持“大狗”平衡。

图 2.1 四足机器人“大狗”

测控技术是指对各种物理量的测量技术和控制技术，而实现测控技术的载体就是测控仪器。测控技术是一门集光（光学）、算（计算机）、电（电子技术）、机（精密机械）、控（自动控制）于一体的综合性技术，其内涵已扩展为具有信息获取、存储、传输、处理控制和通信等综合功能。随着电子技术和网络技术的飞速发展，测控仪器正朝着微型化、集成化、远程化、网络化、虚拟化、智能化方向发展。

本章主要介绍测控技术与仪器专业的基本概况和测控技术的定义、特点及其发展历程，并通过大量实例介绍了测控技术在各个领域中的应用。通过本章学习，可以对测控技术与仪器专业及应用领域有一个初步认识。

2.1 测控技术与仪器专业概况

测控技术与仪器专业研究信息的获取、处理、储存、传输以及对相关要素进行控制的理论与技术，涉及光学、精密机械、电子学、计算机、信息与控制技术等多个学科基础及高新技术。

2.1.1 测控技术与仪器专业的历史沿革

1949 年中华人民共和国宣告成立，新中国进入大规模经济建设时期，工业企业和国防建设急需仪器仪表类专门人才。1952 年天津大学、浙江大学率先筹建了“精密机械仪器专业”和“光学仪器专业”。随后，国内其他高校，如清华大学、北京理工大学、东北大学、哈尔滨工业大学、上海交通大学、南京理工大学等也相继筹建仪器专业。当时借鉴苏联的办学模式，相应于各仪器类别，分别设有计量仪器、光学仪器、计时仪器、分析仪器、热工仪表、航空仪表、电子测量仪器、科学仪器等 10 多个专业，并有多所院校经国家教委批准设立了测控技术与仪表专业硕士点。一批批由我国自己培养的仪器仪表专门人才跨出校门，成为国民经济建设、国防建设、科学研究方面的中坚技术力量。

1978 年后，随着改革开放，我国的经济建设、技术水平飞速发展，苏联办学模式下过细的产品分类式的专业教育已不能适应新时代技术交叉融合的发展需要。我国高等教育的指导思想逐渐定位于面向世界、面向未来、面向现代化、面向市场经济。随后陆续进行专业归并，至 1998 年教育部颁布新的本科专业目录，把仪器仪表类 11 个专业（精密仪器、光学技术与光电仪器、检测技术与仪器仪表、电子仪器及测量技术、几何量计量测试、热工计量测试、力学计量测量、光学计量测量、无线电计量测试、检测技术与精密仪器、测控技术与仪器）归并为一个大专业——测控技术与仪器。这是我国高等教育由专才教育向通才教育转变的重要里程碑。厚基础、宽口径的人才培养模式符合人才市场的需求，也顺应信息技术蓬勃发展的潮流。

进入 21 世纪以来，仪器仪表专业的发展速度是空前的，测控技术与仪器专业急速扩大，学生规模也快速扩大。全国开设测控技术与仪器本科专业的院校从 2000 年的 96 所增加到 2009 年的 257 所。2017 年，全国设有“测控技术与仪器”专业的学校达到 300 余所，如此高速发展的形势反映了仪器科学与技术教育事业发展的欣欣向荣，反映了测控技术与仪器专业招生和就业的良好势态。

由中国科学技术协会主编、中国仪器仪表学会编著的 2009 年度《仪器科学与技术学科发展报告》提出的我国仪器科学与技术学科发展的总体目标是：从目前到 2020 年，必须充分利用我国经济高速发展的机会和巨大的市场优势，结合测控技术的深化研究，大力推进新器件、新技术、新工艺在仪器仪表中的应用研究，掌握仪器仪表材料、元件、设计生产工艺等关键技术，满足国民经济、人民健康和国防安全各个方面对测量控制技术与仪器仪表的需求。要完成这个发展目标无疑需要一大批具有高素质及创新能力的仪器科学与技术工程技术人员。

2.1.2 测控技术与仪器专业的专业定位

测控技术与仪器专业是多个仪器仪表类专业合并而成的大专业，其定义必须涵盖各个仪器仪表门类，其技术内涵必定涉及多个学科领域。

1．测控技术与仪器定义

测控技术与仪器是指对信息进行采集、处理、存储、传输和控制的手段与设备。测控技术与仪器对应的英译名为 measurement and control technology and instrumentation，或为 measurement and control technology and instruments。测控技术与仪器包含测量技术、控制技术和实现这些技术的仪器仪表及系统。测控技术与仪器的内涵如图 2.2 所示。

所谓测量是人们对客观事物或过程取得数量概念的一种认识过程，测量技术是对客观事物或过程取得测量数据的方法手段，而测量仪器是实现测量的工具，是实现测量技术的载体。所谓控制是人们对客观事物或过程进行驾驭、支配的一种操纵过程，控制技术是实现这一过程的方法手段，而控制仪器是实现控制的工具，是实现控制技术的载体。

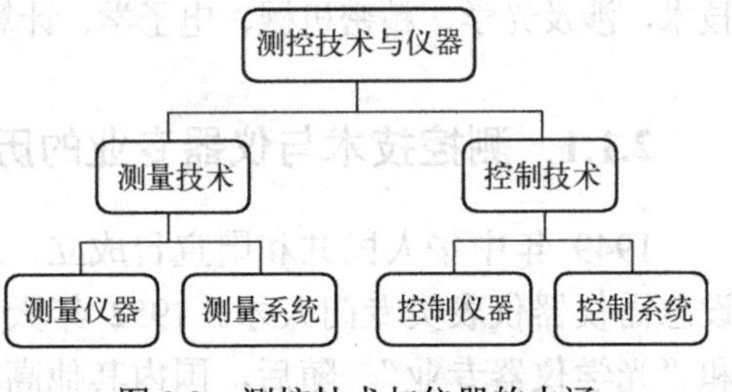

图 2.2 测控技术与仪器的内涵

2．科学技术体系结构

科学技术经过近两百年的发展，已经建立了一个比较完整的体系。从人类现有知识的总体出发，广义的科学技术体系大致可分为以下四个层次，如图 2.3 所示。

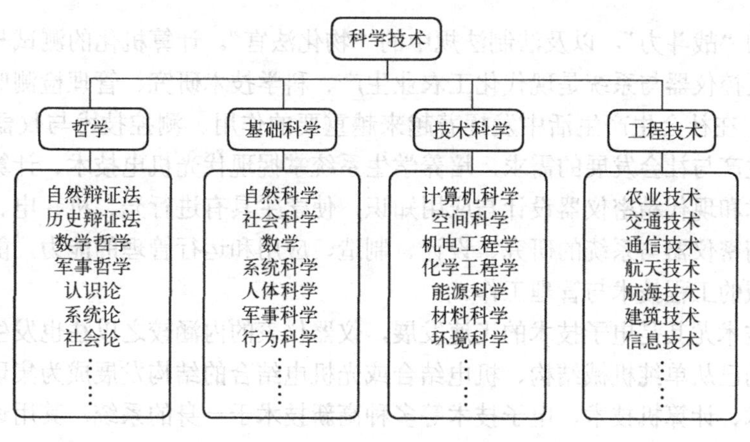

图 2.3 广义科学技术体系结构

（1）哲学

哲学是人与世界关系的总体性的理论反映。马克思主义哲学是关于自然、社会和思维发展一般规律的科学，是唯物论和辩证法的统一、唯物论自然观和历史观的统一。哲学包括自然辩证法、历史辩证法、认识论、数学哲学、系统论、军事哲学、马克思美学、社会论等，对各种科学具有世界观和方法论的指导意义。

（2）基础科学

基础科学是以自然现象和物质运动形式为研究对象，探索自然界发展规律的科学，包括自然科学、社会科学、思维科学、数学、系统科学、人体科学、军事科学、文化理论行为科学 9 大基础学科。基础科学研究的是物质运动的本质规律，与其他科学相比，抽象性、概括性最强，是由概念、定理、定律组成的严密的理论体系。基础科学的研究成果是整个科学技术的理论基础，并指导技术科学和工程技术不断开辟新的领域，取得新的发展。

（3）技术科学

技术科学（或称为工程科学）是以基础科学为指导，着重应用技术的理论研究，是架设在基础科学和工程技术之间的桥梁，从而把基础科学同工程技术联系起来。它包括农业科学、计算机科学、工程力学、空间科学等。

（4）工程技术

工程技术（或称为生产技术）是在工业生产中实际应用的技术。它将技术科学知识或技术发展成果应用于工业生产过程，以达到生产的预定目的。随着人类改造自然所采用的手段和方法以及所达到的目的不同，工程技术形成了各种形态，涉及工业、农业、交通、航天、航海等各行各业。如研究矿床开采设备和方法的采矿工程，研究金属冶炼设备和工艺的冶金工程，研究电厂和电网设备及运行的电力工程，研究材料组成、结构、功能的材料工程等。

3．测控技术与仪器专业的专业定位

测控技术与仪器专业属于工程技术专业，是建立在光学、精密机械、电子技术、自动控制和计算机技术的基础上，以工科为主、多学科综合的专业，它主要研究各种精密测试和控制技术的新原理、新方法和新工艺。近年来计算机技术在测控技术中的应用研究呈现出越来越重要的地位。

测控技术是直接应用于生产生活的应用技术。测控技术的应用涵盖了“农轻重、海陆空、吃穿用”等社会生活各个领域。教育部高等学校仪器科学与技术专业教学指导委员会在仪器仪表类专业规范（讨论稿）中指出，仪器仪表是国民经济的“倍增器”，科学研究的“先行官”，军事上的“战斗力”，以及法制法规中的“物化法官”。计算机化的测试与控制技术以及智能化的精密测控仪器与系统是现代化工农业生产、科学技术研究、管理检测监控等领域的重要标志和手段，在社会生产生活中发挥着越来越重要的作用。测控技术与仪器专业适应高技术、信息化的生产与社会发展的需求，培养学生系统掌握现代光机电技术、计算机测控技术、自动化控制技术和现代精密仪器设计与应用知识，使学生具有进行光、机、电、算相结合的当代测控技术和精密仪器与系统的研究、设计、制造、应用和运行管理的能力，能独立承担测控技术及相关领域的工程技术与管理工作。

随着科学技术尤其是电子技术的飞速发展，仪器仪表的内涵较之以往也发生了很大变化。仪器仪表的结构已从单纯机械结构、机电结合或光机电结合的结构发展成为集现代光学、精密机械、传感技术、计算机技术、电子技术等多种高新技术于一身的系统，其用途也从单纯数据采集发展为集数据采集、信号传输、信号处理以及控制为一体的测控过程。特别是进入 21 世纪以来，随着计算机网络技术、软件技术、微纳米技术的发展，测控技术呈现出虚拟化、网络化和微型化的发展趋势，成为发展最快的高新技术之一。综上所述，测控技术与仪器专业是一门和高新技术紧密结合的专业，有很好的发展前景。

2.1.3 测控技术与仪器专业的学科定位

测控技术涉及光学、精密机械、电子学、计算机、信息与控制技术等多项技术，这些技术涉及多个学科领域。

1. 测控技术与仪器专业的学科定位

学科即学术的分类，指一定科学领域或一门科学的分支。最通俗的分类如高考分科有理工科、文科之分，在高等教育层次把理工科又分为理学和工学。我国高等教育本科专业按学科门类设置，博士、硕士研究生专业按学科大类（一级学科、二级学科）两个层次设置。按照 2012 年教育部公布的《普通高等学校本科专业目录》的规定，测控技术与仪器专业属于仪器仪表类的本科教育层次，属于工学范畴中的仪器仪表类专业，也就是俗称的工科专业，本科毕业获得工学学士学位。测控技术与仪器专业的学科定位关系如图 2.4 所示。

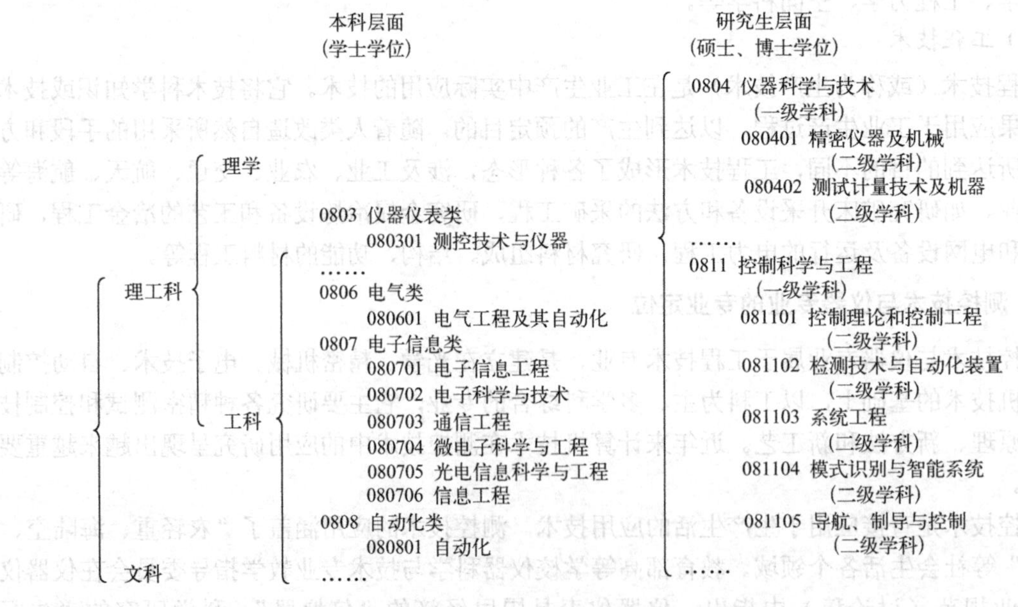

图 2.4 测控技术与仪器专业的学科定位关系

工科学科的任务是对具有普遍性或共性的新的技术和方法进行研究，为工程技术提供科学理论基础。工科专业的任务是，一方面将科学技术理论转化为工程实用技术（包括工具和手段），使之能应用于工程实际；另一方面将工程实际中遇到的技术问题提炼、抽象成为科学问题，为科学技术研究提供新的研究对象。

2．测控技术与仪器专业的主干学科和相关学科

每个专业都有为实现本专业的培养目标而必须具备的理论基础与知识体系，即每个专业都有相应的学科理论作为基础支撑，按其重要程度分为主干学科和相关学科。测控技术与仪器专业的主干学科是：仪器科学与技术学科、电子信息工程学科、光学工程学科、机械工程学科、计算机科学与技术学科。测控技术与仪器专业的相关学科是：控制科学与工程学科、信息与通信工程学科。其学科结构如图 2.5 所示。

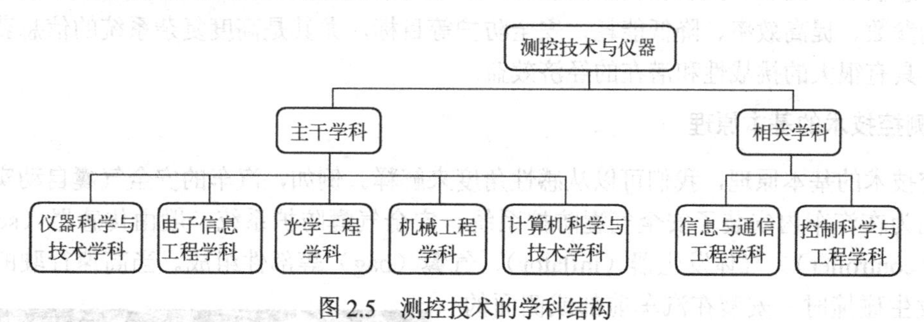

图 2.5　测控技术的学科结构

现代科学技术门类繁多、纵横交错、相互渗透，呈现出相互融合、相互促进的发展趋势。测控技术就是多学科技术交叉融合的典型之一。信息论、控制论、系统论是测控专业的理论基础，信息技术、控制技术、系统网络技术是测控专业的基本技术，多学科交叉及多系统集成是测控专业的显著特点。

（1）仪器科学与技术学科：是测控专业的理论和应用基础，主要研究测量理论和测量方法，探讨和研究各种类型测量仪器仪表的工作原理和应用技术，以及智能化仪器仪表的设计方法。

（2）电子信息工程学科：是测控专业的理论和技术基础，主要研究信息获取技术，以及与信息处理有关的基础理论和应用技术，实现信号的获取、转换、调理、传输、处理，以及设备的控制、驱动和执行功能。

（3）光学工程学科：是测控专业的应用基础，主要研究光学测量仪器以及光电测试信息获取与传输的基础理论和应用技术等。

（4）机械工程学科：是仪器仪表结构设计的基础，主要研究机械测量仪器、光学测量仪器、电子测量仪器的系统构架、运动传递、量值传感、结果指示等。

（5）计算机科学与技术学科：是测控专业的技术基础，主要研究智能化仪器仪表中的计算机软硬件设计与应用方法，以及数字信息的传送与处理技术，推动仪器仪表向数字化、智能化、虚拟化、网络化方向快速发展。

（6）控制科学与工程学科：是测控专业的理论基础，主要研究自动控制理论和相关算法，为今后测控技术理论研究和工程实践提供必要的系统控制概念和方法。

（7）信息与通信工程学科：是测控专业的应用基础，主要研究信息通信的基础理论和相关技术，为测量与控制信息的传输提供必要的理论和技术支持。

当今世界已进入信息时代，测控技术、计算机技术和通信技术形成信息科学技术大支柱。测控技术是信息技术的源头，是信息流中的重要一环，它伴随着信息技术的发展，同时又为信息技术的发展发挥着不可替代的作用。仪器仪表学科是多学科交叉的综合性、边缘性学科，它以信息的获取为主要任务，并综合有信息的传输、处理和控制等基础知识及应用，从而使仪器仪表学科的多学科交叉及多系统集成面形成的边缘学科的属性越来越明显。多年来，学术界、科技界、教育界的仪器仪表领域的老前辈们为仪器仪表的作用及地位做了深入的研讨、深刻的分析和精辟的描述，著名科学家王大珩、杨家墀、金国藩等院士高度概括并指出："仪器仪表是信息产业的重要组成部分，是信息工业的源头"，揭示了仪器仪表的学科本质和定位，对学科的发展具有深远的指导意义。仪器仪表学科由此得到正确定位、规范叙述并明确了发展方向。

2.1.4 测控技术与仪器的核心概念

测控技术的核心是信息、控制与系统，测控技术研究的是如何运用各种技术工具延伸和完善人的信息获取、处理、控制和决策的能力，通过对信息的获取、监控和处理，以实现操纵机械、控制参数、提高效率、降低能耗、安全防护等目标，尤其是高度复杂系统的信息获取和控制问题，具有很大的挑战性和潜在的经济效益。

1. 测控技术的基本原理

测控技术的基本原理，我们可以从感性角度来解释。例如，汽车的安全气囊自动实现安全保护是因为在汽车内安装了安全气囊防护系统。安全气囊防护系统一般由传感器（sensor）、控制器（controller）、气体发生器（inflator）、气囊（bag）等部件组成。当高速行驶的汽车和障碍物发生碰撞时，安装在汽车前部或侧面的传感器首先感受到汽车碰撞强度（如减速度和冲击力），并把这个信号转变成电信号送到控制器。控制器就像人的大脑，对传感器的信号进行识别、判断，如果判定是事故性故障，控制器立即发出点火信号以触发气体发生器。气体发生器接到控制信号后迅速点火，并产生大量气体给气囊充气，使气囊迅速膨胀、冲破盖板弹出，以托住驾驶人的头部、胸部，起到保护的作用，如图 2.6 所示。

图 2.6 汽车安全气囊

测控系统在工业生产中的应用最为广泛，被控对象、被控参数各式各样。为了深入认识测控原理，需要揭开表象，对测控系统进行理论分析，研究测控技术的内涵和本质。例如，图 2.7 所示的水槽液位控制系统和图 2.8 所示的热交换器温度控制系统都是工业生产中简单控制系统的例子。

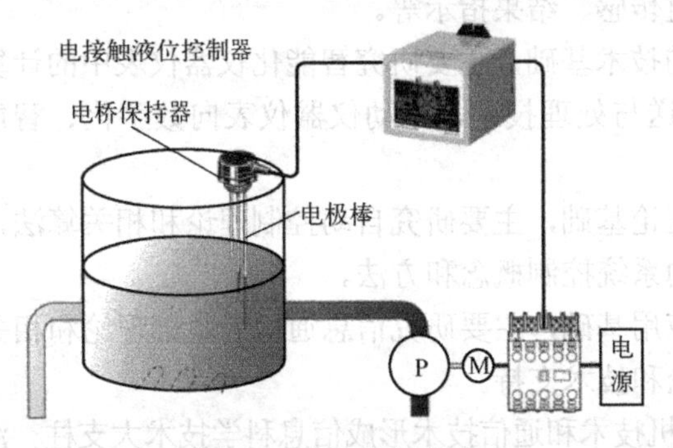

图 2.7 液位控制系统

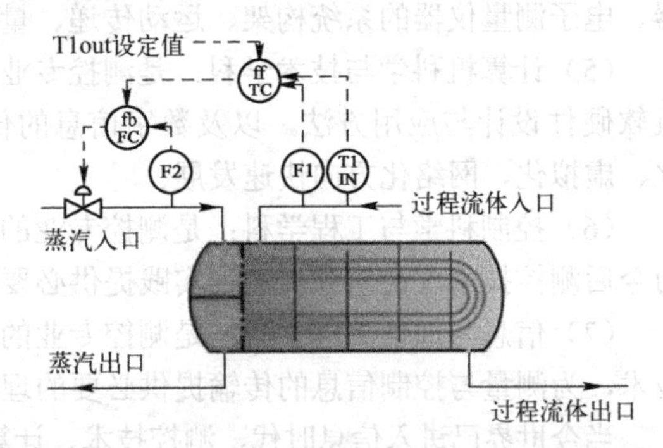

图 2.8 温度控制系统

图 2.7 中，液位是被控参数，液位变送器 LT 将反映液位高低的检测信号送往液位控制器 LC；控制器根据实际检测值与液位设定值的偏差情况，输出控制信号给执行器（调节阀），改变调节阀的开度，调节水槽输出流量以维持液位稳定。

上述测控系统的结构都是由被控设备和测控仪表（包括变送器、控制器和执行器）组成的单回路控制系统。虽然两个测控系统的测量参数、被控参数和被控设备等都不一样，但其控制系统结构原理是一样的，可以用如图 2.9 所示的单回路控制系统原理框图表示。

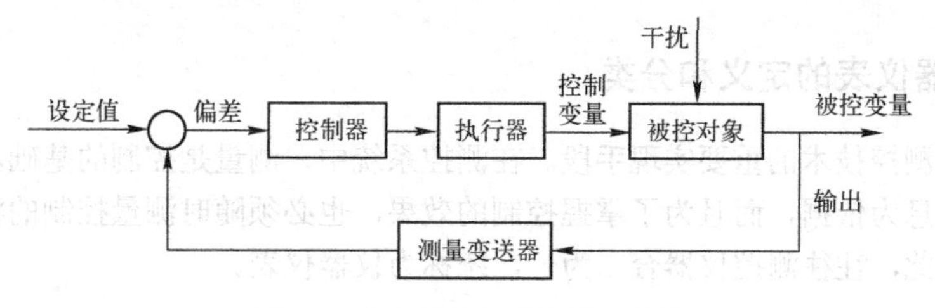

图 2.9　单回路控制系统原理框图

2．单回路控制系统的组成

典型的单回路控制系统由以下 6 个基本功能环节组成。

（1）被控对象。控制对象是控制系统所要控制的工艺设备或者生产过程，它的某一参数指标就是测控系统的控制目标，即被控变量。例如，图 2.7 和图 2.8 中的水槽和热交换器。

（2）设定值。设定值是指设定被控变量的目标值，又称给定值。它可以是一个设定的固定值（为恒值控制系统），也可以是一个输入的变化值（为随动控制系统或程序控制系统）。例如，图 2.7 中水槽的水位控制目标值和图 2.8 中热交换器的出口温度控制目标值都是设定的固定值。

（3）测量变送器。测量变送器是检测环节，可以将实际的物理量转换成标准电信号。例如，图 2.7 和图 2.8 中的液位变送器和温度变送器。

（4）比较环节。比较环节将设定值与测量变送环节传来的被控变量的实际值进行比较（相减运算），得到偏差信号。例如，图 2.7 水槽水位的设定值和实测值的比较和图 2.8 中热交换器的出口温度设定值和实测值的比较。比较运算一般由控制器在控制运算之前进行。

（5）控制器。控制器根据偏差信号，决策如何操作控制变量，使被控变量达到所希望的目标。该环节是测控系统实现有效控制的核心，必须根据被控对象的特性以及系统性能的要求，设置合适的控制规律，才能实现控制目标。例如，图 2.7 和图 2.8 中的水槽的水位控制器和出口温度控制器。

（6）执行器。执行器按照控制器的控制决策实施对被控对象的控制变量的操作，从而实现对被控变量的控制。例如，图 2.7 中的水槽出水流量控制阀和图 2.8 中的热交换器的载热介质流量控制阀。

单回路控制系统是典型的负反馈控制系统，属于经典控制理论的控制方法。负反馈控制具有自动修正被控量偏离给定值的作用，可以抑制因内部扰动和外部扰动所产生的偏差，达到自动控制的目的。

3．负反馈控制系统的特点

负反馈控制简单、实用，是控制系统中最普遍、最典型的控制方式。负反馈控制具有两个显著特点。

（1）能够自动检测偏差。控制系统的输出值（被控变量）经测量变送器反馈到系统的输入端，随时与设定值进行比较得出偏差。这种系统能随时自动检测控制结果的特点是由反馈结构决定的。

（2）能够自动纠正偏差。负反馈控制系统中，控制作用的产生是由偏差引起的，即一旦出现偏差，控制器就产生控制作用。这种控制作用将使系统的被控变量自动地沿减小或消除偏差的方向变化。

在生产工艺中，对于普通、简单的被控对象和控制要求，一般采用负反馈控制。

2.1.5 仪器仪表的定义和分类

仪器仪表是测控技术的重要实现手段。在测控系统中，测量是控制的基础，因为控制不仅必须以测量的信息为依据，而且为了掌握控制的效果，也必须随时测量控制的状态，否则就是盲目的控制。因此，往往测控仪器合二为一，统称为仪器仪表。

1．仪器仪表的定义

仪器仪表（instrumentation）是用以检出、测量、观察、计算各种物理量、物质成分、物性参数等的器具或设备。真空检漏仪、压力表、测长仪、显微镜、乘法器等均属于仪器仪表。广义来说，仪器仪表也可具有自动控制、报警、信号传递和数据处理等功能，如用于工业生产过程自动控制中的气动调节仪表和电动调节仪表，以及集散型仪表控制系统也属于仪器仪表。

仪器仪表可以完成信息检测、处理、分析、判断、操纵等控制全过程。在很多应用场合，仪器仪表已和设备结合在一起。例如，室内空调机就将测控仪表装在空调设备中，空调机可以按照温度设定要求，自动检测、控制，实现房间温度的控制目标。

在人类的科学探索与生产活动中，需要测量、观察或控制的参数越来越多，仪器仪表已成为国民经济中的一项重要产业，它支撑着社会的技术进步，为众多领域的科学探索活动提供实验和观测手段，为人类有序的生产活动与正常的社会生活提供必需的技术保障。例如，图 2.10 所示的温湿度计可以测量环境温度和相对湿度；图 2.11 所示的控制器可以对生产过程进行控制，还可以显示被控参数的给定值、测量值和控制输出量。

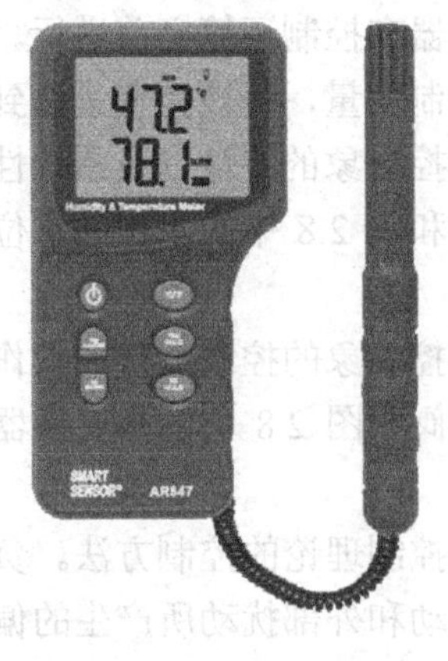

图 2.10　温湿度计图

图 2.11　控制器

2．仪器仪表的分类

根据国际发展潮流和我国的现状，现代仪器仪表按其应用领域和自身技术特性大致划分为 6 个大类。

（1）工业自动化仪表和控制系统：指用于工业生产现场监测及自动控制的测量仪表和控制系统。

（2）科学仪器：指用于科学研究实验和参数检验分析的仪器、装置，主要包括分析仪器（主要包括质谱仪、核磁共振波谱仪、色谱仪、色谱质谱联用仪、等离子光谱仪、污水监测仪、气体和烟雾监测仪、高性能荧光光谱仪等）、光学仪器（主要包括各种显微镜、大地测绘仪器、光学计量仪器、物理光学仪器及光学测试仪器等）、试验机（主要包括各种金属材料试验机、非金属材料试验机、无损探伤仪及动平衡机等）、实验室仪器（主要包括精密天平、干燥箱、真空仪器、应变仪、环境试验仪器、热量计及声学仪器等）。

（3）医疗仪器：主要包括 X 射线诊断仪器、B 型超声诊断仪、核磁共振成像仪器、病员监护仪、心电图记录仪、呼吸机、麻醉机、内窥镜、手术无影灯等。

（4）电子与电工测量仪器：主要包括各种类型的电工测量仪器仪表和电子测量仪器。

（5）各类专用仪器仪表：包括各种专用设备测量仪器仪表，如汽车专用仪表、水质测量专用仪表、空气污染测量专用仪器、农林牧渔专用仪器仪表、地质勘探和地震预报专用仪器、核辐射测量仪器、商品质检仪器仪表、出入境检测仪等。

（6）传感器及仪器仪表元器件材料。

传感器及仪器仪表元器件材料包括各种传感器件、传感元件及仪器仪表所配的元器件材料。

随着电子技术的飞速发展，仪器仪表的功能发生了质的变化，从测量个别参数扩展为测量整个系统的各种参数；从使用单个仪器进行测量，转变为用测量系统进行测量；从单纯的测量显示扩展为测量、分析、处理、计算、控制与通信。

计算机技术与测控技术的结合，使仪器仪表具有更强的数据处理能力和图像处理能力，使仪器仪表走向智能化发展道路。智能仪器仪表兼有信息检测、判断、处理和通信功能，与传统仪器相比有很多特点：具有判断和信息处理功能，能对数据进行修正、补偿，因而提高了测量、控制精度；可实现多路参数测量、控制；有自诊断和自校准功能，提高了可靠性；数据可存取，使用方便；有数据通信接口，能与上位计算机直接通信，可构成庞大的测控网络。

2.1.6 测控技术与仪器专业和自动化专业的异同点

从前面的介绍我们可以看出，测控技术的研究内容是如何实现对物理量的测量和对象的自动控制。而我们常听到的自动化专业的研究内容也是实现对象的自动控制、实现对象自动化。下面比较一下测控技术与仪器专业和自动化专业的自动控制的异同点。

（1）相同点

测控技术与仪器专业和自动化专业都研究动态过程的控制，如对运动过程、生产过程进行监控，使其按要求进行自动操作或按要求的参数指标运行。测控技术与仪器专业和自动化专业的专业基础课程基本相同，如电子技术、计算机技术、控制理论、控制系统等。

（2）不同点

自动化是指机器或装置在无人干预的情况下按规定的程序或指令自动进行操作或控制的过程，主要通过操纵动力电机实现，即通过控制动力电机使机器或装置能够按设计要求自动进行操作或运动。因此，自动化专业主要研究对传动过程的控制。

测控专业主要研究对各种物理量和各种动态参数的测量和控制，如对运动过程、生产过程进行监控，使其按要求的参数指标运行。由于很多测控系统要通过仪器仪表及自动化装置实现，因此，测控技术与仪器专业还有一个重要内容是对仪器仪表的研究，要学习仪器仪表的设计课程，如图 2.12 所示。自动化离不开测控技术，没有测控技术实现不了自动化。因此，两个专业很相近。

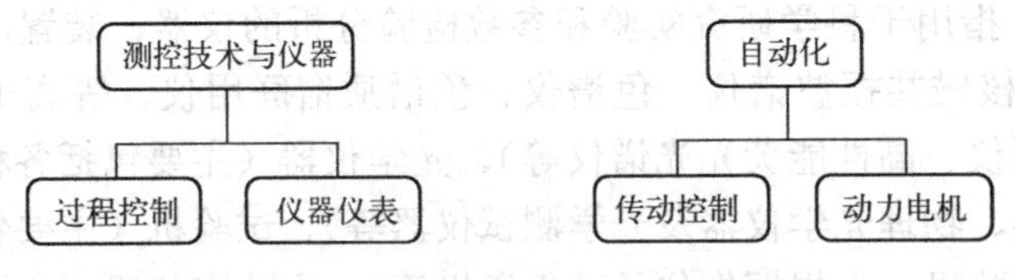

图 2.12　测控专业与自动化专业比较

2.2　测控技术的应用

实际中，除了卫星测控、航天、航海等非常专业的领域外，日常生活中较少听到“测控”这个名词。我们经常听到某个企业的生产是“自动化的”、“智能化的”，某个工艺是“自动控制的”，某洗衣机是“全自动的”等。实际上这些说法的本质都是测控技术。测控技术不仅用于现代生产、科学研究、航空航天，在日常生活中也有越来越多的表现，如数字血压计、电子秤、电饭煲、洗衣机、电冰箱、空调、声光控灯、电子门禁这些大家都很熟悉的产品中都有测控技术的身影。

测控技术是一门应用性技术，广泛用于工业、农业、交通、航海、航空、军事、电力和民用生活等各个领域。小到普通的生产过程控制，大到庞大的城市交通网络、供电网络、通信网络的控制。随着生产技术的发展需要，对测控技术不断提出新的要求。测控系统从最初的控制单个机器、设备，到控制整个过程（如机械加工过程、制药过程等），乃至控制整个系统（如交通运输系统、通信系统等）。特别是在现代科技领域的尖端技术中，测控技术起着至关重要的作用，重大成果的获得都与测控技术分不开。例如，航空航天技术、信息技术、生物技术、新材料领域等，这些科技的前沿领域离不开测控技术与仪器的应用和支持。可以说如果没有测控技术，支撑现代文明的科学技术就不可能得到发展。

2.2.1　在机械工业中的应用

机械工业是制造机械设备和工具的行业，其生产的特点是产品批量大、自动化程度高，主要生产过程包括热加工（如铸造、锻造、焊接、热处理等）、冷加工（如车、铣、刨、磨等）、装配、调校等。生产中的许多参数信息需要通过检测来提供，生产中出现的各种故障要通过检测去发现和防止，没有可靠的检测手段就没有高效率和高质量。目前，精密数控机床、自动生产线、工业机器人已是机械加工、装配的现代化生产模式。

1. 精密数控机床

在自动机械加工过程中，要求随时将位移、位置、速度、加速度、力、温度、湿度等各种参数检测出来，以辅助机械实现精确的操作加工。现代机械加工中对检测有很高的要求，检测仪表能自动检测产品质量，检测过程无须人工参与，对检测的质量数据能够自动进行评价、分析，并将结果反馈到加工控制系统。质量检测的主要对象是机械零件，主要检测内容有：零件表面的尺寸、形状和位置误差、零件表面的粗糙度、零件材质（如表面硬度、夹砂缺陷）等。检测环节是自动机械加工过程中产品质量控制的主要信息源，检测信号要求快速、准确、可靠。

数字控制机床（简称数控机床）是一种装有计算机控制系统的自动化机床，如图 2.13 所示。该控制系统能够逻辑地处理具有控制编码或其他符号指令规定的程序，并将其译码，从而使机床动作并加工零件。在加工过程中，各种操作加工数据和质量检测信息都送往数控单元进行逻辑判断和控制运算，数控机床的操作全部由数控单元控制。

图 2.13　数控机床

高速、精密、复合、智能是数控机床技术发展的总趋势，主要表现如下：

① 机床复合技术进一步扩展。

随着数控机床技术的进步，复合加工技术日趋成熟，包括铣车复合、车铣复合、车镗钻齿轮加工等复合、车磨复合、成形复合加工、特种复合加工等，复合加工的精度和效率大大提高。“一台机床就是一个加工厂”、“一次装卡，完全加工”等理念正在被更多人接受，复合加工机床发展正呈现多样化的态势。

② 智能化技术有新突破。

数控机床的智能化技术有新的突破，在数控系统的性能上得到了较多体现。例如，自动调整干涉防碰撞功能、断电后工件自动退出、安全区断电保护功能、加工零件检测和自动补偿学习功能、高精度加工零件智能化参数选用功能、加工过程自动消除机床振动等功能进入了实用化阶段，智能化提升了机床的功能和品质。

③ 机器人使柔性化组合效率更高。

机器人与主机的柔性化组合得到广泛应用，使得柔性线更加灵活，功能进一步扩展，柔性线进一步缩短，效率更高。机器人与加工中心、车铣复合机床、磨床、齿轮加工机床、工具磨床、电加工机床、锯床、冲压机床、激光加工机床、水切割机床等组成了多种形式的柔性单元和柔性生产线，并已经开始应用。

④ 精密加工技术有了新进展。

数控金切机床的加工精度已从原来的丝级（0.01mm）提升到目前的微米级（0.001mm），有些品种已达到 0.05μm 左右。超精密数控机床的微细切削和磨削加工，精度可稳定达到 0.05 μm左右，形状精度可达 0.01μm 左右。采用光、电、化学等能源的特种加工精度可达到纳米级（0.001μm）。通过机床结构设计优化、机床零部件的超精加工和精密装配，采用高精度的全闭环控制及温度、振动等动态误差补偿技术，可提高机床加工的几何精度，降低形位误差、表面粗糙度等，从而进入亚微米、纳米级超精加工时代。

⑤ 功能部件性能不断提高。

功能部件不断向高速度、高精度、大功率和智能化方向发展，并取得了广泛应用。全数字交流伺服电机和驱动装置，高技术含量的电主轴、力矩电机、直线电机，高性能的直线滚动组件，高精度主轴单元等功能部件的推广应用，极大地提高了数控机床的技术水平。

2. 自动生产线

自动生产线就是在机械制造过程中实现加工对象的连续自动生产，实现优化有效的自动生产过程，加快生产投入物的加工变换和流动速度。自动化生产线的核心技术就是测控技术，汽车制造业就是典型代表之一。在汽车生产制造过程中广泛应用了自动化生产线和机器人，从板材的冲压、部件的焊接、外壳喷漆到汽车的总装等整个生产过程都可以实现自动化生产，如图 2.14 所示。

图 2.14　汽车自动焊接生产线

在先进的汽车生产线中，为适应柔性控制的需要，装配线装有视觉传感系统，能对装配件的形体与方位进行识别；自动机械手装有位置与触觉传感器，能进行精确定位和用力大小的控制，这已属于机器人的范畴。

3. 工业机器人

机器人（Robot）一词来源于 1920 年捷克作家卡雷尔·查培克（Kapel Capek）编写的喜剧《洛桑万能机器人公司》，在剧本中机器人被描写成奴隶般进行劳动的机器。1954 年，美国成功研制出世界上第一个工业机器人。

机器人是高度整合控制论、机械电子、计算机、材料和仿生学的产物。联合国标准化组织采纳美国机器人协会给机器人下的定义：“一种可编程和多功能的，用来搬运材料、零件、工具的操作机；或是为了执行不同的任务而具有可改变和可编程动作的专门系统。”

通俗地讲，机器人是靠自身动力和控制能力来实现各种功能的一种机器。机器人的能力评价标准包括智能（感觉、感知、记忆、运算、比较、鉴别、判断、决策、学习和逻辑推理等）、机能（变通性、通用性或空间占有性）、物理能（力、速度、连续运行能力、可靠性、联用性、寿命等）。因此，机器人是具有生物功能的空间三维坐标机器。

工业机器人在工业生产中能代替人做某些单调、频繁和重复的长时间作业或危险、恶劣环境下的作业。例如，在冲压、压力铸造、热处理、焊接、涂装、塑料制品成形、机械加工和简单装配等工序上，机器人可大显身手，如图 2.15 所示为汽车喷漆机器人在给汽车喷漆。

图 2.15　汽车喷漆机器人

（1）机器人的主要传感器

① 视觉传感器，获取目标物体的图像信息，机器人视觉主要包含 3 个过程：图像获取、图像处理和图像理解。

② 力觉传感器，感知接触部位的接触力量。根据安装位置不同，可以分为关节力传感器、腕力传感器和指力传感器。

③ 触觉传感器，感知目标物体的表面性能和物理特性，如柔软度、硬度、弹性、粗糙性和导热性等。

④ 接近传感器，获取机器在移动或者操作过程中和目标（障碍物）的接近程度，从而能够有效避开障碍物，避免操作机器接近速度过快对目标物产生冲击。

（2）机器人的主要组成

机器人一般由执行机构、驱动装置、检测装置和控制系统等环节组成。

① 执行机构，即机器人本体。机器人臂部一般采用空间开链连杆机构，其中的运动副（转动副或移动副）常称为关节，关节个数通常即为机器人的自由度数。根据关节配置形式和运动坐标形式的不同，机器人执行机构可分为直角坐标式、圆柱坐标式、极坐标式和关节坐标式等类型。出于拟人化的考虑，常将机器人本体的有关部位分别称为基座、腰部、臂部、腕部、手部（夹持器或末端执行器）和行走部（对于移动机器人）等。

② 驱动装置为执行机构提供动力，按所采用的动力来源分为电动、液动和气动三种类型。其执行部件（伺服电动机、液压缸或气缸）可以与执行机构直接相连。也可以通过齿轮、链条和谐波减速器与执行机构连接，借助伺服技术控制机器人的关节。

③ 检测装置实时检测机器人的运动及工作情况，根据需要反馈给控制系统，与设定信息进行比较后，对执行机构进行调整，以保证机器人的动作符合预定的要求。作为检测装置的传感器大致可以分为两类：

一类是内部信息传感器，用于检测机器人各部分的内部状况，如各关节的位置、速度、加速度等，并将所测得的信息作为反馈信号送至控制器，形成闭环控制。

另一类是外部信息传感器，用于获取有关机器人的作业对象及外界环境等方面的信息，以使机器人的动作能适应外界情况的变化，向智能化发展。例如，视觉、声觉等外部传感器给出工作对象、工作环境的有关信息，利用这些信息调整控制策略，从而使机器人具有智能。

④ 控制系统的控制方式有两种：一种是集中式控制，即机器人的全部控制由一台计算机

完成；另一种是分散（级）式控制，即采用多台计算机来分担机器人的控制。例如，当采用上、下两级计算机共同完成机器人的控制时，主机常用于负责系统的管理、通信、运动学和动力学计算，并向下级计算机发送指令信息；作为下级从机，各关节分别对应一个微处理器，进行插补运算和伺服控制处理，实现给定的运动，并向主机反馈信息。

目前，机器人在工业、医学、农业、建筑业，甚至军事等领域中均有重要应用。水下机器人、空间机器人、空中机器人、地面机器人、微小型机器人等各种用途的机器人相继问世，许多梦想成为现实。

2.2.2　在航空航天中的应用

航空指的是在地球周围稠密大气层内的航行活动，航天指的是在超出大气层的近地空间、行星际空间、行星附近以及恒星际空间的航行活动。也有人把太阳系内的航行活动称为航天，把太阳系外的航行活动称为宇航。航空航天技术是人类在认识自然、改造自然的过程中，发展最迅速、对人类社会影响最大的科学技术领域之一，是衡量一个国家科学技术水平、国防力量和综合实力的重要标准。航空航天技术是一门高度综合的现代科学技术，其中测控技术起着非常关键的作用。

1. 航空

航空飞行器有气球、飞艇、飞机等。气球、飞艇是利用空气的浮力在大气层内飞行，飞机则是利用与空气相互作用产生的空气动力在大气层内飞行。飞机上的发动机依靠飞机携带的燃料（汽油）产生飞行动力，而航空仪表相当于飞机的耳目、大脑和神经系统，用来测量、计算飞机的飞行参数，调整飞机的运动状态，对保障飞机飞行安全、改善飞行性能起着重要作用。

飞机驾驶舱内的仪表盘（图 2.16）是显示和控制飞行状态的核心，航空仪表测量的数据主要有：

图 2.16　空中客车 A380 飞机驾驶舱

（1）飞行高度和飞行速度的测量。这种测量使用全静压式仪表测量静压和动压。大气数据系统（air data system，ADS）可以根据静压、动压和总温等参数计算出稳度、高度、高度变化率、高度偏差、马赫数、马赫数变化率、空气密度等参数信息。

（2）飞机状态和方向测量。用于测量飞机姿态角（俯视角、翻转角）和航向角的仪器包括陀螺地平仪、陀螺方向仪、转弯侧滑仪、磁罗盘等。其中，陀螺是重要的传感元件。

(3) 过载测量。它用于测量飞机载荷因数。飞机机体能承受的最大载荷是有限的，一旦超出最大载荷因数，机体就有可能因受压过大产生永久变形或者断裂。

(4) 发动机状态参数测量。它用于测量发动机燃油压力、滑油压力、喷气温度、滑油温度、发动机转速、油量等。

(5) 加速度测量。通过加速度测量可以计算出飞行速度和飞行距离。

2. 航天

遨游太空是古往今来人类梦寐以求的事情。经过千百年的奋发努力，特别是现代科学技术的发展，从运载火箭的发射，到人造卫星、航天飞船在太空遨游，航天技术成为人类在 20 世纪最伟大的科技成就之一。航天技术（又称空间技术）是指将航天器送入太空，以探索开发和利用太空及地球以外天体的综合性工程技术，其组成主要包括以下几个部分。

(1) 航天运载器技术

航天运载器技术是航天技术的基础。要想把各种航天器送到太空，必须利用运载器的推力克服地球引力和空气阻力，常用的运载器是运载火箭。运载火箭主要由动力系统、控制系统、箭体和仪器仪表系统组成。为了使航天器获得飞出地球所需要的速度，靠单级运载火箭的推力不够，就用由几个能独立工作的火箭沿轴向串联组成的多级运载火箭，如图 2.17 所示为北斗导航卫星的发射。

(2) 航天器技术

航天器是在太空沿一定轨道运行并执行一定任务的飞行器，亦称空间飞行器。航天器包括无人航天器和载人航天器两大类。无人航天器包括人造地球卫星和空间探测器等，其中探测器按探测目标分为月球探测器、行星（金星、火星、水星、土星等）探测器和星际探测器。载人航天器按飞行和工作方式分为载人飞船、空间站和航天飞机。

(3) 航天测控技术

航天测控技术是对飞行中的运载火箭及航天器进行跟踪测量、监视和控制的技术。为保证火箭正常飞行和航天器在轨道上正常工作，除了火箭和航天器上载有测控设备外，还必须在地面建立测控（包括通信）系统，地面测控系统由分布在全球各地的测控站及测量船组成。

航天测控系统主要包括光学跟踪测量系统、无线电跟踪测量系统、遥测系统、实时数据处理系统、遥控系统、通信系统等，它体现了一个国家测控技术的最高水平。

“卫星测控中心”的名称最直接地体现了测控技术在航天领域中的作用，中国卫星测控网的信息管理、指挥、控制机构总部位于西安市。西安卫星测控中心（图 2.18）于 20 世 60 年代末开始建设，建设初期完成了中国第一颗人造地球卫星（1970 年）和第二颗人造地球卫星（1971 年）的跟踪、测量任务以及初期中国试验通信卫星的变轨、定点跟踪、遥测、遥控任务。

图 2.17　北斗导航卫星发射

图 2.18　西安卫星测控中心

20 世纪 80 年代后期经过扩建，西安卫星测控中心已具有能对多个卫星同时进行实时跟踪测量和控制的能力，并且具有任务后分析和软件开发的能力。测控中心主要由中心计算机系统、监控显示系统等组成。中心计算机系统由多台高性能计算机经由星形耦合器与以太网连接而成，具有很强的数据处理能力，并配有多星测控系统软件。监控显示系统由大屏幕的图像显示和表格显示、X-Y 记录器显示、各种台式屏幕显示器以及监控台等组成，向指挥人员和工作人员提供航天器的各种参数。

2.2.3 在军事装备中的应用

军事装备是运用军事技术研制的作战武器系统，是军事技术的具体成果。随着科学技术的迅猛发展，世界军事装备正经历从工业化战争军事装备向信息化战争军事装备的更新换代。主要表现在以下几个方面。

1. 精确制导武器

精确制导技术是指按照一定规律控制武器的飞行方向、姿态、高度和速度，引导其战斗部准确攻击目标的军用技术。炸弹、炮弹、地雷、导弹等工业化战争武器装备，由于嵌入了激光制导、红外制导、电视制导等精确制导技术而具有自动寻找的功能，由“没头苍蝇”变成了“长眼睛”的弹药，命中精度空前提高，被称为信息化弹药。信息化弹药主要包括制导炸弹、制导炮弹、制导地雷、制导子母弹、巡航导弹、末制导导弹和反辐射导弹等。它们能够获取并利用目标所提供的位置信息，在飞行中修正自己的弹道，准确地命中目标。例如，1991 年 1 月 17 日凌晨，美军 F-117A 轰炸机使用宝石路Ⅲ型激光制导炸弹，攻击伊拉克空军总部和指挥大楼，取得了“直接点命中”的最佳效果。在海湾战争中，多国部队发射的信息化弹药虽然只占发射弹药总量的 7%，却摧毁了 80%的重要目标。

任何一种精确制导武器都需要通过某种制导技术手段，随时测定它与目标之间的相对位置和相对运动，并根据偏差的大小和运动的状态形成控制信号，控制制导武器的运动轨道，使之最终命中目标。例如，精确制导导弹是指依靠自身推进并控制飞行弹道，引导头准确攻击目标的武器系统。按导弹发射点与目标之间的相对位置可分为地对地、地对空、岸对舰、空对地、空对舰、空对空、舰对空、舰对岸、舰对舰、舰对潜导弹；按攻击活动目标的类型可分为反坦克、反飞机、反潜、反弹道导弹和反卫星导弹等；按飞行弹道特征可分为弹道导弹和巡航导弹；按推进剂的物理状态可分为固体推进剂导弹和液体推进剂导弹。精确制导系统的制导技术有多种类型。

（1）按控制导引方式分类

按照不同控制导引方式可分为自主式、寻的式、遥控式和复合式等四种制导技术。

① 自主式制导是引导指令由弹上制导系统按照预先拟定的飞行方案控制导弹飞向目标，制导系统与目标、指挥站不发生任何联系的制导。属于自主制导的有惯性制导、方案制导、地形匹配制导和星光制导等。自主式制导由于和目标及指挥站不发生联系，因而隐蔽性好、抗干扰能力强，导弹的射程远、制导精度高。但飞行弹道不能改变的特点，使之只能用于攻击固定目标或预定区域的弹道导弹、巡航导弹。

② 寻的式制导又称自寻的制导、自动导引制导、自动瞄准制导。它是利用导弹上的探测设备接收来自目标辐射或反射的能量，测量目标与导弹相对运动的技术参数，并将这些技术参数变换成引导指令信号，使导弹飞向目标。

③ 遥控式制导是由设在导弹以外的地面、水面或空中制导站控制导弹飞向目标的制导技术。遥控制导可以分为指令制导和波束制导两大类。指令制导系统由指导站和安装在精确制式

器上的控制设备组成，制导站根据制导武器在飞行中的误差计算出控制指令，将指令通过有线或者无线的形式传输到武器上，从而控制武器的飞行轨迹，直到命中目标。波束式制导由指挥站和精确制导武器上的控制装置组成，指挥站发现目标后，对目标自动跟踪，同时通过雷达波束或者激光波束照射目标，当精确制导武器进入波束之后，控制装置自动探测出武器偏离波束中心的角度和方向，控制精确制导武器沿着波束中心飞行，直到命中目标。

④ 复合式制导是在一种武器中采用两种或两种以上制导方式组合而成的制导技术。先进的精确制导武器系统往往采用复合制导技术。在同一武器系统的不同飞行段，不同的地理和气候条件下，采用不同的制导方式，扬长避短，组成复合式精确制导系统，以实现更准确的制导等。

（2）按探测物理量的特性分类

根据所用探测物理量的特性可分为无线电制导、红外制导、电视制导、雷达制导、激光制导等。

① 无线电制导是利用无线电传输指令的遥控制导。制导站由目标跟踪雷达、导弹跟踪雷达、解算装置、指令发射天线组成。当目标跟踪雷达发现目标后，将目标信息输入计算机；发射后，导弹跟踪雷达把导弹的运动参数也输入计算机，计算机算出制导指令，通过指令发射天线传给导弹。弹上接收器将指令转换成控制导弹的信号，导引其飞向目标，这种制导方式的跟踪探测系统主要是雷达，因此优点是作用距离远、制导精度高，但易受电干扰和反辐射导弹的袭击，还需采用多种综合抗干扰措施来配合。这种制导方式多用于中、远距离的防空导弹。

② 红外制导是利用红外探测器捕获和跟踪目标自身辐射的能量来实现寻的制导的技术。红外制导可以分为红外成像制导技术和红外非成像制导技术两大类。红外成像制导技术是利用红外探测器探测目标的红外辐射，以捕获目标红外图像的制导技术，其图像质量与电视机接近，可以在电视制导系统难以工作的夜间和低能见度的情况下作战。

红外非成像制导技术是一种被动红外寻的制导技术，任何绝对零度以上的物体，都在向外界辐射包括红外波段在内的电磁波能量，红外非成像制导技术就是利用红外探测器捕获和跟踪目标自身所辐射的红外能量来实现精确制导的，但是作用距离有限，一般用于近程武器的制导系统或者远程武器的末制导系统。

③ 电视制导是利用电视来控制并导引导弹飞向目标的技术。电视制导分为两种方式，电视指令制导和电视寻的制导。电视指令系统是早期的电视制导系统，借助人工完成识别和跟踪的任务。导弹上的电视摄像机将所摄取的目标图像用无线电波的形式发送到载机，飞机上的操作人员得到目标的直观图像，从多个目标中判断并选取需要攻击的目标，利用无线电指令的形式发送指令给导弹，通过导弹上的自动驾驶仪控制导弹，使导弹自动跟踪并飞向所选取的目标。

电视寻的制导与红外自动寻的制导系统类似，导弹发射后与载机失去联系，完全依靠导弹上的电子光学系统（电视自动寻的头）自动跟踪目标，并通过导弹飞向目标，其优点是利用目标的图像信息对导弹进行制导，目标很难隐蔽，有很高的制导精度，缺点是不能获得距离信息，导弹的作用距离受到大气能见度限制，不适宜全天候工作。

④ 雷达制导是根据雷达导引导弹飞向目标的技术。它可以分为两类：雷达波束制导和雷达寻的制导。雷达波束制导由载机上的雷达、导弹上的接收装置和自动驾驶仪等组成。载机上的圆锥扫描雷达向目标发射无线电波束并跟踪目标，导弹发射后进入雷达波束，导弹尾部天线接收雷达波束的圆锥扫描射频信号，在导弹上确定导弹相对波束旋转轴（等强线）的偏离方向，形成俯仰和航向的控制信号，通过自动驾驶仪控制导弹沿着等强线运行。雷达寻的制导又称雷达自动导引，分为主动式雷达导引、半主动式雷达导引和被动式雷达导引 3 种。

如图 2.19 所示为我国歼 10 机挂载两枚霹雳 8 空空导弹（红色）和两枚霹雳 12 空空导弹（白色）。霹雳 12 空空导弹是我国研制的第四代先进中距拦射空空导弹，采用主动雷达制导，无线电近炸引信，具有超视距发射能力、多目标攻击能力、发射后不管能力以及全天候作战能力。它的研制成功标志着中国成为世界掌握主动雷达制导中距空空导弹技术的少数几个国家之一，使中国战机空战实力得到了很大提升。

图 2.19　中国霹雳 12 空空导弹

⑤ 激光制导是利用激光获得制导信息或传输制导指令，使导弹按照一定导引规律飞向目标的制导方法。它是继雷达、红外、电视制导之后发展起来的一种精确制导技术。雷达容易受到电磁干扰；红外制导容易受到背景干扰，命中精度不高；电视制导容易受到背景亮度干扰，作用距离有限；而激光制导波束方向性强、波束窄，故激光制导精度高、抗干扰能力强，在精确制导技术领域逐渐跃居主导地位。与传统弹药相比，现代弹药的一个突出特点是能够获取并利用有效信息来修正弹道，准确命中目标，因而具有极高的战斗效能。新型智能化弹药的出现，是军事技术发展史上的一次革命，它使弹药从原来的不可控发展到部分可控或完全可控，日前正在向灵巧型、智能型方向发展。灵巧型弹药是一种能在火力网以外发射、“发射后不管”、自动识别和攻击标的精确制导武器。

智能型弹药是能利用声波、电磁波、可见光、红外线、激光，甚至气味、气体等一切可以利用的直接或间接的目标信息，自主地选择攻击目标和攻击方式的精确制导武器。美军研制的“黄蜂”反坦克导弹，就属于灵巧型和智能型相结合的弹药。它可从距目标很远的飞机上发射，然后降至超低空飞行，接近战场时爬升到数千英尺的高度俯视战场，寻找坦克，在弹上计算机的帮助下自主地搜索、识别、定位和攻击目标。

2. 军队自动化指挥系统

军队自动化指挥系统是指综合运用以计算机为核心的各种技术设备，实现军事信息收集、传递、处理自动化，保障对军队和武器实施指挥与控制。传统的战争指挥、作战主要靠人工操作，与捕捉瞬息万变的战机需求之间有较大的差距，军队贻误战机导致失败的战例不胜枚举。将战场信息自动引入军队的指挥、作战系统是军事家们梦寐以求的。计算机，数字通信和网络技术，军事探测技术以及军事航天技术的发展，使军事家们的这种愿望变成现实。

图 2.20　美军的 C4IRS 系统

军队自动化指挥系统包括指挥（command）、控制（control）、通信（communication）、计算机（computer）和情报（intelligence）系统，简称 C41。进入 20 世纪 90 年代后期，又加入了侦察（reconnaissance）、预警（surveillance）两个要素，发展成当前的 C4IRS 系统（图 2.20），C4IRS

系统是以计算机网络为核心，集指挥、控制、通信、情报、侦察、预警功能于一身，技术设备与指挥人员相结合，对部队和武器系统实施自动化指挥的作战系统。

这一系统有战略、战役、战术级别之分，下一级的 C4IRS 系统是上一级 C4IRS 系统的子系统，同级的 C4IRS 系统之间实行互连，以此达到快速反应、信息共享、协同作战的目的。自动化指挥系统能大大提升军队的指挥和管理效能，从整体上增强军队战斗力，已成为现代化军队的基本装备和重要标志。

美军的 C4IRS 系统已普遍装备到营一级部队。支撑该系统的有数以百计的军用卫星数量可观的预警飞机，遍布全球的通信网站，对来袭的战略核导弹的反应时间仅为 5min，若总统直接下达命令给一线部队则只需 1～3min。在海湾战争中，由 44 个国家组成的多国部队，万余兵力、9 个航母战斗群，计 250 余艘舰艇、3500 余架飞机、数百辆坦克从空中、海上、地面像施工作业一样有条不紊地对伊拉克军队实施暴风雨般的军事打击，在很大程度上要归功于美军的 C4RS 系统。C4IRS 系统的情报、预警、侦察等“触角”要素以多层次、全方位的方向发展，以提高捕捉地面、水下、低空、高空和外层空间信息，使整个系统更加耳聪目明、灵活高效。

3. 外层空间军事装备

工业化战争的军事装备，从总体上讲只能在大气层以内部署。一些兵器，如弹道式导弹虽能短暂地冲出层（大气层），但无法长久地停留。航天技术的发展打破了这一局面，大量的军事航天器需长年累月地高悬在外层空间，把人类的军事斗争引向广阔的宇宙。

目前，外层空间军事装备的主体是军用卫星，总量已达 2000 多颗。其种类有侦察、通信、导航、预警、测地、气象卫星等。

（1）侦察卫星通常部署在椭圆低轨道上，轨道高度在 150～1000km 之间。卫星侦察的优点是视点高、范围大、速度快，且不受国界、地点，甚至时间和气象条件的限制，能进行全球范围的接近实时的侦察活动。卫星携带光电探测器、无线电接收机或合成孔径雷达设备，对地面实施照相侦察或电子侦察。侦察的主要目标是导弹发射基地、海空军基地指挥中心、弹药库、军工厂、发电厂、交通枢纽以及军队和武器装备的部署等。

（2）通信卫星通常部署在地球同步轨道上，轨道高度 35786km。它实质上是天基微波中继站，将地面发出的无线电波接收放大后再发回地面。卫星通信具有覆盖范围广、通信距离远、通信容量大、传输质量高、机动性和生存能力强等优点，已成为现代军事通信的主渠道。

（3）导航卫星通常部署在椭圆高轨道上，由多颗卫星组网。每颗卫星定时发出导航基准信号，飞机、舰船、坦克等作战平台和巡航导弹、远程弹道导弹等武器系统通过自身携带的接收设备接收到这种信号后进行校定，即可确定自身的地理位置和运动速度，这是进行超远距精确打击的前提条件。目前世界上最先进的卫星导航系统是美国的“导航星全球定位系统（GPS）”。该系统从 1973 年开始部署，历时 20 年，到 1993 年 6 月 26 日基本部署完毕。系统内共有 24 颗卫星，其中 21 颗工作，3 颗备用，分布在 6 条轨道上，每条轨道上 4 颗卫星，每颗卫星 12h 绕地球一周。卫星网如同一个星座高悬在空中，使全球各地的用户在任何时候至少能同时收到 4 颗导航卫星的信号。所以，GPS 系统能连续不断地提供三维位置、三维速度和精确时间信息，定位精度可达 10m，测速精度小于 0.1m/s，授时精度为 100ns。

如今中国人民解放军已经拥有一整套独立先进的定位和制导工具来引导其导弹，如“北斗”导航系统和“望远”号导弹卫星跟踪测量船。中国于 2000 年 10 月开始发射“北斗”导航卫星，实施北斗卫星导航系统（英文简称 COMPASS，中文音译名称 Beidou，见图 2.21）设计工作，将相继发射 5 颗静止轨道卫星和 30 颗非静止轨道卫星，建成覆盖全球的北斗卫星导航系统。2018 年 1 月 12 日，我国在西昌卫星发射中心用长征三号乙运载火箭，以“一箭双星”方式成功发射第 26、27 颗北斗导航卫星。这两颗卫星属于中远地球轨道卫星，是我国北斗三号工程第三、四颗组网卫星。这标志着中国北斗卫星地面导航系统建设“三步走”中的前两步“向中国提供服务”、“向亚太地区提供服务”已实现，已迈向最后一步“向全球提供服务”，我国将在 2020 年底建成独立自主、开放兼容、技术先进、稳定可靠、覆盖全球的北斗导航系统。北斗导航系统将主要用于经济建设，为中国的交通运输、气象、石油、海洋、森林防火、灾害预报、通信、公安以及其他特殊行业提供高效的导航定位服务。

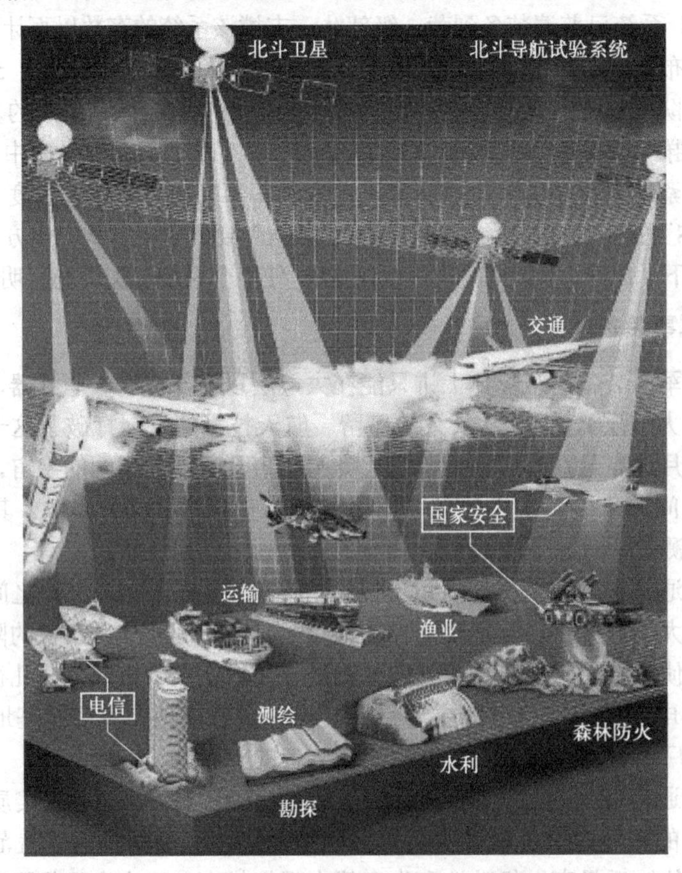

图 2.21　中国北斗导航系统的服务领域

（4）预警卫星通常部署在地球同步轨道或周期约 12h 的大椭圆轨道上，一般由几颗卫星组成预警网，用于监视和发现敌方发射的中远程地地导弹并发出警报。美国的预警卫星系统叫作“国防支援计划预警系统”，是 C4IRS 系统的组成部分。卫星采用地球同步轨道，星上装有红外望远镜、电视摄像机和核能探测仪。红外望远镜长为 3.63m，直径为 0.91m，其光轴与卫星中心轴之间有 5° 的夹角。当卫星以 5～7r/min 的速度自转时，望远镜每 8～12s 对地球 1/3 的区域扫描一次。只需在地球同步轨道上等距离放置 3 颗卫星就能对除两极外的地球表面进行 24h 监视。一旦有导弹发射，卫星上的红外望远镜在 90s 内就能探测到导弹尾焰产生的红外辐射信号，并立即把这一信息传输给地面站。地面站通过通信卫星或光缆把情报传给地球另一面的美军 CAIRS 系统，全部过程仅需 3～4min。这样，对陆基洲际弹道导弹能够提供 25～30min 的预警时间，对潜射弹道导弹能够提供 15min 左右的预警时间。美国由 3 颗卫星组成的“国防支援计划预警系统”自运转以来已观测到苏联（俄罗斯）、法国、英国及我国进行的 1000 余次导弹发射，并在海湾战争中为“爱国者”导弹拦截“飞毛腿”导弹提供了预警信息。

（5）测地卫星是用来测定地球的形状和大小、地球重力场的分布、地面的城市、村庄和军事目标地理位置的卫星。卫星测地大大减小了地图的误差，而精确的地图是进行超视距精确打击的重要依据。

（6）气象卫星的主要任务是对地球的气象情况进行监视并做出准确的预报，为作战指挥提供气候信息。

2.2.4 在医疗中的应用

医学仪器是医学中用于诊断、治疗和研究的必要工具，是工程技术与医学结合的产物。医学仪器是测控技术的重要应用领域之一，它独立成为仪器仪表的一个分支。现代医学仪器是现代工程技术的结晶，涉及多个学科及其相关技术，如物理、化学、传感技术、电子技术、计算机技术等，是人类从生理、细胞乃至分子原子层面解析生命进程和健康状态的利器。

医学仪器可以分为检验仪器、图像仪器、诊断仪器、治疗仪器、康复仪器和家庭保健医疗仪器 6 大类。

（1）医学检验仪器

医学检验仪器是用于疾病诊断、疾病研究和药物分析的现代化实验室仪器。其用途是用来测量某些物质的存在性、组成、结构及特性，并给出定性或者定量的分析结果。现代医学检验仪器大多采用光机电算一体化的设计思想，将各种检验方法，如比色法、分光分析法、原子吸收、离子性选择电极、色谱法、质谱法、传感法等通过计算机实现多类别生化参数的检测。常见的检验仪器如下：

① 临床化学检验仪器，如血气分析仪器、电泳仪干化学分析。

② 临床免疫学检验仪器，如免疫浊度测定仪器、放射免疫测定仪器、酶免疫测定仪器、免疫荧光测定仪器等。

③ 临床血液学和尿液检验仪器，如血液分析仪器、血液凝固分析仪器、血液流变分析仪器、红细胞沉降率分析仪器、尿液分析仪器等。

④ 临床分子生物学检验仪器，如核酸合成仪器、DNA 序列测定仪器、多聚酶链反应核酸扩增仪器、生物芯片和相关仪器等。

⑤ 临床微生物学检验仪器，如血培养系统等检测系统、厌氧培养系统等。

（2）医学图像仪器

临床中，利用人体器官或病灶的影像，进行医学研究、临床诊断以及治疗是一种直观、准确、有效的方法。医学图像仪器是医院设备中最重要的仪器种类之一。自 1895 年伦琴发现 X 射线以来，在组织和器官层面上的医学成像技术，如 X 射线、CT、超声、核医学、光学、内窥镜等技术，已经成为当今医学技术发展的重要象征。当前成像技术的发展重点是最大限度地避免损伤、降低成本、减少患者不适感、提高分辨率、信息显示更加易于读释。医学图像仪器按照原理可以分为射线成像、磁共振成像、超声成像以及核医学成像 4 大类。

① 射线成像仪器包括 X 射线机和 CT 机。X 射线机利用 X 射线的穿透作用、差别吸收和荧光作用，可以做透视、摄影检查，如常规肠胃道、心血管、腔器造型检查；CT（computed tomography），即计算机 X 射线断层扫描技术，由 X 光断层扫描装置、计算机和电视显示装置组成，用于对人体各部位进行检查，可以显示由软组织构成的器官图像，并显示病变的影像。

② 磁共振成像是指将人体置于特殊的磁场中，用无线电射频脉冲激发人体内氢原子核，引起氢原子核共振，并吸收能量；在停止射频脉冲后，氢原子核按特定频率发出射电信号，并将吸收的能量释放出来，被体外的接收器收录，经计算机处理后重建出人类某一层面的图像。磁共振成像主要用于头部、脊柱、四肢、盆腔、胸部、腹部等部位的检查，如图 2.22 所示。

③ 超声成像诊断仪是指利用超声波照射人体，通过接收和处理载有人体组织或结构性质特征信息的回波，获得人体组织性质与结构的可见图像。它主要有 B 型超声诊断仪（图 2.23）、M 型超声诊断仪、超声多普勒诊断仪、彩色多普勒血流显像仪等。

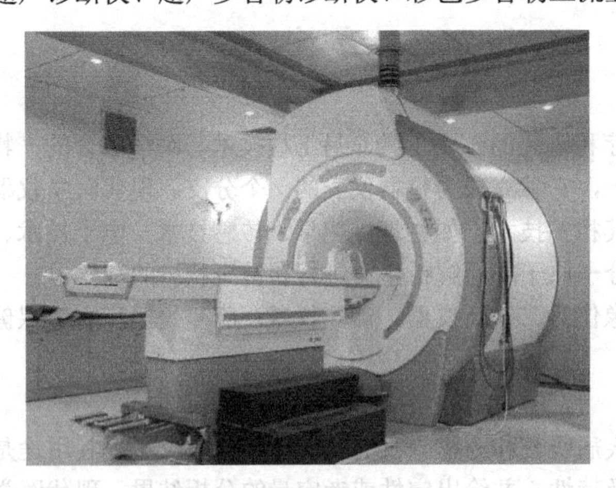

图 2.22　核磁共振检查设备

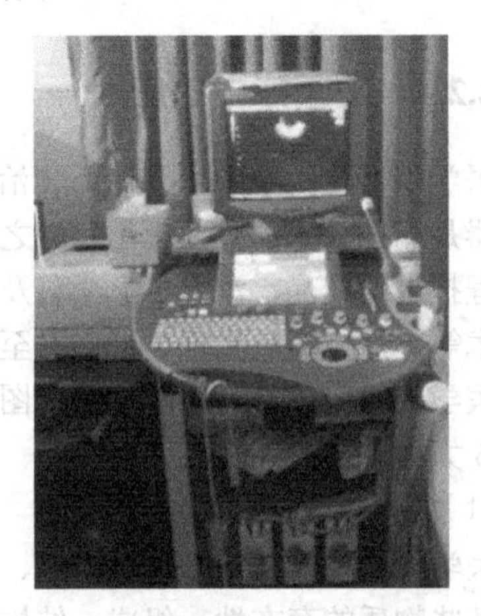

图 2.23　三维彩色 B 超诊断仪

④ 核医学成像仪器，又称同位素成像仪器。它是以放射性同位素示踪法为基础的核医学成像技术，其特点是利用放射性核素制作标记化合物注入人体，在体内感兴趣的部位形成按照某种规律分布的放射源，根据放射源放射的射线特征，在体外用探测器跟踪检测，随着时间变化，可获得放射性核素在脏器和组织中的变化图像，从而研究脏器功能和血流量动态测定指标等。

（3）医学诊断仪器

医学诊断仪器针对生物体中的物理量、化学量、特性和形态，如生物电、生物磁、压力、流量、位移、阻抗、温度、器官结构等进行测量，再将测得的信号进行处理、记录和显示，通过分析和综合判断出人体的生理状况。常见的医学诊断仪器如下：

① 心电图仪（electro cardio graph，ECG）能将心脏活动时心肌激动产生的生物电信号自动记录下来，是临床诊断心脏疾病的重要检查仪器，如图 2.24 所示。

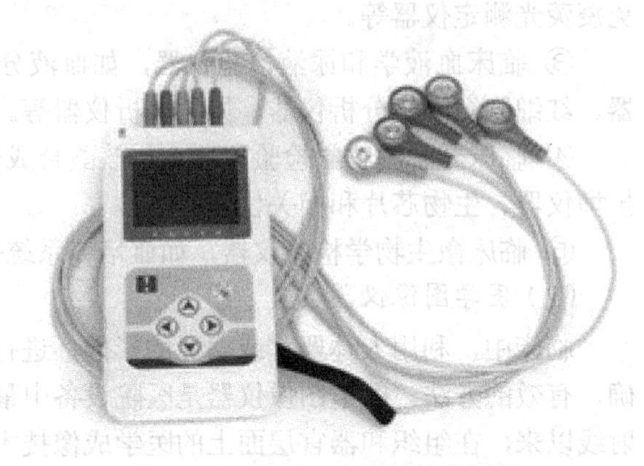

图 2.24　可携式心电图记录分析器

② 脑电图仪（electro encephalon graph，EEG）主要用于颅内器质性病变如癫痫、脑炎、脑血管病以及颅内占位等的检查。

③ 胃电图仪（electro gastro graph，EGG）通过测量胃肌活动时产生的生物电信号对胃的功能进行分析和诊断。

④ 肌电图仪（electromyograph，EMG）记录肌肉静止和收缩时的电活动以及应用电刺位查神经、肌肉兴奋及传导功能的仪器，通过检查，以确定周围神经、神经元、神经肌肉接头以及肌肉本身的功能状态。

⑤ 诱发电位仪（evoked potential，EP）根据神经、肌肉及神经肌肉接头疾病的检查要求而设计的仪器，可检测肌无力、神经元损伤、肌强直、神经丛损伤等。

⑥ 骨密度分析仪（bone density meter，BMD）用来测定人体骨矿物质含量，以反映人体健康程度并获得各项相关数据的医疗检测仪器，诊断骨头是否发生骨质疏松症或者钙磷骨盐的

减少等病症学治疗仪器。

（4）仪器治疗

仪器治疗包括手术治疗和非手术治疗两大类。手术治疗指用激光、高频电磁波、放射线、微波、超声等单独或配合传统手术的治疗；而非手术治疗则是用电疗、磁疗、热疗、放疗等宏观无创的方式进行治疗。常用的现代治疗仪器如下：

① 细胞刀是利用计算机导航系统将手术定位精确到细胞水平，实施微创外科治疗的现代化诊断治疗仪器。

② 伽马刀（γ 刀）是利用伽马射线对病灶（肿瘤）照射以达到外科切除或者摧毁目标的现代化诊断治疗设备。

③ X 刀是一种用于放射治疗的设备，采用计算机三维立体定向技术在人体内定位 X 射线能够准确地按照肿瘤的生长形状照射，使得肿瘤组织和正常组织之间形成整齐的边缘，就像用手术刀切除一样。

④ 频电刀（高频手术器）是一种取代机械手术刀进行组织切割的电外科器械，通过有效电极尖端产生的高频高压电流与肌体接触时对组织进行加热，实现对肌体组织的分离和凝固，起到切割和止血的目的，如图 2.25 所示。

图 2.25 赛特力高频电刀

⑤ 人工心脏起搏器按照规定程序产生电脉冲，通过导线及电极刺激心脏，使之搏动，以治疗某些严重的心律失常疾病。

（5）医学康复仪器

不同的疾病治疗需要不同的康复训练，所以康复仪器种类很多。康复的方法是应用力、光、电、磁、热等物理因素来治疗疾病，包括运动疗法和物理因子疗法。运动疗法是指用器械、徒手或者患者自身力量，通过某些运动方式，使患者全身或者局部运动功能、感觉功能恢复的训练方法。物理因子疗法简称理疗，用自然界或者人工制造的物理因子作用于人体，以治疗和预防疾病。物理因子种类很多，用于康复治疗的有两大类，一种是利用大自然的物理因素，如日光、海水、空气、温泉、矿泉等；另一种是应用人工制造的物理因素，如电、光、超声波、磁、热、水、生物反馈等。常见的康复仪器有骨质增生药物电泳治疗仪、各类磁疗仪、激光治疗仪器、红外治疗仪、多功能超声波治疗仪。

（6）家庭保健仪器

随着医学知识的普及，各种医疗仪器越来越智能化、小型化、便携化，使得理疗仪器大量进入家庭，成为治疗疾病的好帮手。常见的家庭保健仪器有疼痛按摩器、家庭保健自我检测仪、电子血压计、电子温度计、血糖仪、视力改善仪、睡眠改善仪等。

常见的家庭康复仪器有家用颈椎腰椎牵引机、牵引椅、按摩椅、功能椅、制氧机、煎药器、助听器等。

常见的家庭护理仪器有家庭康复护理辅助器具、女性及婴儿护理产品、家庭用供养输气装置。

2.2.5 在农业生产中的应用

随着农业技术的发展，测控技术在农业生产中的应用日益广泛，主要体现在农业生产的自动化和精细农作的兴起。

1. 农业生产自动化

农业生产自动化意味着农业生产的电子化、仪表化和计算机控制化，而不仅仅是机械化（如拖拉机、收割机、插秧机等）和电气化（农村小水电站、电力灌溉等）。由于农业领域中许多复杂和不确定性因素，农业自动化比起工业自动化来说要困难得多。农业自动化主要包括耕种、栽培、收割、运输、排灌、作物环境的自动控制和最优管理。举例如下：

（1）植物自动嫁接机，可以自动完成植物的嫁接操作（图 2.16）。嫁接是植物的人工营养繁殖方法之一，即将一种植物的枝或芽嫁接到另一种植物的茎或根上，使接在一起的两部分长成一个完整的植株。接上去的枝或芽叫作接穗，被接的植物体叫作砧木。接穗一般选用具有 2～4 个芽的幼苗，嫁接后成为植物体的上部或顶部，砧木在嫁接后成为植物体的根系部分。嫁接既能保持接穗品种的优良性状，又能利用砧木的有利特性，将这两种植物的优良特性继承下来，达到早结果、提高产量的目的。

在农林业生产实践中，很多植物都是使用嫁接繁殖的，如葡萄、板栗、核桃、梨、桃等。使用自动嫁接机可以大大提高嫁接速度，并且切削面光滑、平整，接穗和砧木的接口更紧密，理论上没有缝隙，从而使伤口更易于愈合，提高成活率。

（2）温室的控制和管理是农业自动化中发展较快的领域。一般的温室控制与管理系统由传感器、计算机和相应的控制系统组成。如图 2.27 所示为温室控制与管理系统，它能自动调节光、水、肥、温度、湿度和二氧化碳浓度，为植物创造最优的生长环境，促进植物的光合作用和呼吸、蒸发、能量转换等生理活动。温室控制和管理系统的核心是计算值，它的主要功能是进行环境控制、温室数据和植物体响应数据识别、控制算法和设定值的决定、温室管理等。自动控制也用于蔬菜生产的工厂化和无土栽培等方面。

图 2.26　植物自动嫁接机

图 2.27　温室控制与管理系统

玻璃温室具有相当高的现代化水平，在欣赏勃勃生机的植物时，可以对温室的设施及农作物的生长环境等进行调控。温室上方的活动遮阳幕在阳光过于强烈时会拉开遮在玻璃温室上。植物生长需要通风，温室中的人造风依靠风机实现。通过补光灯对植物进行补光以弥补自然光的不足或加大植物的光合作用。负压风机和水帘安装在相对的位置上，当需要降温时，通过控制系统启动负压风机将温室内的空气强制排出。另一端水流过水帘而气化，产生的水蒸气通过温室另一面的风机而被排出温室，由于水气化时带走了大量的热量，从而达到了快速降温的目的。

2. 精细农作

精细农作是综合应用地球空间信息技术、计算机辅助决策技术、农业工程技术等高新科技，以获得农产品“高产、优质、高级”的现代化农业生产模式和技术体系。

在过去的半个世纪中，随着生物遗传育种技术的进步，耕地面积的扩大，化学肥料及农药的大量使用，世界农业取得了长足发展。但这种农业增长模式也同时带来了水土流失、生态环境恶化、水资源浪费、生物多样性遭到破坏等一系列问题。为了解决这些问题，“精细农作”的概念和技术应运而生。

随着全球定位系统（GPS）、地理信息系统（CrIS）、遥感（RS）、变量处理设备（VRT）和决策支持系统（DSS）等技术的发展，基于信息高科技的精细农业成为农业可持续发展的热门领域。精细农作的核心是指实时地获取地块中每个小区土壤、农作物的信息，诊断作物的长势和产量在空间上差异的原因，并按每一个小区做出决策，准确地在每一个小区进行灌溉、施肥、喷药，以达到最大限度地提高水、肥和杀虫剂的利用效率，增加产量，减少环境污染的目的。

近几年来，美国、欧洲一些技术先进的农场在精细农作方面已经进入中等规模的实施阶段。有的农场将遥测传感器装置、GPS 仪器、计算机以及化肥、杀虫剂等全都装在拖拉机上，拖拉机在田间行驶的同时，由传感器获取作物生长状态信息，GPS 给出精确定位，计算机软件系统将事先存储在地理信息系统中与该地块的土壤、作物品种以及本生长阶段完成的耕作措施等有关的参数调出，运行快速诊断决策模型，给出灌溉、施肥、杀虫、除草配方，就地采取耕作措施。

2.2.6 在体育运动中的应用

随着测控技术的飞速发展，许多技术成果在体育领域发挥了重要作用。例如，先进的计时技术和鹰眼技术为体育竞赛的精确判定提供了可靠的技术保障。

1. 计时技术

相信许多中国人都记得 2004 年第 28 届奥运会希腊雅典奥林匹克体育场，中国选手刘翔在男子 110 米栏决赛中以 12 秒 91 获得金牌（图 2.28），成为第一个获得奥运田径短跑项目世界冠军的黄种人。“12 秒 91”，这个成绩记录精确到秒后两位数，是用何种方法记录下来的？为什么记录得如此精确？

图 2.28　2004 年雅典奥运会刘翔夺冠

奥运会比赛从某种程度上说就是时间的较量，因此，计时占据了头等重要的位置。自首届现代奥运会在希腊雅典举办以来，奥运计时技术一直在不断地向前发展。

1896 年，第一届现代奥运会上，计时员采用手工的方式来计算比赛的时间。当时瑞士的浪琴（Longines）公司制造的手动计时怀表已经可以精确到五分之一秒，作为一种稀罕的计时装置，只用于短跑项目中的前三名计时。后面的选手则多被用“肉眼”排名，没有具体成绩。此外，这种手表的计时极限仅为 30 分钟，因此在长跑比赛项目中，大多数运动员只获得名次，并无成绩。

1912 年，斯德哥尔摩奥运会上，首次在百米比赛的终点安装了半电动计时表和终点照相技术，计时表的准确性可达十分之一秒，在数年后的巴黎奥运会上，计算时间精确到了百分之一秒。与此同时，终点摄影技术更是给裁判工作提供了方便，裁判根据终点照片来判定运动员的比赛名次。

1932 年，洛杉矶奥运会上，“全自动电子计时”为“人工计时时代”画上了句号。现代奥运会历史上首次由私人公司（欧米茄 Omega）负责赛场上的全面计时工作，精确到百分之一秒的计时装置与终点拍照同步结合的“计时照相”被广泛使用。

1948 年，伦敦奥运会上，欧米茄首次将计时装置与起跑枪连接起来（图 2.29），终点摄影机（图 2.30）已经可以拍摄出连贯的画面，并可根据不同赛事的需要来调节记录速度。这种摄影机与欧米茄计时装置配合使用，标志着机器开始逐渐替代人力从事更精准的计时工作。

图 2.29　1948 年伦敦奥运会，首次将计时装置连接起跑枪

图 2.30　1948 年伦敦奥运会，计时人员为终点摄影做准备

1952 年，赫尔辛基奥运会上，欧米茄光感摄影机被应用于计时，这一设备可以显现运动员冲线时百分之一秒的画面，人们通常将此看成“石英和电子计时新纪元”的到来。

1968 年，墨西哥奥运会上，观众谈论最多的话题就是游泳池里的触摸板（TouchPads）。奥运会游泳比赛首次采用自动化电子计时，当游泳选手的手部触到触摸板时，计时就会停止。自此，泳池边的计时员“下岗”，而游泳选手也不再对计时员的判罚有所异议。

2008 年，北京奥运会上，全世界体育计时的突破成就包括高速照相机、新型计时、记分和抢跑探测系统。在男子 100 米蝶泳比赛中，迈克尔 · 菲尔普斯以 0.01 秒险胜折桂，这也是游泳比赛史上所能区分的最小的时间差距。

一百多年过去了，首届现代奥运会上计时所用的秒表如今换成了一系列高科技计时装置，如高速数码摄像机、电子触摸垫、红外光束、无线应答器等。量子计时器（图 2.31）使 2012 伦敦奥运会的比赛时间精确到微秒，比眨一下眼睛还要快 40 倍（眨眼大约需要 350000 微秒），即便千分之一秒的毫微差距，也能决出冠军的归属。目前，在奥运会的多项比赛中，电子化计时技术成为最公平的裁判。

（1）田径计时

在诸如持续时间只有 10 秒的 100 米短跑等短距离赛跑中，准确计时至关重要。现在短跑计时技术非常先进。在起跑端，一旦选手双脚蹬在起跑器上（图 2.32），做好启动准备，计时官员扣动发令枪扳机发出电流到计时台和起跑器，电流会启动计时台上的石英晶体计时体振荡器，与此同时，发令枪的信号传至每个选手起跑器的扬声器并放大，使所有参赛选手同步听到发令枪响。而在赛道的终点端，激光发射器发出光束信号，从终点线一端发射至另一端的光传感器（也称光电管或“电子眼”）。当选手穿过终点线，光束受到阻塞，电子眼立即向计时台发送信号，记录下选手的比赛用时。同时，与终点线平行安装的一台高速数码摄像机会以每秒 2000 次的惊人速度拍下每名选手跑过终点线时最先触及终点线的身体部位。

图 2.31　量子计时器

图 2.32　田径赛场上使用的起跑器

计时台将比赛时间发送给裁判席和电子记分板。图像则会发送给计算机，计算机使图像与时钟实现同步，令其处于水平时标的并行位置，构成一幅完整的图像。计算机还会用垂直指针记录下每名选手身体最先触及终点线的具体部位。随后，技术人员可以在比赛结束后的 30 秒内将这张合成图像（图 2.33）播放在视频显示器上，帮助裁判确定可能差之毫厘的冠军归属。

图 2.33　田径赛场终点合成图像

在诸如马拉松等长距离比赛项目中，计时钟同样是在电子枪响的同时开始计时的。但是，由于马拉松参赛选手众多，所有选手不可能同时离开起跑线，而且有时会有数十名选手同时穿过终点线。因此，马拉松比赛便需要更为独立的计时系统——射频识别标签，每位马拉松选手在比赛前都会在鞋带上系一只轻薄小巧的 RFID 发射机应答器，以便将其独特的射频信号发送出去。而安装在马拉松起点线上的射频地垫（图 2.34）内装有铜线圈，其作用是感应每名选手的识别码和起跑时刻，同时将他们的识别码和起跑时间发送给计时器。射频地垫每隔 5 公里铺设一个，运动员沿路的行踪由此记录在案。安装在终点线的射频地垫则用于检测每名选手的到达时刻。随后，技术程序就可计算出每名选手的比赛用时。

图 2.34　马拉松赛场上使用的射频地垫

自行车、滑雪、滑冰等比赛计时和马拉松比赛计时有诸多相同之处，也有各自的特点。例如，自行车比赛将无线应答器安装在每辆自行车前轮轮胎前缘，可以随时向安装在起点线、终点线及沿途各站的天线发送识别码，这些天线将记录下每名选手的比赛时间，将其发送给计时台进行比较。

（2）游泳计时

游泳比赛的起跑器类似于短距离田径比赛，但选手在比赛折返时必须按一下泳道两端的触摸板，以记录下他们的比赛行程和时间。这种触摸板由一层薄薄的 PVC 材料制成，可以感应集中压力（如游泳选手的手的触压），而不是分散压力（如泳池的波浪）。在接力一类的比赛中，身在泳池中的选手也必须通过按游泳池壁的触摸板，才能“加标签于（tag）”下一棒的队友。触摸板将信号发送到计时计算机，记录下第一名运动员的比赛时间，同时启动第二名选手开始的时间，并报告给计时板（图 2.35）。

图 2.35　游泳计时设备

计时技术中还能精确判别运动员“抢跑”问题。科学家研究发现，普通人对刺激（如发令枪）的反应时间为十分之一秒。如果运动员的启动时间低于发令枪响后十分之一秒，就意味着他在发令枪响之前开始反应。为测量这种反应，田径和游泳比赛中使用的起跑器均安装有电子压力板，预备时，选手的双脚蹬住起跑器，发令枪响后双脚离开，起跑器向计时台发送信号。如果选手的反应时间低于十分之一秒就算为抢先启动。在游泳接力比赛中，监测反应时间不仅在比赛启动时，还在每名选手“加标签于”队友时。如果队友在前一棒选手碰到泳池触摸板后不到十分之一秒便跳离起跑器，那么后一棒选手就算为抢先启动。

2. 鹰眼技术

“鹰眼”由英国人发明，它的正式名称是“即时回放系统”。这个系统由 10 个左右的高速摄像头、四台计算机和大屏幕组成。在比赛中运用鹰眼可以克服人类观察能力上存在的极限和盲区，帮助裁判做出精确公允的判断。

人们最早看到并了解鹰眼技术是在网球大满贯赛事上。网球赛场上，即便是女选手发球，时速最高都可以达到每小时 200 多公里，一场比赛可能有多达数十次“压线”，裁判的判罚很难做到百分之百准确，经常会有选手对网球落在线内还是线外产生争议。2006 年，大满贯赛事美国网球公开赛首次引进鹰眼技术，如果运动员对裁判判罚出界有异议，可以申请通过“鹰眼”加以确认。

鹰眼技术原理（图 2.36）并不复杂但十分精密。其工作原理就是运用高速摄像机拍摄网球的运行轨迹，利用计算机对信息进行处理，并通过大屏幕加以还原展现。这套系统的运行流程：首先，技术人员将球场的相关数据录入计算机，比赛场地内的立体空间分隔成以毫米计算的测量单位；其次，安装在球场各个角落的 8～10 台分辨率极高的黑白高速摄像头从不同角度同时捕捉网球飞行轨迹的基本数据；计算机对信息进行汇总处理，将这些数据生成三维图像；最后利用即时成像技术模拟出网球的运行路线和落地弹跳点，由大屏幕清晰地呈现出网球的运动图像。从数据采集到结果演示，耗时不超过 10 秒钟，误差不超过 3 毫米。

除了网球比赛最早使用鹰眼外，曲棍球、体操、羽毛球、排球、斯诺克比赛也使用了鹰眼技术。相信很多斯诺克爱好者在观看电视转播时，经常听到这样一句话：“这颗红球是否被绿球挡住了线路，让我们换个角度来看一下。”每当此时，电视镜头就会被切到一个类似动画的三维画面上，而这套系统的原理就是鹰眼技术。

2013 年英格兰足球超级联赛第一次正式启用鹰眼技术帮助裁判判断门线附近的争议（图 2.37）。鹰眼公司在球场的两个球门各安装 7 台高速摄像机，全方位监测球的整体是否越过门线。每当一个射门过后，鹰眼设备将在 1 秒钟内向裁判佩戴的腕表发出一个明确的信号，示意到底进球与否。

图 2.36　鹰眼数据处理

图 2.37　2013 年英超首轮比赛前检测鹰眼系统

2.2.7 在大众生活中的应用

随着科学技术的发展及人们生活水平的提高，大众生活用品越来越自动化、智能化，这都是测控技术的功劳。最常见的家用电器，如音响、电视机、热水器、空调机、微波炉、电饭煲、洗衣机、冰箱、照相机等都有测控技术的应用。另外，大众的居住房屋、生活环境、交通工具等更是需要测控技术的支持。测控技术的广泛应用，使大众生活越来越安全、舒适、简便。

1. 智能建筑

国家标准《智能建筑设计标准》（GB/T 50314—2006）对智能建筑的定义为："以建筑物为平台，兼备信息设施系统、信息化应用系统、建筑设备管理系统、公共安全系统等，集结构、系统、服务、管理及其优化组合为一体，向人们提供安全、高效、便捷、节能、环保、健康的建筑环境。"

智能建筑是建筑技术和信息技术相结合的产物。智能楼宇利用系统集成的疗法，将智能型计算机技术、通信技术、信息技术与建筑艺术有机结合起来，通过对设备的自动监控，对信息资源的管理和对使用者的信息服务等功能的优化组合，获得适合信息社会需要，并且具有安全、高效、舒适、便利和灵活等特点的建筑物。

（1）智能系统的主要功能

智能建筑除了提供传统建筑物的功能外，还要体现智能功能，智能系统的功能主要体现在以下 5 个方面：

① 具有高度的信息处理功能。

② 信息通信不仅局限于建筑物内，而且与外部的信息通信系统有构成网络的可能。

③ 所有的信息通信处理功能，应随技术进步和社会需要而发展，为未来的设备和配线预留空间，具有充分的适应性和可扩性。

④ 要将电力、空调、防灾、防盗、运输设备等构成综合系统，同时要实现统一的控制，包括将来能随时扩充新添的控制项目。

⑤ 实现以建筑物最佳控制为中心的自动控制，同时还要管理系统，实现设备管理自动化。

（2）智能系统的组成

智能系统主要由以下几个部分组成：

① 综合布线。综合布线是整个智能系统的基础部分，也是跟智能建筑土建施工同时建设的。综合布线系统作为各种功能子系统传输的基础媒介，同时也是将各功能子系统进行综合维护、统一管理的媒体和中心，为视频、语音、数据及控制信号的传输提供一个性能优良的系统平台。

传输介质包括非屏蔽双绞线（UTP）、75 Ω 同轴线缆和光缆等。用户端设备包括计算机、通信设备、智能控制器、各种仪表（水表、电表、煤气表和门磁开关等）和探测器（红外线探测器、煤气探测器、烟雾探测器和紧急按钮等），所有相关数据都通过综合布线系统进行统一传输。

② 楼宇自控。楼宇自控是智能建筑中不可缺少的重要组成部分，在智能建筑中占有举足轻重的地位。它对建筑物内部的能源使用、环境及安全设施进行监控，它的目的是提供一个安全可靠、节能、舒适的工作或居住环境，同时大大提高大厦管理的科学化和智能化水平。楼宇自控系统以计算机控制、管理为核心，用各类传感器进行检测，利用各种相应的执行机构，对建筑物内水、暖、电、消防、保安等各类设备进行综合监控与管理。

图 2.38 所示为楼宇自动控制系统。楼宇自控系统通过系统的管理控制工作站集中监控、管理各控制子系统和各现场控制器。

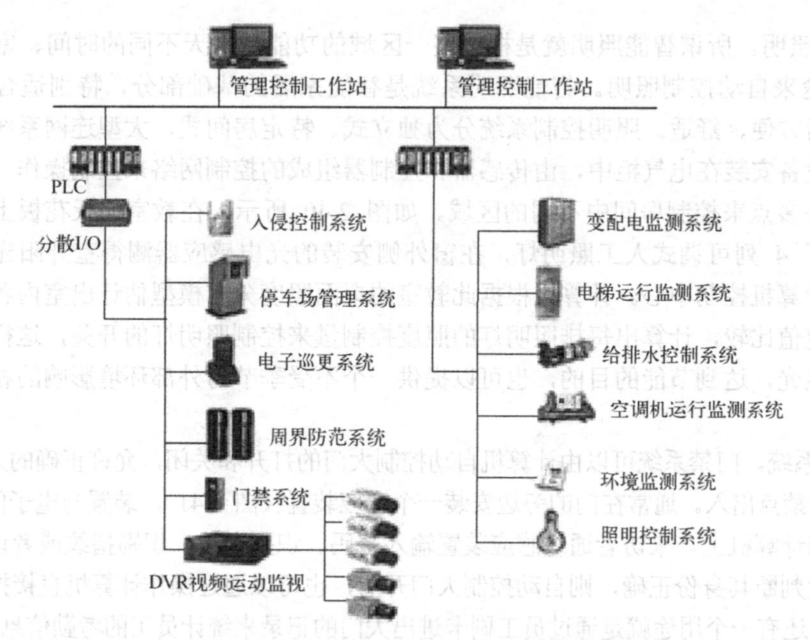

图 2.38　楼宇自动控制系统

③ 智能家居又称智能住宅。与智能家居含义近似的有家庭自动化、电子家庭、数字家居、家庭网络、网络家居、智能家庭/建筑等。智能家居是一个以住宅为平台的居住环境，其利用了综合布线技术、网络通信技术、安全防范技术、自动控制技术、音视频技术将与家居生活有关的设施进行集成，以构建高效的住宅设施与家庭日程事务的管理系统。图 2.39 所示为某智能家居系统功能模块图。

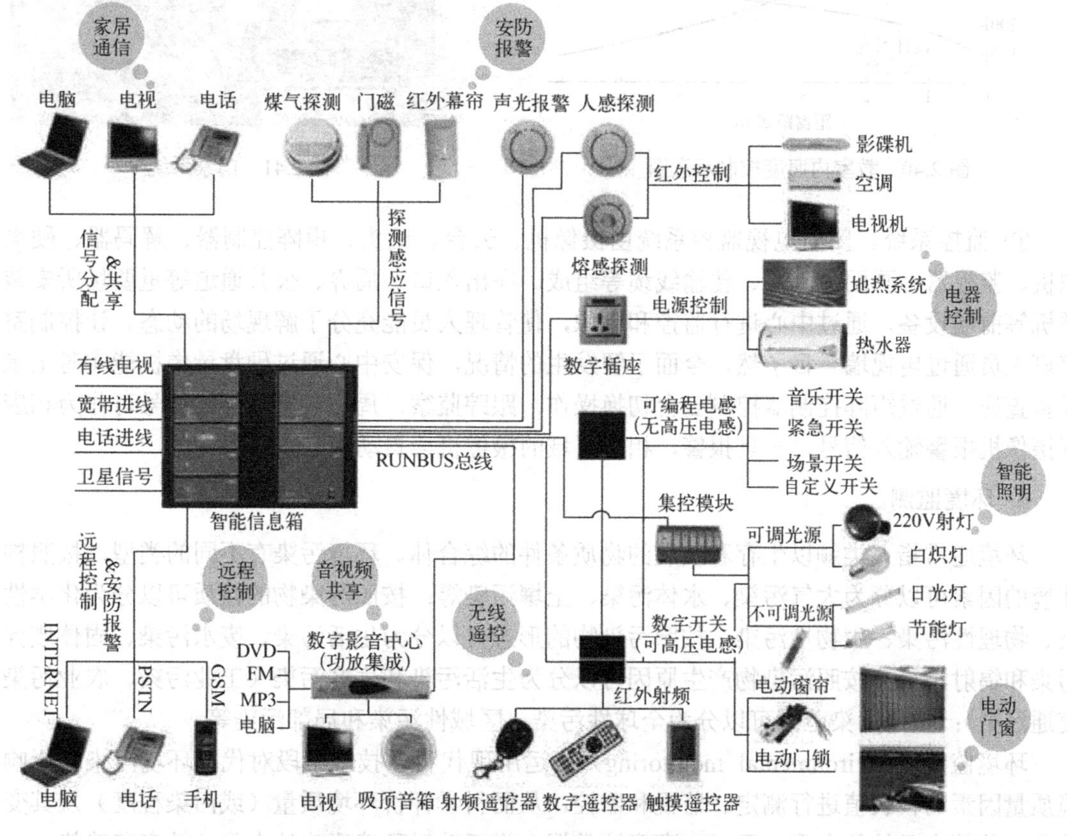

图 2.39　某智能家居系统功能模块图

④ 智能照明。所谓智能照明就是根据某一区域的功能、每天不同的时间、室外光亮度或该区域的用途来自动控制照明。智能照明系统是智能家居的基础部分，特别适合于大面积住房，它使生活方便、舒适。照明控制系统分为独立式、特定房间式、大型连网系统。在连网系统中，调光设备安装在电气柜中，由传感器和控制器组成的控制网络来控制操作。连网系统的优势是可从许多点来控制房间中不同的区域。如图 2.40 所示，在教室的天花板上窗内侧开始分布式安装了 4 列可调式人工照明灯，在窗外侧安装的光电感应器测得室外阳光的垂直照度后，输入到计算机控制中心。计算机根据此教室的桌面照度分布模型估计出室内各点的桌面强度，再与设定值比较，计算出每排照明灯的照度控制量来控制照明灯的开关，这样可以最大限度地利用自然光，达到节能的目的，也可以提供一个不受季节与外部环境影响的相对稳定的视觉环境。

⑤ 门禁系统。门禁系统可以由计算机自动控制大门的打开和关闭，允许正确的人在正确的时间、正确的门禁点出入。通常在门的旁边安装一个感应装置（图 2.41），装置与电子门锁相连接，然后接到控制计算机上。来访者通过感应装置输入密码、识别卡片、识别指纹或者识别视网膜，如果感应装置判断其身份正确，则自动控制大门开启，也可以通过操作计算机直接控制大门的开启。门禁系统还有一个用途就是通过员工刷卡进出大门的记录来统计员工的考勤信息。

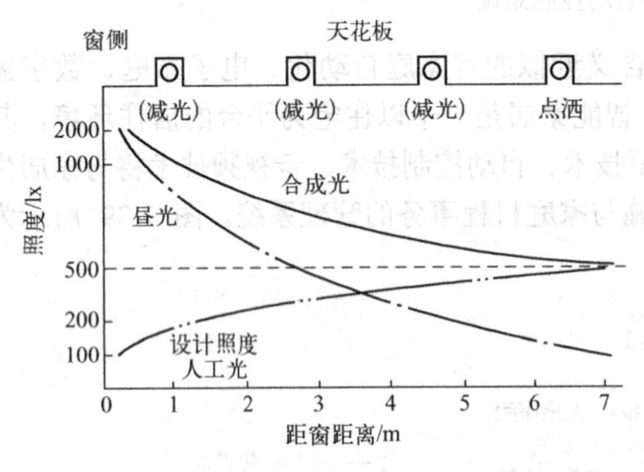

图 2.40　教室内照度控制示意图

图 2.41　门禁系统

⑥ 监控系统。闭路电视监控系统由摄像机、云台、镜头、矩阵控制器、解码器、硬盘录像机、监视器、画面分割器、传输线缆等组成。在出入口、周界、公共通道等重要场所安装摄像机等前端设备，通过中心进行监控和录像，使管理人员能充分了解现场的动态。让控制室内值班人员通过电视墙一目了然，全面了解发生的情况。保安中心通过硬盘录像机能实时记录，以备查证，通过矩阵控制器控制云台切换操作，跟踪监察。周边环境红外线信号可作为相应区域摄像机报警输入信号，一旦报警，相应区域的摄像机会自动跟踪。

2. 环境监测

环境通常指人类赖以生存和发展的物质条件的综合体。环境污染有不同的类型，按照构成环境的因素可以分为大气污染、水体污染、土壤污染等；按照污染物的性质可以分为化学性污染、物理性污染、生物性污染；按照污染物的形态可以分为生活污染、废水污染、固体废弃物污染和辐射污染；按照污染物产生原因可以分为生活污染和生产污染（工业污染、农业污染、交通污染）；按照污染范围可以分为全球性污染、区域性污染和局部污染等。

环境监测（environmental monitoring）指运用现代科学技术手段对代表环境污染和影响环境质量因素的代表值进行测定、监视和监控，从而科学评价环境质量（或污染程度）及其变化趋势。其基本目的是全面、及时、准确地掌握人类活动对环境影响的水平、效应和趋势。

环境监测的主要项目如下。

（1）水质监测

水质监测可分为环境水体监测和水污染源监测。环境水体监测的对象包括地表水（江、河、湖、水库、海水等）和地下水；水污染源监测的对象包括生产污水、医院污水以及各种废水。水质分析仪器包括对 PH、电导、离子浓度、溶解氧、BOD（化学需氧量，反应水体受到还原性物质污染的程度）、COD（生化需氧量，1L 废水中的有机物在微生物的作用下被氧化所消耗的氧量）、余氯总氯、亚硝酸盐离子、氨氮、浊度、硬度、六价铬、金属离子和表面油含量等参数的测定仪器，既有单参数测定仪器，也有多参数测定仪器。

（2）环境空气和废气监测

环境空气重污染物种类多，成分复杂，影响范围广。环境空气监测仪器主要监测的项目有颗粒物、二氧化硫、氮氧化物、一氧化氮、碳氢化合物、硫化氢、光化学烟雾、氟化物等。

（3）固体废物监测

固体废物主要来源于人类的生产和生活消费活动，其监测包括固体废物急性毒性、易燃性、腐蚀性、反应性、遇水反应性、浸出毒性等有害特性的监测。

（4）土壤质量监测

土壤质量监测主要分为以下 4 类：

① 土壤质量现状监测：监测土壤质量标准要求测定的项目，如镉、总汞、总砷、铜、铅、总铬、锌、镍、六六六、滴滴涕、PH 等。判断土壤是否被污染及污染水平，并预测其发展变化趋势。

② 土壤污染事故检测：调查分析引起土壤污染的主要污染物，确定污染的来源、范围和程度，为行政主管部门采取对策提供科学依据。

③ 污染物土地处理的动态监测：在进行污水、污泥土地利用，固体废弃物的土地处理过程中，对残留的污染物进行定点长期动态监测，既能充分利用土地的净化能力，又可防止土壤污染。

④ 土壤背景值调查：要求测定土壤中各种元素的含量。

土壤质量监测分析方法常用分光光度法、原子荧光法、气相色谱法、电化学分析法及化学分析法等。

（5）生物体污染监测

生物污染监测的对象是生物体，监测的内容是生物体内所含的环境污染物。采用物理和化学的方法，通过对生物体所含环境污染物的分析，对环境质量进行监测。

（6）生态监测

生态监测是指在地球的全部或者局部范围内观察和收集生命支持能力的数据，并加以分析研究，以了解生态环境的现状和变化。为评价已开发项目对生态环境的影响和计划开发项目可能的影响提供科学依据，提供地球资源状况及其可利用程度。

（7）噪声监测

噪声对人体产生生理影响，使人烦躁，心神不定，影响休息和工作。噪声的测量仪器主要有声级计、频谱分析仪，以及与两者配合使用的自动记录仪，磁带记录机等。

（8）放射性污染检测

过量的放射性物质对人体会造成危害，环境中的放射性来源于宇宙射线、天然系列放射性核素和某些人为的放射性污染。放射性污染源监测的基本方法是利用射线与物质之间相互作用所产生的各种效应，包括电离、发光、热效应、化学效应和能产生次级离子的核反应等来进行放射性物质的探测。

中国人民解放军装备的新型环境监测车和仪器设备，具有污水、废气、固废、辐射、噪声、气象等 6 类 50 多项监测分析功能，以及全球定位、无线通信和危险物品管理数据专家信息系统，可及时有效地预测污染物扩散范围和强度，提升了军队环境监测的应急机动能力和科学评估能力，为环境保护与生态建设决策提供科学依据。图 2.42 为成都军区演习动用军队环境监测车参加实战。

图 2.42　军队环境监测车

3. 汽车

汽车是现代社会交通运输的重要工具。现代汽车技术发展的特征之一，就是越来越多的部件采用自动控制。汽车运行中各种工况信息，如温度、压力、流量、位置、速度、湿度、距离、光亮度、气体浓度等，都通过各种车用传感器转化成电信号传送给汽车计算机控制系统，用计算机输出信号去控制各个装置。各类传感器各司其职，一旦某个传感器失灵，对应的装置就会工作不正常，甚至不工作。

汽车传感器过去集中用于发动机上，随着科技的发展，传感器在汽车上的应用范围不断扩大，现在已扩展到底盘、车身和灯光电气系统等各方面，它们在汽车电子稳定性控制系统（包括轮速传感器、陀螺仪以及刹车处理器）、车道偏离警告系统和盲点探测系统（包括雷达、红外线或者光学传感器）的各个方面都得到了使用（图 2.43）。

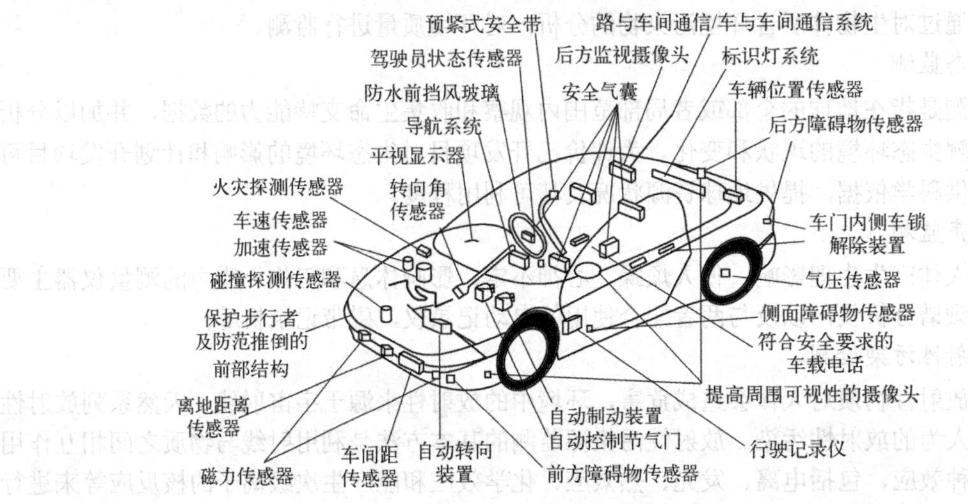

图 2.43　汽车传感器

在种类繁多的传感器中，常见的如下：

（1）进气压力传感器：根据发动机的负荷状态测出进气管内的绝对压力，并转换成电信号和转速信号一起送入计算机，作为决定发动机喷油器基本喷油量的依据。目前广泛采用的是半导体压敏电阻式进气压力传感器。

（2）空气流量传感器：测量发动机吸入的空气量，并转换成电信号送至电控单元，作为决定喷油的基本信号之一。根据测量原理不同，可以分为旋转翼片式空气流量传感器、卡门涡流式空气流量传感器、热线式空气流量传感器和热膜式空气流量传感器4种。前两者为体积流量型，后两者为质量流量型。

（3）节气门位置传感器：用来监测节气门的开度。节气门位置传感器安装在节气门上，通过杠杆机构与节气门联动，可把发动机的不同工况监测后输入电控单元，从而控制不同的喷油量。它有开关触点式节气门位置传感器、线性可变电阻式节气门位置传感器、综合型节气门位置传感器三种形式。

（4）曲轴位置传感器：也称曲轴转角传感器，是计算机控制的点火系统中最重要的传感器，其作用是监测曲轴转角信号和发动机转速信号，并将其输入计算机，从而使电控单元能按气缸的点火顺序发出最佳点火时刻指令。曲轴位置传感器有3种形式：电磁脉冲式曲轴位置传感器、霍尔效应式曲轴位置传感器、光电效应式曲轴位置传感器。曲轴位置传感器一般安装于曲轴皮带轮或链轮侧面，有的安装于凸轮轴前端，也有的安装于分电器中。

（5）爆震传感器：安装于发动机的缸体上，随时监测发动机的爆震情况，并提供给电控单元，根据信号调整点火提前角。

（6）氧传感器：监测排气中的氧浓度，提供给电控单元作为计算空气密度的依据，以控制燃油/空气比在最佳值（理论值）附近。

此外，还有车速传感器、温度传感器、轴转速传感器、压力传感器、转交传感器、转矩传感器、液压传感器等，分别安装在汽车的各个部位，为电控单元提供汽车运行状态的信息。

在高档轿车中还装备有主动巡航控制系统（adaptive cruise control，ACC），令驾驶更加轻松和安全。主动巡航控制系统主要由雷达传感器、方向角传感器、轮速传感器、制动控制器、扭矩控制器和发动机控制器等组成。在驾驶过程中，驾驶者设定所希望的车速，系统利用低功率雷达或红外线光束监测前车的确切位置（图 2.44），如果发现前车减速，系统就会发送执行信号给发动机或制动系统来降低车速，使车辆和前车保持一个安全的行驶距离，当前方道路没车时又会加速恢复到设定的车速。当车辆在多车道公路上行驶或弯道上行驶时，系统根据方向盘转动的角度可以识别自己所在车道上的车辆和相邻车道的车辆，避免出现错误判断。

图 2.44　主动巡航雷达监测

2.3 测控技术的历史渊源

测控技术始终伴随着社会生产力的发展而发展，自然科学领域的新发现、工程技术的新发明，不断充实它的内容，使它成为知识高度密集、高度综合的技术。近一百年来，测控技术无论在深度和广度上都取得了令人吃惊的发展，对人类社会产生了巨大的影响。从瓦特的蒸汽机、阿波罗登月到海湾战争，无处不显示着测控技术的威力。

2.3.1 测控技术的早期实践

从某种意义上说，从人类在地球上诞生的第一天起，为了自身的生存与发展，就开始了对大自然及其规律的观察、探索和利用，不断地发明各种认识世界和改造世界的方法和工具，相应的科学研究和科学技术已经诞生。但受知识积累和工艺条件所限，古代的仪器在很长的历史时期内大多属于定向、计时或度量衡用的简单仪器。

1. 水钟

人类在很早就发明了测量器具，这方面最有代表性的例子当属古代的计时器“水钟”。据古代楔形文字记载和从埃及古墓出土的实物可以看到，巴比伦和埃及在公元前 1500 年以前便已有很长的水钟使用历史了。水钟在中国叫作“刻漏”，也叫“漏壶”，有泄水型和受水型两类。早期的漏壶多为泄水型，壶的底部有一个小眼，壶内的水面随着水的缓慢漏出而下降，在壶中插入一根标杆，称为箭。箭的下部用一只舟承托它，整体浮在水面上。水流出壶时，箭下沉，指示时刻，称“泄水型漏壶”或“沉箭漏”；另一种为水流入壶中，箭上升，指示时刻，称“受水型漏壶”或“浮箭漏”。泄水壶多为一只贮水壶，即单壶（图 2.45）。这在中国和埃及都有出土，在陕西兴平、河北满城和内蒙古伊克昭盟杭锦旗均发现过初期的单壶。由于水量的稳定与否制约着时间的准确，到西汉末，已发展到叠加漏水壶，用上面流出的水来补充下面壶的水以提高流水稳定度。东汉张衡的漏水转浑天仪里已经使用二级漏壶。晋代时又出现了三级漏壶。到唐初，已经设计出四级漏壶。

在中国历史博物馆中收藏有一件元代延佑三年（1316 年）的漏壶，这套铜漏壶由日壶、月壶、星壶和受水壶 4 部分组成，通高 264.4cm，依次放在阶梯式的座驾上。在受水壶中央立一铜尺，上刻十二时辰，铜尺前插以木浮箭，下为浮舟，随着受水壶中水位的升高，舟浮箭升，以铜尺刻度测量时间。日壶的外侧有元代延佑三年的刻铭，并刻有工师和监造及主管官员的姓名（图 2.46）。大约在公元前 250 年希腊科学家利用虹吸原理制造出来水钟的水自动循环装置。

图 2.45 单壶图

图 2.46 元代漏壶

2. 司南

早在两千多年钱的两汉时期（公元前 206 年—公元 220 年），中国人就发现有一块石头具有吸铁的特性，并发现一种长条的石头能指南北，人们把这种石头叫作磁石。古代的能工巧匠把磁石打磨凿雕成一个勺型，并且把它的 S 极琢磨成长柄，使重心落在圆而光滑的底部正中。用青铜制成光滑如镜的底盘，再铸上方向性的刻纹。把磁勺放在底盘的中间，用手拨动它的柄，使它转动。等到磁勺停下来，它的长柄就指向南方，勺子的口则指向北方。这就是我国发明的世界上最早的指示方向的仪器，称为司南。根据春秋战国时期的《韩非子·有度》记载和东汉时期思想家王充写的《论衡》中的记载，经现代考古学家的考证制作的司南模型如图 2.47 所示。

图 2.47　司南模型

3. 浑天仪

约在公元 120 年，东汉著名的科学家张衡制作出“漏水转浑天仪”，简称浑天仪（图 2.48）。

漏水转浑天仪的主体用一个球体模型代表天球，球里面有一根铁轴贯穿球心，轴的方向就是天球的方向，也是地球自转轴的方向。轴和球有两个交点，一个是北极（北天极），一个是南极（南天极）。在球的外表面上刻有二十八星宿和其他恒星。在球面上还有地平圈和子午圈，另外还有黄道圈和赤道圈，互成 24° 的交角。在赤道和黄道上，各列有二十四节气浑象。为了让浑天仪能自己转动，张衡采用齿轮系统把浑象和计时用的漏壶联系起来，用漏壶滴出来的水的力量带动齿轮，齿轮带动浑象绕轴旋转，一天一周，与天球同步转动。这样，就可以准确地表示天象的变化，人在屋子里观看仪器，就可以知道某星正从东方升起，某星已到中天，某星就要从西方落下。漏水转浑天仪是有明确历史记载的世界上第一架用水力发动的天文仪器。漏水转浑天仪对中国后来的天文仪器影响很大，唐宋以后就在它的基础上发展出更复杂更完善的天象表演仪器和天文钟。

4. 地动仪

公元 132 年张衡研制出自动测量地震的地动仪（图 2.49）。地动仪是铜铸的，形状像一个酒樽，四周有八个龙头，龙头对着东、南、西、北、东南、西南、东北、西北 8 个方向。龙嘴是活动的，各自都衔着一颗小铜球，每一个龙头下面，有一个张大了嘴的铜蛤蟆，在地动仪内部有一根倒立的、重心较高的椎体柱——“悬垂摆”，处于不稳定状态，与倒竖的啤酒瓶相似。柱周围有 8 条通道，称为“八道”，还有巧妙的机关。当某个地方发生地震时，仪器底座起始的运动方向指向震中，向相反方向运动。由于惯性作用，悬垂摆拨动小球通过“八道”，触动机关，使发生地震方向的龙头张开嘴，吐出铜球，落到铜蛤蟆嘴里，发出很大的声响，这样人们就可以知道地震发生的方向。虽然地动仪只能探测地震波的主冲方向，不是现代意义上的地震仪，但张衡发明的地震仪开创了人类使用科学仪器测报地震的历史。

图 2.48　浑天仪模型

图 2.49　地动仪模型

2.3.2　测控技术的形成和发展

科学技术发展史是人类认识自然、改造自然的历史，也是人类文明史的重要组成部分。科学技术的发展首先取决于测量技术的发展，近代自然科学是从真正意义上的测量开始的。许多杰出的科学家们都是科学仪器的发明家和新的测量方法的创立者。

1．第一次科技革命

17～18 世纪，测控技术初见端倪。欧洲的一些物理学家开始利用电流与磁场作用力的原理制成简单的检流计，利用光学透镜制成望远镜（图 2.50），从而奠定了电学和光学仪器的基础。1609 年，著名的意大利科学家伽利略第一次用自制望远镜观测星球，从此人类踏上了探索宇宙的征程。400 年来望远镜从小口径到大口径，从光学望远镜到全电磁波段望远镜，从地面望远镜到空间望远镜，望远镜已经成为人类文化最伟大的奇迹之一，凝聚了人类的追求与智慧。它不仅使天文学发生了革命，而且深刻地影响了其他科学的发展，乃至整个人类社会的进步。

图 2.50　古代望远镜

18 世纪 60 年代，第一次科技革命（又称工业革命）开始于英国。资产阶级在英国确立了统治地位；海外贸易、奴隶贸易和殖民掠夺积累了大量资本；圈地运动的进一步推行造就了大批雇佣劳动力；工厂手工业的发展积累了一定的生产技术；18 世界中叶英国成为世界上最大的资本主义殖民国家，国外市场急剧扩大。19 世纪第一次科技革命扩展到欧洲大陆、北美和日本。一些简单的测量器具，如测量长度、温度、压力等的器具已应用于生产生活中，一系列科技发明创造了巨大的生产力。其主要标志如下：

（1）纺织机械的发明。珍妮纺纱机、水利纺纱机、骡机、水力织布机的发明，标志着纺织业从手工业作坊过渡到工厂大工业。

（2）动力机械的发明。瓦特制成的改良的蒸汽机，标志着人类进入了蒸汽时代。

（3）交通运输机械的发明。1807 年美国人富尔顿建造了第一艘汽船，1814 年英国人史蒂芬孙发明了火车，标志着交通运输进入机械化时代。

第一次科技革命实现了工业生产的全面机械化，促进了社会经济的迅猛发展。

2．第二次科技革命

19 世纪初电磁学领域的一系列发现，引发了第二次科技革命。由于发明了测量电流的仪表，才使电磁学的研究迅速走上了正轨，获得了一个又一个重大的发现。电磁学领域的许多发明，如电报、电话、发电机等在实际中得到了广泛的应用，促进了电气时代的来临。同时，其他各种用于测量和观察的仪器也不断涌现。例如，精密一等经纬仪（图 2.51）使用于 1891 年以前，用于高程测量，利用各控制点高程差，建立水准网，以推算控制点高程。

图 2.51　精密一等经纬仪

19 世纪 70 年代，资本主义制度在世界范围内确立，资本积累和对殖民的肆意掠夺积累了大量资金，世界市场的出现和资本主义世界体系的形成，进一步扩大了对商品的需求。自然科学取得突破性进展，表现如下：

（1）新能源的发展和利用。19 世纪 70 年代，电机、电力进入生产领域，把人类带入“电气时代”。石油、煤炭、电力三大能源形成霸主地位。

（2）内燃机和新交通工具的发明。德国卡尔·本茨发明内燃机，汽车、飞机试制成功。

（3）新通信手段的发明。有线电报、有线电话、无线电报试制成功。

科学技术的发展大大促进了生产力，密切了世界各地之间的联系，为经济发展提供了更加广泛的途径；使资本主义国家经济发展出现不平衡，美国和德国后来者居上，成为世界头号和二号资本主义国家。

3．第三次科技革命

第二次世界大战（1939 年 9 月 1 日～1945 年 8 月 15 日）后，资本主义推行福利制度与国家垄断资本主义，政局稳定。各国对高科技的迫切需要，推动了生产技术由一般的机械化到电气化、自动化转变，科学理论研究取得一系列的重大突破。第三次科技革命表现如下：

（1）原子能的利用。由于威尔逊云室和众多核物理探测仪器的发明，人们揭开了原子核反应神秘的面纱，逐渐展现出微观世界的真实图景，奠定了原子核物理学与日后原子能利用的基础。

（2）计算机的诞生是近现代史上最重要的技术革命，它推动了众多技术领域的进步，进而改变了人们的生活方式。

（3）微电子技术的发展。美国贝尔研究所的三位科学家研制成功第一个结晶体三极管，获得 1956 年诺贝尔物理学奖。晶体管、集成电路的问世，开辟了微电子技术时代，成为现代电子信息技术的直接基础。

（4）航天技术领域取得重大突破。航天活动极大地扩展了人类知识宝库和物质资源，给人类日常生活带来了重大的影响和巨大的经济效益，有力地推动了现代科学技术和现代工农业的快速发展。

科学技术是第一生产力。第三次科技革命极大地提高了劳动生产率，促进了生产力迅速发展，产生了一大批新兴工业。随着科学技术的不断发展，仪器仪表从只能进行简单的测量、观察开始，已成为测量、控制和实现自动化必不可少的技术工具。为了满足科学研究、工农业生产、国防科技等各个领域的发展需求，仪器仪表已从传统的化学分析、物理量检测、机械量测量、天文地理观测、工业生产流程控制、产品质量控制等传统应用领域扩展到生物医学、生态环境、生物工程等非传统应用领域。仪器仪表逐渐形成了一个专门的产业，一个品种极多、技术复杂、不断出新的产业。

当今世界已进入信息时代，仪器仪表作为信息工业的源头，是信息流中的重要一环。测控技术伴随着信息技术的发展而发展，同时又为信息技术的发展发挥着不可替代的作用。仪器仪表的任务用途、结构组成和所发挥的作用等方面所凸显的信息技术属性从未像现在这样明显。进入 21 世纪以来，一大批当代最新技术成果，如纳米级的精密机械研究成果、分子层次的现代化学研究成果、基因层次的生物学研究成果，以及高精密超性能特种功能材料研究成果和全球网络技术推广应用成果等相继问世，使得仪器仪表领域发生了根本性的变革，促进了高科技化、智能化的新型仪器仪表时代的来临。

2.3.3 控制理论的发展历程

虽然很早以前人类就创造了自动控制装置，但其控制方式简单，应用不广泛。随着产业革命的开始，能源的开发和动力的发展对自动控制提出了迫切要求，自动控制技术开始迅速发展。

1．控制问题的提出

蒸汽机是将蒸汽的能量转换为机械功的往复式动力机械。蒸汽机的出现曾引起了 18 世纪的工业革命。直到 20 世纪初，它仍然是世界上最重要的原动机，后来才逐渐让位于内燃机和汽轮机等。在工业中起重要作用的第一个自动控制装置是 1788 年英国发明家詹姆斯·瓦特（J.Watt）在对蒸汽机进行改造时发明的离心式调速器（又称飞球调速器，见图 2.52）。

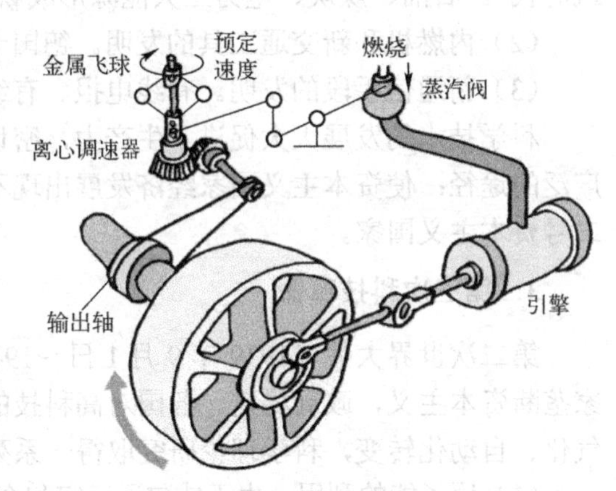

图 2.52　离心式调速器模型

瓦特并不是蒸汽机的发明者，在他之前，早就出现了蒸汽机，即纽科门蒸汽机，但它的耗煤量大、效率低。瓦特对纽科门蒸汽机进行修理时，逐渐发现了这种蒸汽机的问题所在。从 1765 年到 1790 年，他进行了一系列发明改造，如分离式冷凝器、气缸外设置绝热层、用润滑油润滑活塞、行星式齿轮、平行运动连杆机构、离心式调速器、节气阀、压力计等，使蒸汽机的效率提高到原来纽科门蒸汽机的 3 倍多，最终发明出了现代意义上的蒸汽机。

离心式调速器就是为解决纽科门蒸汽机的转速不稳定问题而发明的。瓦特在对蒸汽机进行改造时，给蒸汽机添加了一个节流阀，它由一个离心式“飞球调节器”操纵，利用飞球来调节蒸汽流，以保证蒸汽机引擎的恒速运行。当蒸汽机转速增加时，飞球上升，使气阀的开启度减小，反之，开启度增大。这样可以保证引擎工作时速度大致均匀，这是当时反馈调节器最成功的应用。瓦特的这项发明开创了近代自动调节装置应用的新纪元，人们开始采用自动调节装置解决工业生产中提出的控制问题。但后来发现这种反馈调节器并不完善，在某些情况下容易产生振荡，这就提出了自动控制系统的稳定性问题。英国数学与物理学家麦克斯韦（J.C.Maxwell）从微分方程角度讨论了这种调节系统可能产生的不稳定现象，开始用严谨的数学分析对反馈控制动力学问题进行理论研究。

进入 20 世纪后，工业生产中广泛应用各种自动调节装置，促进了对调节系统进行分析和综合的研究工作。这一时期虽然在自动调节器中已广泛应用反馈控制的结构，但从理论上研究反馈控制的原理则是从 20 世纪 20 年代开始的。1833 年英国数学家 C.巴贝奇在设计分析机时首先提出程序控制的原理。1939 年世界上第一批系统与控制的专业研究机构成立，为 20 世纪 40 年代形成经典控制理论和发展局部自动化做了理论上和组织上的准备。

2．控制理论发展的 3 个阶段

（1）经典控制理论

目前公认的第一篇控制理论论文是麦克斯韦在 1868 年发表的《论调节器》。他在论文中提出了反馈控制的思想，导出了调节器的微分方程模型，从描述系统微分方程的解中有无限增长指数函数项，解释了反馈控制不稳定现象，并提出了低阶系统稳定性的判据，从而开创了控制理论研究的先河。随后麦克斯韦的学生劳斯（E.J.Routh）在 1877 年发表论文，提出了一种判别高阶系统运动稳定性的判据。1895 年，德国数学家赫尔维茨（A.Hurwitz）提出了另一种判别高阶系统运动稳定性的判据。由此，开始建立了有关动态稳定性的系统理论。

1892 年，俄罗斯数学家、力学家李雅普诺夫（A.M.Lyapunov）发表了博士论文《运动稳定性的一般问题》，系统地研究了由微分方程描述的一般运动系统的稳定性问题，这篇论文对自动控制理论的研究具有深远的影响。直到 1930 年末，科学家们对自动控制系统的研究主要是解决稳定性和稳态精度问题。

第二次世界大战期间（1938—1945 年），为了设计和制造飞机及船用自动驾驶仪、火炮定位系统、雷达跟踪系统等基于反馈原理的军用装备，科学家们开始重点研究系统的暂态性能问题。1938 年美国学者伯德（H.W.Bode）通过对美国学者奈奎斯特（H.Nyquist）的频率响应理论的研究，提出了奈奎斯特稳定判据的对数形式。他又于 1945 年提出了用图解法分析和综合线性控制系统的方法，即“伯德图法”，这构成了自动控制理论中的频率法或称频域法。1948 年，美国学者伊万斯（W.R.Evants）提出了直观形象的根轨迹法，对使用微分方程研究系统提供了一个简单有效的方法。至此，控制理论发展的第一阶段基本完成，形成了以频率法和根轨迹法为主要方法的经典控制理论。

20 世纪 40 年代末和 20 世纪 50 年代初，频率响应法和根轨迹法被推广用于研究采样控制系统和简单的非线性控制系统，标志着经典控制理论已经成熟。经典控制理论在理论上和应用上所获得的广泛成就，促使人们试图把这些原理推广到生物控制机理、神经系统、经济及社会过程等非常复杂的系统中，其中最重要、最著名的论文为美国数学家维纳（N.Wienner）在 1949 年发表的《控制论——关于在动物和机器中控制和通信的科学》。

（2）现代控制理论

由于经典控制理论只适用于单输入、单输出的线性定常系统，只关注系统的外部描述而无法探究系统的内部状态，因而在实际应用中有很大局限性。随着空间技术的发展，控制对象越来越复杂，控制要求越来越高。航空领域中的飞机导航和控制、人造卫星的发射和回收等，都涉及多变量动态系统的稳定问题。20 世纪 60 年代初，在经典控制理论的基础上，以线性代数理论和状态空间分析法为基础的现代控制理论迅速发展起来。1954 年贝尔曼（R.Belman）提出状态空间法和动态规划理论，解决了多输入多输出系统稳定性的整定问题；1956 年庞塔里亚金（L.S.Pontryagin）提出极大值原理，奠定了研究最优控制的基础；1960 年卡尔曼（R.K.Kalman）提出多变量最优控制和最优滤波理论。

在数学工具、理论基础和研究方法上，现代控制理论不仅能提供系统的外部信息（输出量和输入量），而且还能提供系统内部状态变量的信息。它无论对线性系统或非线性系统，定常系统或时变系统，单变量系统或多变量系统，都是十分重要的。

从20世纪70年代开始，现代控制理论继续向深度和广度发展，出现了一些新的控制方法和理论。例如，现代频域方法以传递函数矩阵为数学模型，研究多变量线性定常系统；自适应控制方法以系统辨识和参数估计为基础，在实时辨识基础上在线确定最优控制规律；鲁棒控制方法是在保证系统稳定性的基础上，设计不变的鲁棒控制器以处理数学模型的不确定性。

（3）大系统理论和智能控制

随着自动控制应用范围的扩大，控制系统从个别小系统的控制，发展到对若干个相互关联的子系统组成的大系统进行整体控制；从传统的工程控制领域推广到包括经济管理、生物工程、能源、运输、环境等大型系统以及社会科学领域，从而提出了大系统理论。大系统理论具有规模庞大、结构复杂、功能综合、目标多样、因素众多等特点，是智能控制与信息处理相结合的系统工程理论。

人工智能的出现和发展，促使自动控制向着更高层次——智能控制发展。从人工智能的角度来看，智能控制是智能科学的一个新的应用领域，从控制的角度来看，智能控制是控制科学发展的一个新的阶段，它是不需要人的干预就能够独立驱动智能机器实现其目标的自动控制。智能控制的概念和原理主要是针对被控对象、环境、控制目标或任务的复杂性提出来的，它的指导思想是依据人的思维方式和处理问题的技巧，解决那些目前需要人工智能才能解决的复杂的控制问题。智能控制的任务在于对实际环境或过程进行组织，即决策和规划以及实现广义问题的解决。这些问题的求解过程与人脑的思维程度具有一定的相似性，即具有不同程度的智能。一般认为，智能控制的方法包括学习控制、模糊控制、神经元网络控制和专家控制等。

3. 控制理论发展的3部重要文献

在控制理论发展史上有3部重要文献特别值得一提。

图2.53　控制理论3部重要文献

（1）《通信的数学理论》

《通信的数学理论》（A Mathematical Theory of Communication.1948）是被称为信息论创立者的香农（C.E.Shannon）的论文。香农在论文中用非常简洁的数学公式定义了信息时代的基本概念——熵。在此基础上，他又定义了信道容量的概念，指出了用降低传输速率来换取高保真通信的可能性。这些贡献对今天的通信工业具有革命性的影响。信息的思想方法不同于传统的经验方法，是用信息的概念作为分析和处理问题的基础，把系统的运动过程抽象为一个信息变化的过程，完全抛开了对象的具体运动形式。它不需要对事物结构进行解剖分析，而是从整体出发，综合考察其信息的流动过程。利用信息论的思想研究考察控制系统时，可以将环境的影响和作用视为系统的输入信号，系统的相应变化视为输出信号，通过在两者之间建立函数表达式（传递函数）来获得对系统和环境复杂整体的动态认识。这篇论文奠定了信息论的基础，很快成为科技领域中一种全新的认识模式。

（2）《控制论——关于在动物和机器中控制和通信的科学》

《控制论——关于在动物和机器中控制和通信的科学》（Cybernetics or Control and Communication in the Animal and the Machines，1949）是控制论创立者维纳的经典论著。维纳把控制论看作一门研究机器、生命社会中控制和通信的一般规律的科学，更具体地说，是研究动态系统在变化的环境条件下如何保持平衡状态或稳定状态的科学。他特意创造“Cybernetics”这个英语新词来命名这门科学。维纳在考察和研究控制系统时采用了信息理论作为出发点，认为信息是了解机器、有机体、人脑乃至人类社会运行机理的基本模式。无论是机器还是生物所构成的控制系统，其功能主要体现在信息的获取、使用、保存和传递上，而不在于物质和能量的交换。控制过程的实质就是一种通信的过程，即信息的获取、加工和使用的过程。维纳在《控制论》中对动物和机器进行类比来阐述其控制论思想：“人是一个控制和通信的系统，自动机器也是一个控制和通信的系统。”《控制论》揭示了动物和机器的共性，把不同的学科统一在控制论的旗帜下。

（3）《工程控制论》

《工程控制论》（Engineering Cybernetics，1954）是中国著名科学家钱学森的著作。钱学森在《工程控制论》中阐述了系统分析的基本方法，输入、输出和传递函数，控制系统分析，协调控制，离散控制系统，有时滞的线性系统，随机输入作用下的线性系统，非线性系统等工程控制系统，这是世界上第一部系统讲述工程控制论的著作。《工程控制论》出版以来，尽管控制论研究的范围和深度不断发展，但其中所阐述的基本理论和基本观点仍是这门学科的理论基础。

关于《工程控制论》，一位美国专栏作家评论说，工程师偏重于实践，解决具体问题，不善于上升到理论高度；数学家则擅长理论分析，却不善于从一般到个别地去解决实际问题。钱学森则集中两个优势于一身，高超地将两只轮子装到一辆战车上，碾出了工程控制论研究的一条新途径。钱学森在《工程控制论》的序言中说，控制论是关于机械系统与电气系统的控制与操纵的科学，是关于怎样把机械元件与电器元件组合成稳定的并且具有特定性能的系统的科学。控制论所讨论的主要问题是一个系统中各个不同部分之间相互作用的定性性质，以及整个系统总的运动状态。工程控制论的目的是研究控制论这门科学中能够直接应用在工程上，设计被控制系统或被操纵系统的那些部分。建立这门技术科学，能赋予人们用更宽阔、更缜密的眼光去观察老问题，为解决新问题开辟意想不到的新前景。

纵观自动控制理论的发展历史，上述3部著作创立了新型的综合性基础理论；信息论，控制论和工程控制论，对社会进步有着巨大的影响。1957年，在《工程控制论》的推动下，国际自动控制联合会（IFAC）筹委会在巴黎建立。1960年9月，IFAC第一届世界代表大会在莫斯科举行。自动控制理论对整个科学技术的理论和实践做出了重要贡献，为人类社会带来了巨大利益。随着社会进步和科学技术的发展，对控制学科提出了更高的要求，一方面需要推进硬件、软件和智能结合，实现控制系统的智能化；另一方面要实现自动控制科学与计算机科学、信息科学、系统科学以及人工智能的结合，为自动控制提供新思想、新方法和新技术，推动自动控制的发展。

2.3.4 测控技术的发展思考

从测控技术和控制理论的发展历程可以看出，其发展过程是伴随着社会生产力和科学技术的发展而发展的，反映了人类从机械化时代进入电气化时代，并且走向自动化、信息化、智能化的时代。社会生产力发展历程如图 2.54、图 2.55 所示。

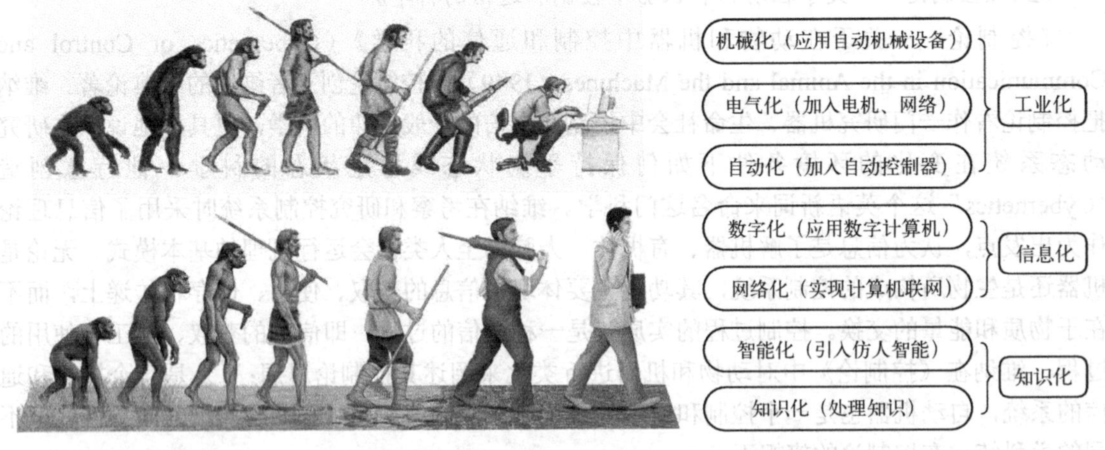

图 2.54　原始文明、农业文明、工业文明、现代文明　　图 2.55　社会生产力发展历程

我们可以总结出科学发展的如下 4 个特点。

（1）社会发展的需要是科学发展的动力。

人类对自动控制的应用可以追溯到很早的时期，但都只是自动控制的简单措施，并无相关理论研究。直到进入产业革命时期后，工业生产需要高效率、高产量、高质量，对自动控制产生巨大的需求，也对自动控制提出了各种要求。科学家们此时才集中智力来深入研究自动控制在应用中出现的各种问题，从而形成了自动控制理论。例如，瓦特发明了蒸汽机离心式调速器，使蒸汽机在负载变化条件下保持基本恒速。但这一装置在自动控制过程中容易产生振荡，这就提出了自动控制系统的稳定性问题，由此产生了稳定性理论。钱三强先生就曾指出："科学来源于生产和对自然现象的观察，它的发展取决于生产和社会的需求。"随着社会生产力的发展和需要，自动控制理论和技术得到了不断的发展和提高。

（2）科学的进步是集体努力的结果。

从麦克斯韦在 1868 年发表《论调节器》算起，经过劳斯、赫尔维茨、李雅普诺夫、伯德、奈奎斯特、伊万斯、香农、维纳、钱学森等许多科学家的不断努力，才使自动控制理论不断发展完善。从经典控制理论、现代控制理论、大系统理论到智能控制理论的建立与发展历程很好地说明了这一点。现代高新技术的发展更依赖于集体智慧和科学家团队的集体协作。

（3）没有理论，实践就不能称为系统的科学，也就难以深入和系统地发展。

控制技术和理论的发展还表明了这样一个道理：任何社会实践没有理论就不能成为科学，也就难以发展。自动控制装置的应用已有数千年的历史，但由于没有上升为理论，智能在低级的水平上发展。从 1868 年麦克斯韦发表《论调节器》以来，随着控制理论的建立，控制理论和控制技术同时开始飞速发展，控制技术终于成为人们征服自然与改造自然的有力武器。

（4）只有具备了坚实的知识基础和持久的探索热情，才能在科学领域有所建树。

科学理论的建立有赖于坚实与深厚的知识基础。有了坚实的知识基础和持久的探索热情，才能厚积薄发有所突破。自然界客观规律的本质是相通的，杰出的科学家大多是多面发展的。例如，在控制理论发展史上做出巨大贡献的科学家麦克斯韦在许多方面都有极高的造诣，他同时还是物理学中电磁理论的创立人。信息理论的创立者香农同时还是通信理论的奠基者。1938 年香农在 MIT（麻省理工学院）获得电气工程硕士学位，硕士论文题目是《A Symbolic Analysis of Relay and Switching Circuits》（继电器与开关电路的符号分析）。他用布尔代数分析并优化开关电路，即把布尔代数的“真”与“假”和电路系统的“开”与“关”对应起来，并用“1”和“0”表示，这奠定了数字电路的理论基础。有学者评价这篇论文是 20 世纪最重要、最著名的一篇硕士论文。1940 年香农在 MIT 获得数学博士学位，他的博士论文却是关于人类遗传学的，题目是《An Algebra for Theoretical Genetics》（理论遗传学的代数学）。1941 年香农加入贝尔实验室数学部，1948 年发表了具有深远影响的论文《通信的数学理论》（A Mathematical Theory of Communication），奠定了通信技术的理论基础。香农的科学兴趣十分广泛，他在不同的学科方面发表过许多有影响的文章。我们应该学习科学家们好奇心强、重视实践、追求完美、永不满足的科学精神。

本章介绍了测控技术与仪器专业的基本概况和测控技术的定义、特点及其发展历程，并通过大量实例介绍了测控技术在各个领域中的应用。测控技术是一门应用性技术，广泛应用于工业、农业、交通、航海、航空、军事、电力和民用生活等各个领域。小到普通的生产过程，大到庞大的城市交通网络、供电网络、通信网络等都有测控技术的身影。

随着生产技术的发展需要，对测控技术要不断提出新的要求。测控系统从最初的控制单个机器、设备，到控制整个过程（如化工过程、制药过程等）、控制整个系统（如交通运输系统、通信系统等）。特别是在现代科技领域的尖端技术中，测控技术起着至关重要的作用，重大成果的获得都与测控技术分不开。在科技的前沿领域，如航空航天技术、信息技术、生物技术、新材料领域等都离不开测控技术的支持。可以说如果没有测控技术，支撑现代文明的科学技术就不可能得到发展。测控技术的优势如下：

（1）比人做得更快、更好。人受制于个体能力的差异和情绪的波动，工作能力有限，且工作状态是不稳定的。而由测控系统进行测量或控制，测量控制过程可以做到稳定一致，产品的产量、质量有可靠保障，从而提高了社会生产效率。

（2）可以完成人无法完成的工作。对于繁重、危险或人无法胜任的工作，如高温、高压、核辐射等环境下的工作，可以用自动化设备来完成；对于狭小空间作业，可以用微型机器人完成。把人从重复、繁杂、危险的工作中解放出来，以从事更具有创造性的劳动。

第3章　测控技术概述

测控技术包括测量技术、控制技术和实现这些技术的仪器仪表及系统。测控技术始终伴随着社会生产力的发展而发展，自然科学领域的新发现、工程技术的新发明，不断充实测控技术的内容，使其成为知识高度密集、高度综合的技术。现代科学技术的融入不但使测控技术在各方面得到广泛应用，而且加快了测控技术的发展，形成了测控技术朝微型化、集成化、远程化、网络化、虚拟化、智能化等方向发展。同时，测控技术是一门实践性非常强的技术，既包括硬件、软件的设计，又包括系统的集成，随着其在国防、工业、农业等领域应用的深度和广度的扩大，它将为提高生产效率、改进技术水平做出巨大的贡献。

本章主要介绍测控技术在新型传感、虚拟仪器、高准确度测量、非接触测量、遥感遥测技术等方面的发展。

3.1　新型传感技术

3.1.1　光纤传感技术

光纤传感技术包含对外界信号（被测量）的感知和传输两种功能。所谓感知（或敏感），是指外界信号按照其变化规律使光纤中传输的光波的物理特征参量，如强度（功率）、波长、频率、相位和偏振态等发生变化，测量光参量的变化即“感知”外界信号的变化。所谓传输，是指光纤将受到外界信号调制的光波传输到光探测器进行检测，将外界信号从光波中提取出来并按需要进行数据处理。由此技术研制的仪器称为光纤传感器，工作原理如图 3.1 所示。

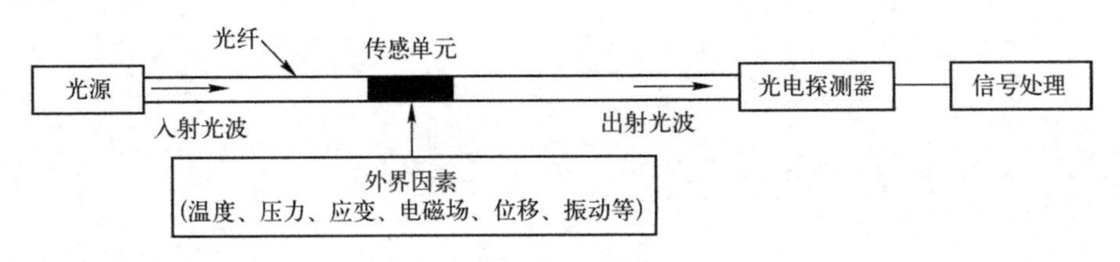

图 3.1　光纤传感技术工作原理

由于光纤传感器是利用被测量对在光纤内传输的光进行某种形式的调制，既可直接利用光纤的功能进行调制，也可通过其他的灵敏元件来实现，使传输光的强度、相位、频率或偏振状态等特性发生相应变化，再对被调制的光信号进行检测，测出被测量的传感器。工作过程如图 3.2 所示。一般情况下，光纤传感器可分为结构型和物性型。结构型光纤传感器是由光检测元件与光纤传输回路组成的测量系统；物性型光纤传感器是由光纤把输入物理量变换为调制的光信号。光纤传感器具有体积小、重量轻、可弯曲、可测的物理信息种类多、可实现动态非接触测量、耐高压、耐腐蚀、灵敏度高、抗干扰能力强、可适应各种环境等优点。

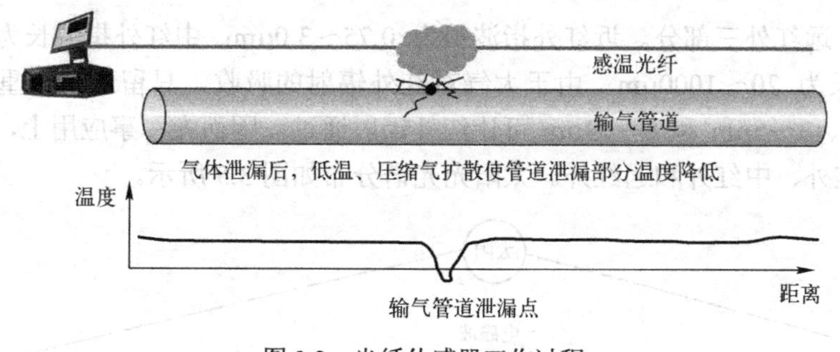

图 3.2　光纤传感器工作过程

3.1.2　生物传感技术

生物传感技术是有关生物信息获取的技术，它与生物力学、生物材料、人体生理、生物医学电子与医疗仪器、信号与图像处理等其他生物医学工程技术直接相关，并是这些技术领域研究中共性的基础和应用研究内容。

生物传感器就是以生物活性物质为敏感元件的传感器，其工作原理示意图如图 3.3 所示。生物活性物质主要是指微生物、抗原、抗体、各种酶、组织切片和细胞等。生物传感器主要有微生物传感器、免疫传感器、酶传感器、组织切片传感器和细胞传感器等。近年来，生物传感器的快速发展为生物科学的定量分析、生物工程的测量提供了有力的技术支撑。生物传感器具有选择性能好、噪音低、操作简单快速准确、灵敏度高，体积小等优点；同时生物传感器也具有使用寿命较短等缺点。

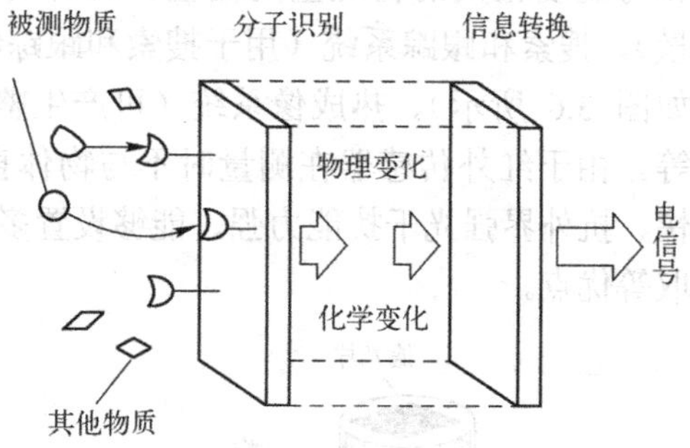

图 3.3　生物传感器工作原理示意图

3.1.3　湿度传感技术

湿度传感器是指能将湿度量转换成容易被测量处理的电信号的设备或装置。湿度传感器不仅种类多，而且性能差异也很大。湿度传感器根据所用材料可以分为陶瓷型、电解质型、半导体型、高分子型等。由于湿度传感器工作环境是非密封性的，因此为保护测量的准确度和稳定性，应尽量避免在酸性、碱性、粉尘较大及含有机溶剂的环境中使用。为正确反映待测空间的湿度，还应避免将传感器安放在离墙壁太近或空气不流通的地方，如果被测的房间太大，就应放置多个传感器。电阻式湿敏传感器件如图 3.4 所示。

和测量重量、温度一样，选择湿度传感器首先要确定测量范围。除了气象、科研部门外，高温、湿度测控的一般不需要全湿程（0～100%RH）测量。在当今的信息时代，传感器技术与计算机技术、自动控制技术紧密结合着。测量的目的在于控制，测量范围与控制范围合称使用范围，电子式湿敏传感器的准确度可达 2～3%RH

图 3.4　电阻式湿敏传感器件

3.1.4　红外传感技术

红外技术是研究红外辐射的产生、传播、转化、测量及其应用的技术科学。通常人们将其划分为近、中、远红外三部分。近红外指波长为 0.75～3.0μm；中红外指波长为 3.0～20μm；远红外则指波长为 20～1000μm。由于大气对红外辐射的吸收，只留下三个重要的“窗口”区，即 1～3μm、3～5μm 和 8～13μm 可让红外辐射通过。因而在军事应用上，又分别将这三个波段称为近红外、中红外和远红外。太阳光光谱分布如图 3.5 所示。

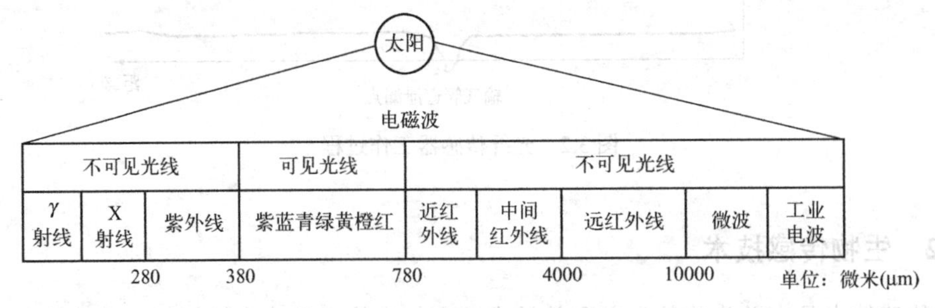

图 3.5　太阳光光谱分布

红外传感器是一种能够探测红外线，利用物体产生红外辐射的特性来实现自动检测的装置。红外传感器包括光学系统、检测元件、转换电路 3 个部分。红外传感器主要用于温度测量和与温度相关的物理量的测量。红外传感器按照功能可分为：辐射计（用于辐射和光谱测量）、搜索和跟踪系统（用于搜索和跟踪红外目标，确定其空间位置并对它的运动进行跟踪，如图 3.6 所示）、热成像系统（可产生整个目标红外辐射的分布图像）、红外测距和通信系统等。由于红外传感器在测量时不与物体直接接触，所以不存在摩擦，且具有灵敏度高、响应快、抗外界强光干扰能力强、能够设置多点采集、对射管阵列的间距和阵列数量可根据需求选取等优点。

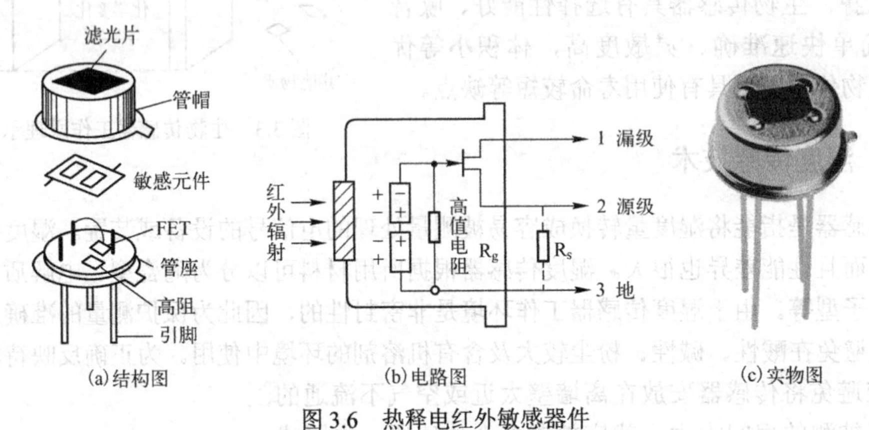

图 3.6　热释电红外敏感器件

3.1.5　固态图像传感技术

固态图像传感技术是利用光敏元件的光电转换功能将投射到光敏单元上的光学图像转换成电信号“图像”，即将光强的空间分布（一维或二维）转换为与光强成比例的电荷包空间分布（线阵或面阵），然后利用移位寄存器将这些电荷包在时钟脉冲控制下实现读取与输出，形成一系列幅值不等的时钟脉冲序列，从而完成光图像的电转换。

固态图像传感器是在同一半导体衬底上布设光敏元件阵列和电荷转移器件而构成的集成化、功能化的光电器件，其核心是电荷转移器件（Charge Transfer Device，CTD），包括电荷耦合器件（Charge Coupled Device，CCD）、电荷注入器件（Charge Injected Device，CID）、金属氧化物半导体器件（Complementary Metal Oxide Semiconducto，CMOS）等，最常用的是

CCD 器件和 CMOS 器件，如图 3.7 所示。

图 3.7　CCD 与 CMOS 固体传感器件实物图

固态图像传感器主要由物镜、固体图像敏感器件、驱动电路以及信息处理电路几部分组成，典型的仪器为单反相机，如图 3.8 所示。固态图像传感器具有体积小、重量轻、速度快、响应时间短、使用寿命长、稳定性好、灵敏度高、价格低、非接触、工作电压低等优点。自 1970 年问世以后，CCD 图像传感器以它的低噪声、易集成等特点，已广泛应用于电视摄像、图像识别、机器人视觉、快速动态测量以及信息存储等方面。随着科学技术的发展，未来固态图像传感器将向多功能化、单芯片化、智能化、多层感色和全色等方向发展。

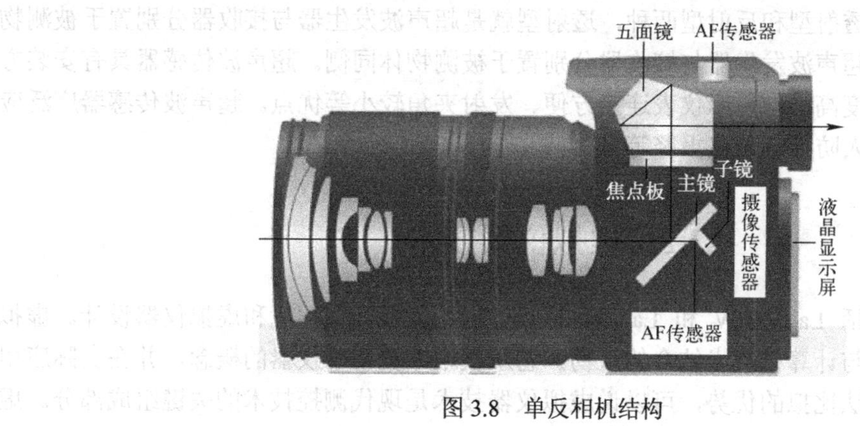

图 3.8　单反相机结构

3.1.6　霍尔传感技术

霍尔传感技术是一种磁传感技术，用它可以检测磁场及其变化，可在各种与磁场有关的场合中使用。这一现象是霍尔（A.H.Hall，1855—1938）于 1879 年在研究金属的导电机构时发现的，其原理如图 3.9 所示。后来发现半导体、导电流体等也有这种效应，而半导体的霍尔效应比金属强得多，利用这一现象制成各种霍尔元件。

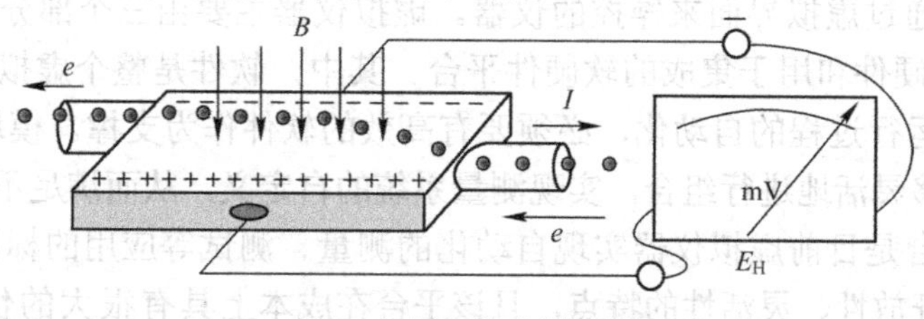

图 3.9　霍尔效应原理图

采用霍尔元件制成的传感器就是霍尔传感器。霍尔传感器具有体积小、结构简单、频率响应宽、对磁场敏感、安装方便、功耗小、精度高、线性度好、使用寿命长、输出电压变化大、抗震动，可在灰尘、油污、水汽及盐雾环境中使用等优点。近年来，霍尔传感器已广泛应用于自动化、计算机、汽车等技术领域。图 3.10 为霍尔传感器在汽车行驶速度测量中的应用。

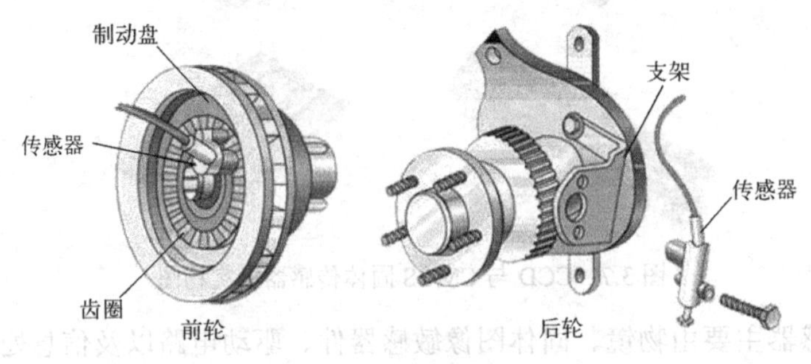

图 3.10 汽车前后轮转速测量

3.1.7 超声波传感技术

超声波传感器是应用超声波的特点和性能而制作出来的传感器。根据超声波的走向来分，超声波传感器又分为透射型和反射型两种，透射型就是超声波发生器与接收器分别置于被测物体两侧；反射型就是超声波发生器与接收器分别置于被测物体同侧。超声波传感器具有安装方便、可靠性高、灵敏度高、与显示仪表连接方便、发射夹角较小等优点。超声波传感器广泛应用于物位监测、机器人防撞、防盗报警等方面。

3.2 虚拟仪器技术

虚拟仪器技术包括 LabVIEW 和 LabWindows/CVI，包括开发环境和虚拟仪器设计。虚拟仪器系统是测控技术与计算机技术结合的产物，它从根本上更新了仪器的概念，并在实际应用中表现出传统仪器无法比拟的优势，可以说虚拟仪器技术是现代测控技术的关键组成部分。虚拟仪器由计算机和数据采集卡等相应硬件和专用软件构成，既有传统仪器的特征，又有一般仪器所不具备的特殊功能，在现代测控系统中有着广泛的应用前景。

3.2.1 虚拟仪器的组成和分类

（1）虚拟仪器的组成

所谓虚拟仪器，就是通过软件使计算机和传统的仪器硬件设施结合起来，用户可以根据自己的需求，通过虚拟界面来操控的仪器。虚拟仪器主要由三个部分组成，即高效的软件、模块化的 I/O 硬件和用于集成的软硬件平台。其中，软件是整个虚拟仪器的核心部分，要想实现虚拟仪器运行过程的自动化，必须要有高效的软件作为支撑。模块化的 I/O 硬件，使各种硬件设施能够灵活地进行组合，实现测量系统的自定义，从而满足不同用户的需求。用于集成的软硬件平台是目前虚拟仪器实现自动化的测量、测试等应用的标准平台，如图 3.11 所示。其构架具有开放性、灵活性的特点，且该平台在成本上具有很大的优势。

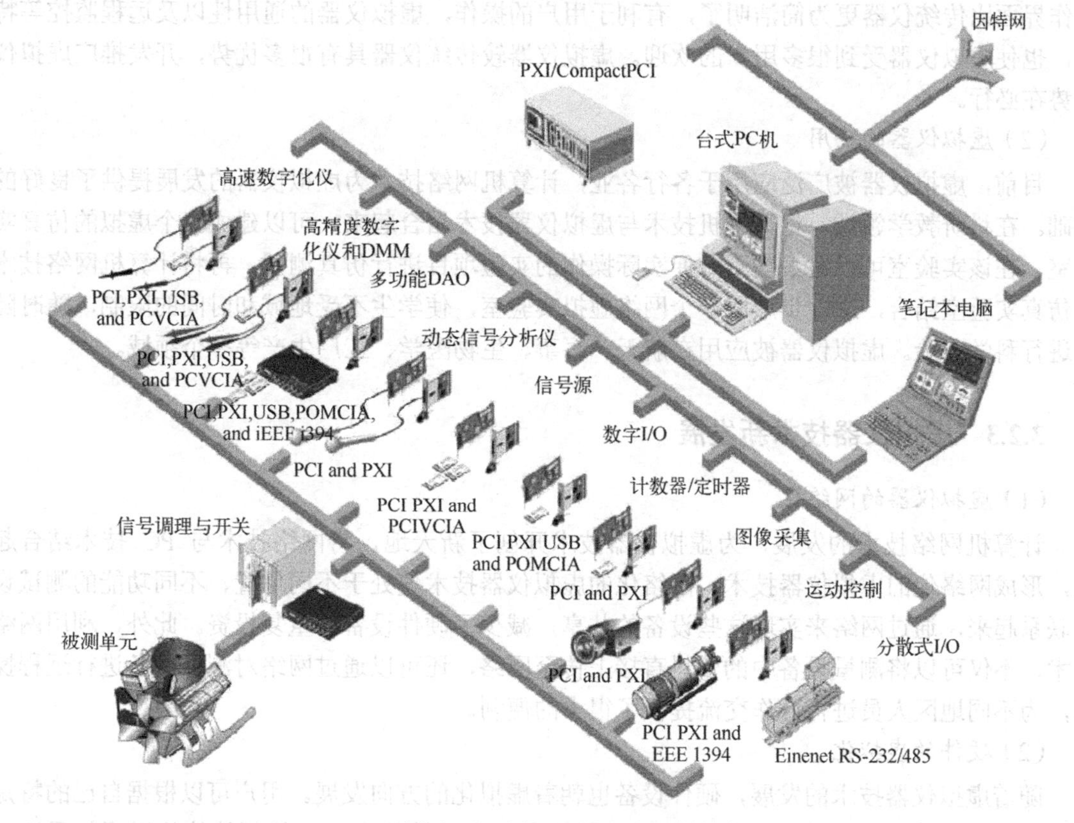

图 3.11　虚拟仪器标准平台

（2）虚拟仪器的分类

根据微机的发展以及总线方式的不同，我们可以将虚拟仪器分为五种类型：①PC 总线-插卡型虚拟仪器，将数据卡和一些专用的软件插入计算机，通过插入的数据卡和软件来实现各种仪器的组建；②并行口式虚拟仪器，通过将所有的仪器硬件集成到一个采集盒内来实现仪器的各种功能；③GPIB 总线式虚拟仪器，目前已经发展为大规模的自动化测试，主要用于高精度、低速度的测量；④VXI 总线式虚拟仪器，是高速计算机总线 VME 在 VI 领域的扩展，主要用于高精度、高速度的测量，但是该类仪器成本过高限制了其发展；⑤PXI 总线式虚拟仪器，是将 PIC 总线内核技术与多板同步触发总线技术的规范和要求结合发展而来，也是未来 VI 平台的发展方向。

3.2.2　虚拟仪器的优势和应用

（1）虚拟仪器的优点

虚拟仪器与传统仪器进行比较，具有很多方面的优点。首先，虚拟仪器的性能比传统仪器的性能高，用户可以根据自己的需求对虚拟仪器进行定义来满足特定的要求。其次，虚拟仪器具有很强的扩展空间，因为组成虚拟仪器的硬件和软件都具有一定的灵活性，且组成结构具有开放式的特点，因此虚拟仪器可以进行灵活的组装，实现功能或其他方面的扩展。再次，传统的仪器技术更新周期很短，所以对传统仪器进行维修和开发的费用很高；而虚拟仪器由于其灵活性，更新周期较长，一般为一到两年，从而降低了软硬件开发和维修的费用。同时，虚拟仪器可以进行系统升级，通过系统升级即可以实现软件的更新。除了以上优点以外，虚拟仪器的操作界面比传统仪器更为简洁明了，有利于用户的操作，虚拟仪器的通用性以及远程监控等特点，也使虚拟仪器受到很多用户的欢迎。虚拟仪器较传统仪器具有很多优势，开发推广虚拟仪器势在必行。

（2）虚拟仪器的应用

目前，虚拟仪器被广泛应用于各行各业，计算机网络技术为虚拟仪器的发展提供了良好的基础。在科研教学领域，将计算机技术与虚拟仪器技术结合起来，可以建成一个虚拟的仿真实验室，在该实验室可以对某些不方便实际操作的实验项目进行仿真测试，再将计算机网络技术与仿真实验室结合，进一步形成一个网络虚拟实验室，使学生不受地域和时间的限制，随时随地进行科学实验。虚拟仪器被应用在航天、军事、生物医学、工厂生产等多个领域。

3.2.3 虚拟仪器技术新发展

（1）虚拟仪器的网络化

计算机网络技术的发展，为虚拟仪器技术开创了新天地，将网络技术与 PC 技术结合起来，形成网络化的虚拟仪器技术。网络化的虚拟仪器技术使处于不同位置、不同功能的测试设备联系起来，通过网络来实现这些设备的共享，减少了硬件设备的重复投资。此外，利用网络技术，不仅可以将测量设备中的资料直接上传至网络，还可以通过网络对测试设备进行远程操作，为不同地区人员进行合作交流提供了很大的便利。

（2）硬件的虚拟化

随着虚拟仪器技术的发展，硬件设备也朝着虚拟化的方向发展。用户可以根据自己的特定要求，通过编程的方式来定义硬件的功能并改变相应的性能参数，使硬件的使用更加灵活方便。目前，市场上使用最为广泛的虚拟硬件设备，其采样率和精度都可以在满足用户的需求下进行重新定义，实现功能的改变。

（3）虚拟仪器的可互换性

在虚拟仪器中，软件占据着举足轻重的地位，因此对软件进行开发研究，一直都是发展虚拟仪器技术的重中之重。虚拟仪器的可互换性，即用户可以根据自己的需要，将应用软件从现处的平台移植到另一个平台上进行使用，实现应用软件的跨平台使用。目前，相关研究人员已经开发出一种驱动器，该驱动器可以支持不同厂家生产的仪器，为虚拟仪器互换提供了可能。此外，IVI 技术力图开发一个驱动仪器的程序标准，从而为虚拟仪器互换提供一个框架，也使仪器编程简便化。

（4）组件技术

随着用户对虚拟仪器要求的不断提高，在虚拟仪器技术中，软件规模逐渐增大，所使用的测量设备的数量和种类也不断增多，发展为组件技术，实现软件设备的"即插即用"，对虚拟仪器技术发展具有重大意义。组件技术的发展可以实现软件的最大化利用，缩短开发周期，降低维护的成本。目前，已经出现了 COM/DCOM、javaBeans/EJB 等组件标准，使组件技术进一步成熟。

虚拟仪器技术是仪器行业的一次重大变革，在很大程度上推动了仪器行业的发展。与传统的仪器相比，虚拟仪器具有性能高、扩展性强、开发时间少以及无缝集成的优势，为用户提供更加快捷方便的服务。目前，虚拟仪器已经被应用在多个领域，并且不断创新发展，虚拟仪器的网络化、可交换化，硬件的虚拟化以及组件技术的发展，会将虚拟仪器技术带入一片新的天地。

3.3　高准确度、高速度测量技术

测量充满了人类生活、生产和科研等各个领域的方方面面，人类社会的发展又促进了测量技术的发展。人类在生产活动中，“本能”地进行着多方面的原始性测量，例如，对狩猎对象远近的估测，以及为确定季节而进行的天文观测，因而在自身社会发展中创造并发展了测量学科。随着人类社会的形成和发展，生产、生活和贸易等活动的开展，需要更多的测量工具及简单的测量仪器，如土地丈量、漏量计时以及逐步统一的度量衡器。随着人类文明时代的到来，科学技术和生产活动的大规模开展及一系列突破催生并发展了这一科学。同时，测量器具、技术和理论的发展又促进了生产和技术的发展。

3.3.1　高准确度测量技术

随着激光技术、光学制造技术、精密计量光栅制造技术、计算机技术以及图像获取和处理技术的迅猛发展，已经开始将它们应用到高准确度测量领域，并形成了新的测量技术——高准确度测量技术。高准确度测量技术以光学为基础，融入了光电子学、计算机技术、激光技术、图像处理技术等现代科学技术，组成光、机、电、算和控制技术一体化的综合测量系统。

激光由于有优异的单色性、方向性和高亮度，使它在多方面得到应用。激光的高度相干性使它一经发明就成为替代氪 86 作为绝对光波干涉仪的首选光源，经过几十年的发展，激光干涉剂量已经走出实验室，成为可以在生产车间使用的测量检定标准，激光衍射测量也成为许多在线控制系统的长度传感器。激光的良好方向性和极高的亮度不仅为人们提供了一条可见的基准直线，而且为长距离的光电测距提供了可能。

1．激光干涉测长

干涉测量技术是以光的干涉现象为基础进行测量的一门技术。在激光出现以后，加之电子技术和计算机技术的发展，隔振与减振条件的改善，干涉技术得到了长足发展。常用的干涉仪有迈克耳孙干涉仪、马赫-泽德尔干涉仪、菲索干涉仪、泰曼-格林干涉仪等；20 世纪 70 年代以后，具有良好抗环境干扰能力的外差干涉仪，如双频激光干涉仪、光纤干涉仪也很快地发展了起来。激光干涉仪越来越实用，性能越来越稳定，结构也越来越紧凑。

（1）干涉测长的基本原理

激光干涉测长的基本光路是一个迈克耳孙干涉仪，如图 3.12 所示，用干涉条纹来反映被测量的信息。干涉条纹是接收面上两路光程差相同的点连成的轨迹。激光器发出的激光束到达半透半反射镜 P 后被分成两束，当两束光的光程相差激光半波长的偶数倍时，它们相互加强形成亮条纹；当两束光的光程相差半波长的奇数倍时，它们相互抵消形成暗条纹。两束光的光程差可表示为

$$\varDelta=\sum_{i=1}^{N}n_i l_i-\sum_{j=1}^{M}n_j l_j \tag{3-1}$$

式中，n_i, n_j 分别为干涉仪两支光路的介质折射率；l_i, l_j 分别为干涉仪两支光路的几何路程。

将被测物与其中一支光路联系起来，使反光镜 M_2 沿光束 2 方向移动，每移动半波长的长度，光束 2 的光程就改变了一个波长，于是干涉条纹就产生了一个周期的明、暗变化。通过对干涉条纹变化的测量就可以得到被测长度。

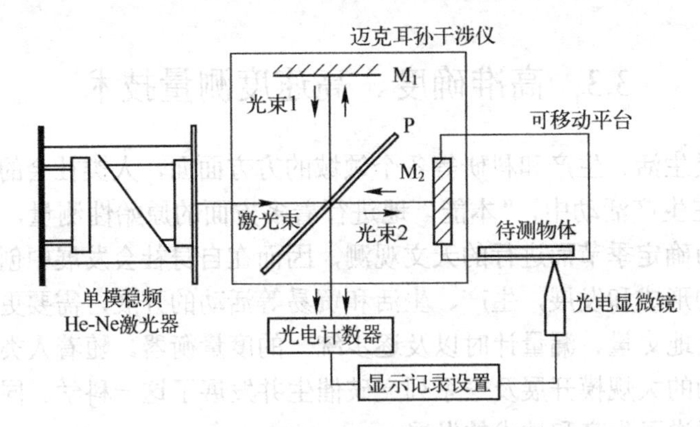

图 3.12　激光干涉测长仪的原理图

被测长度 L 与干涉条纹变化的次数 N 和干涉仪所用光源波长 λ 之间的关系为

$$L = N\frac{\lambda}{2} \tag{3-2}$$

式（3-2）是激光干涉测长的基本测量方程。

（2）激光干涉测长系统的组成

激光干涉测长系统包括激光光源、可移动平台、光电显微镜、光电计数器和显示记录装置。激光光源一般采用单模的 He-Ne 气体激光器，输出波长为 632.8nm 的红光。可移动平台携带着迈克耳孙干涉仪的一块反射镜和待测物体一起沿入射光方向平移，由于它的平移，使干涉仪中的干涉条纹移动。光电显微镜的作用是对准待测物体，分别给出起始信号和终止信号，其瞄准准确度对测量系统的总体准确度有很大影响。光电计数器则对干涉条纹的移动进行计数。显示和记录光电计数器中计下的干涉条纹移动的个数及与之对应的长度。

激光的发明和应用使干涉测长技术的准确度得到提高，扩大了量程并且得到了普及。但是使干涉测长技术走出实验室进入车间，成为生产过程质量控制设备的是激光外差干涉测长技术，具体来讲就是双频激光干涉仪，如图 3.13 所示。

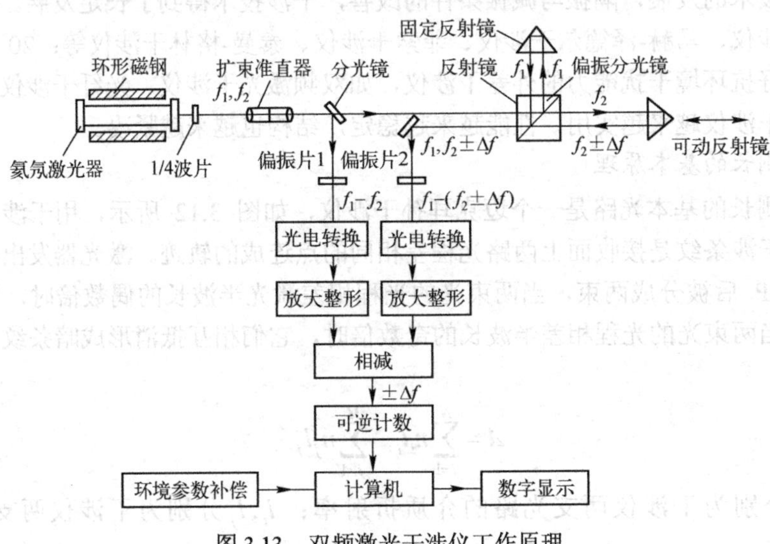

图 3.13　双频激光干涉仪工作原理

根据阿尔伯特·爱因斯坦在 1915 年广义相对论中的重要预言：一对黑洞在相互绕转过程中通过引力波辐射而损失能量，逐渐靠近。这一过程持续数十亿年，在最后几分钟得到快速演化。在最后一秒钟内，两个黑洞以几乎是一半光速的超高速度碰撞在一起，并形成了一个质量更大的黑洞。根据爱因斯坦的 $E=mc^2$ 公式，这个过程中一部分的质量转化成了能量，而这些能量在最后时刻以引力波超强爆发的形式辐射出去。美国高新激光干涉仪引力波天文台（Advanced LIGO）观测到的引力波信号就是这样来的，2015 年 9 月 14 日 9:51（北京时间当天下午 5:51 分），由分别位于路易斯安那州列文斯顿（Livingston，Louisiana）和华盛顿州汉福德（Hanford，Washington，如图 3.14 所示）的激光干涉引力波观测台，这一引力波首先到达 Livingston 探测器，7ms 之后到达 Hanford 探测器，科学家第一次观测到了时空中的涟漪——引力波。

图 3.14　LIGO 位于华盛顿 Hanford 的观测点

2．激光衍射测量

衍射是波在传播途中遇到障碍物而偏离直线传播的现象，由于光的波长较短，只有当光通过很小的孔或狭缝、很小的屏或细丝时才能明显地察觉到衍射现象。因此反过来，当观察到明显的衍射现象时，产生衍射的物体是很小的。这就告诉人们，衍射现象可以用作精密测量。但是观察到明显的衍射现象需要一个基本条件，即高度的相干性。用普通光源只能在条件很好的实验室中才能观察到可供测量的衍射图像。激光发明后，高度的相干性变得很容易获得，因此衍射测量变成一种普通的可用于生产现场的精密测量手段。激光衍射测量方法同时具有非接触、稳定性好、自动化程度高及准确度高等优点，因而被广泛应用。

用于衍射测量系统的衍射物通常只有两种，一种是单缝，一种是圆孔。以下从介绍单缝和圆孔衍射测量原理出发对激光衍射测量方法进行全面讨论。

激光单缝衍射测量的基本原理是单缝夫琅禾费衍射，图 3.15 所示为衍射测量原理图。用激光束照射被测物与参考物之间的间隙，当观察屏与狭缝的距离 $L \gg b^2/\lambda$ 时，形成单缝远场衍射，在观察屏上看到清晰的衍射条纹。条纹的发光强度可表示为

$$I = I_0 \frac{\sin^2 \beta}{\beta^2} \tag{3-3}$$

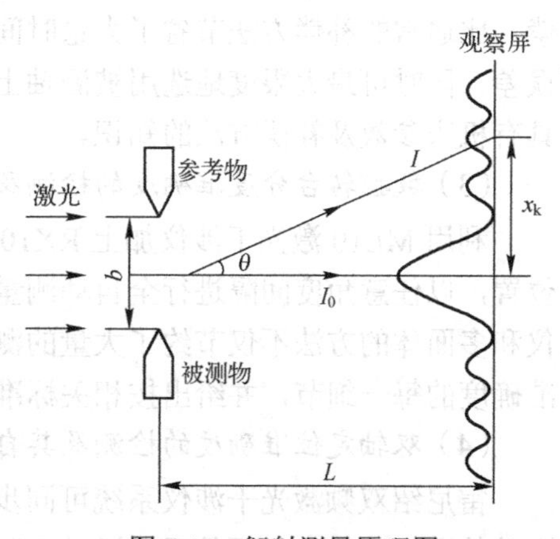

图 3.15　衍射测量原理图

式中，$\beta = \left(\frac{\pi b}{\lambda}\right)\sin\theta$，$\theta$ 为衍射角；I_0 为 $\theta = 0°$ 时的

发光强度，即光轴上的发光强度。

由式（3-3）可以得出，当$\beta=\pm\pi,\pm2\pi,\cdots,\pm n\pi$时，出现一系列$I=0$的暗条纹。测定任一个暗条纹的位置及其变化就可以精确知道被测间隙b的尺寸及尺寸的变化，这就是衍射测量的基本原理。

3.3.2 高准确度测量仪器

1. 激光干涉仪

激光具有高强度、高度方向性、空间可调性、窄带宽和高度单色性等优点。目前常用来测量长度的激光干涉仪如图 3.16 所示，主要是迈克耳孙干涉仪，并以稳频氦氖激光为光源，构成一个具有干涉作用的测量系统。激光干涉仪可配合各种折射镜、反射镜等来做线性位移器的校正工作。双频激光干涉仪准确度较高，双频激光干涉系统测量长度时分辨率可达到 0.01μm，采用空气参数补偿后测量准确度可达到 0.01μm 以上。采用特殊手段稳频的高准确度激光测量系统，测长度分辨率可达到 0.7nm，测量准确度为 2nm。

图 3.16 双频激光干涉仪实物图

激光干涉仪的主要应用如下：

（1）几何准确度检测。

可用于检测直线度、垂直度、俯仰与偏摆、平面度、平行度等。

（2）位置准确度的检测及其自动补偿。

可检测数控机床定位准确度、重复定位准确度、微量位移准确度等。利用雷尼绍 ML10 激光干涉仪不仅能自动测量机器的误差，而且还能通过 RS232 接口自动对其线性误差进行补偿，比通常的补偿方法节省了大量时间，并且避免了手工计算和手动数控键入所引起的操作者误差，同时可最大限度地选用被测轴上的补偿点数，使机床达到最佳准确度，另外操作者无需具有机床参数及补偿方法的知识。

（3）数控转台分度准确度的检测及其自动补偿。

利用 ML10 激光干涉仪加上 RX10 转台基准还能进行回转轴的自动测量。它可对任意角度位置，以任意角度间隔进行全自动测量。新的国际标准已推荐使用该项新技术。它采用自准直仪和多面体的方法不仅节约了大量的测量时间，而且还得到完整的回转轴准确度曲线，知晓其准确度的每一细节，并给出按相关标准处理的统计结果。

（4）双轴定位准确度的检测及其自动补偿。

雷尼绍双频激光干涉仪系统可同步测量大型龙门移动式数控机床，由双伺服驱动某一轴向运动的定位准确度，而且还能通过 RS232 接口，自动对两轴线性误差分别进行补偿。

（5）数控机床动态性能检测。

利用 RENISHAW 动态特性测量与评估软件，可用激光干涉仪进行机床振动测试与分析（FFT）、滚珠丝杠的动态特性分析、伺服驱动系统的响应特性分析、导轨的动态特性（低速爬行）分析等。

2．影像测量仪

影像测量仪是一种由高解析度 CCD 彩色镜头、连续变倍物镜、彩色显示器、视频十字线显示器、精密光栅尺、多功能数据处理器、数据测量软件与高精密工作台组成的高准确度光学影像测量仪器，影像测量仪如图 3.17 所示。影像测量仪是一种新兴的精密几何量测量仪器，随着科学技术的发展，已经成为精密几何量测量最常用的测量仪器之一。

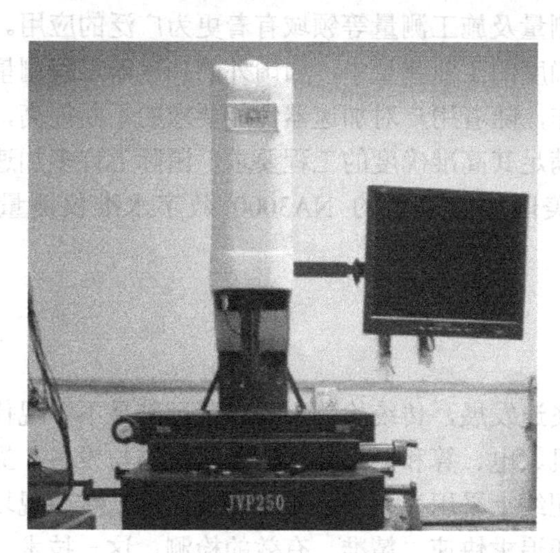

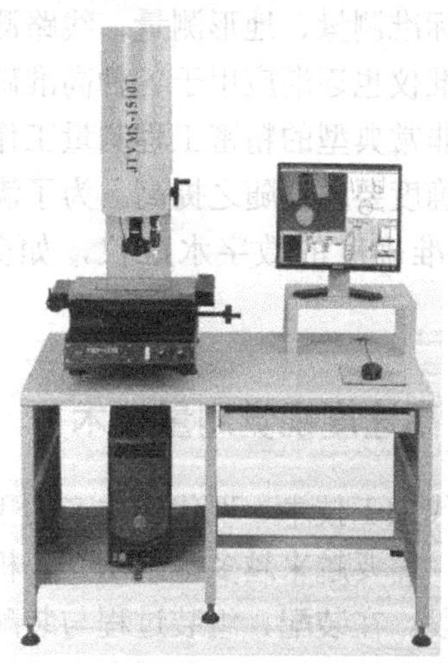

图 3.17　影像测量仪

影像测量仪利用影像镜头采集工件的影像，通过数字图像处理技术提取各种复杂形状工件表面的坐标点，再利用坐标变换和资料处理技术转换成坐标测量空间中的各种几何要素，从而计算得到被测工件的实际尺寸、形状和相互位置关系。经过不断的发展，影像测量仪的应用范围不断扩大，可以对各种复杂的工件轮廓和表面形状进行精密测量。现在，影像测量仪的测量物件包括电子零配件、精密模具、冲压件、PCB、螺纹、齿轮、成形刀具等各类工件，逐渐进入到电子、机械、仪表、钟表、轻工、国防军工、航天航空等行业，成为高等院校、研究所、计量技术机构的实验室、计量室以及生产车间常用的精密测量仪器。

目前我国国内已经拥有机、光、电、算四大领域的尖端技术成果，融合多个领域、多个学科的技术创新，并在技术指标和产品品质上实现了替代进口，在影像测量仪器行业处于国际领先水准。通过高性能、高准确度的 VM 系列影像测量仪与功能强大的专用测量软件相结合解决精密模具的计量需求，能够为用户量身打造满足其特定需要的产品。

3．水准仪

水准仪是建立水平视线测量地面两点间高差的仪器，主要部件有望远镜、管水准器（或补偿器）、垂直轴、基座和脚螺旋。按结构可分为微倾水准仪、自动安平水准仪、激光水准仪和普通水准仪（又称电子水准仪）；按准确度可分为精密水准仪和普通水准仪。其中，数字水准仪如图 3.18 所示，是一种集光、机、电于一体的高科技测量仪器，其准确度高、测量速度快，大大提高了作业效率，已经广泛应用于多个领域，是水准测量仪器发展的趋势。

数字水准仪采用条码标尺取代等间隔刻线加数字的传统标尺，以线阵图像传感器取代测量员的肉眼，以相应的图像处理软件和硬件通过标尺条码图像的识别，自动显示和记录标尺读数和视距，大大提高了工作效率和测量准确度。

图 3.18　数字水准仪

这种设备的广阔应用前景主要体现在以下几方面。

（1）快速的精密水准测量，用于建筑物的变形沉降观测和工业设备的精密安装测量。

（2）数字水准仪与计算机相连接，可以实现实时、自动的连续高程测量，在应用软件的支持下可实现系统内外信息的一体化。

（3）在标准测量、地形测量、线路测量及施工测量等领域有着更为广泛的应用。

数字水准仪也逐渐应用于各种高准确度的工业测量中，如国外的加速器工程测量。加速器工程测量是非常典型的精密工程测量工作，随着用户对加速器性能要求的不断提高，加速器工程测量的准确度要求也随之提高。为了满足其高准确度的工程要求，国际上许多加速器的建造都采用了高准确度的数字水准仪，如美国徕卡公司的 NA3000 数字水准仪测量精度可达 0.4mm/km。

3.3.3　高速度视觉测量技术

由于现代加工技术、现代化生产的飞速发展，传统检测方式已远远满足不了现代计量检测行业的发展，需要越来越多地采用光、机、电、算和网络技术的检测仪器与设备，提高综合检测技术与手段。在装配、组装过程与装配线上采用光、机、电等高新技术，实现现场快速自动化检测，是未来计量检测的发展方向，即追求快速、精准、有效的检测。这一技术已经在国防和军工企业、汽车制造业、光伏产业、高铁等领域广泛使用，市场前景非常广阔。

机器视觉是为机器安装“眼睛”与“大脑”，使机器能够获得所摄物体形状、颜色、尺寸与状态等信息，并完成各种智能操作的技术。尤其是在一些不适合人工作业的危险工作环境或人眼难以满足要求的场合，需采用机器视觉来替代人工视觉；同时在大批量工业生产过程中，用人工视觉检查产品质量效率低且准确度不高。用机器代替人眼来做测量和判断，可提高所生产产品的质量和生产线自动化程度。

图 3.19 所示为一个典型的工业机器视觉应用系统，一般包括：光源（照明系统）、镜头（定焦镜头、变倍镜头、远心镜头、显微镜头）、相机（包括 CCD 相机和 COMS 相机）、图像处理单元（或图像采集卡）、图像处理软件、监视器、通信/输入输出单元等。

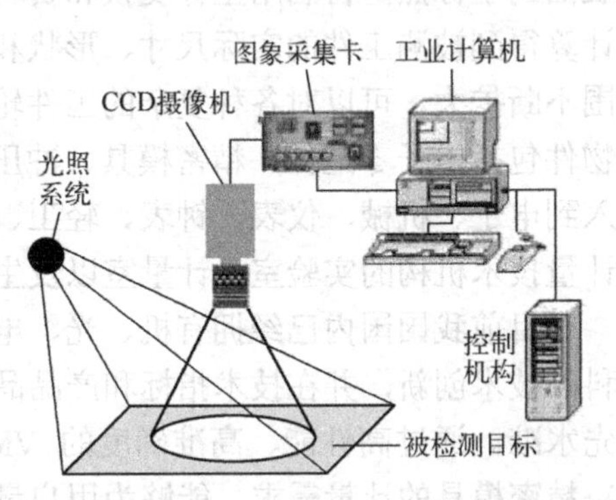

图 3.19　典型的工业机器视觉应用系统

3.4　非接触测量技术

物体的测量主要包括接触式和非接触式两类。接触式测量的典型代表是三坐标测量系统（图 3.20），测量准确度高达微米级，是迄今为止最具通用性的传统坐标测量方法。该方法始终存在着一些无法克服的弊端，例如不适合柔软物体的测量，测量速度慢，对工作环境要求较高等。总体来看，接触式测量已经难以满足快速准确的测量要求。

随着现代技术的发展，工业的生产效率也越来越高。测量技术也要求高效、准确和无损伤。传统的游标卡尺、千分尺等接触式量具效率低下、稳定性不高，而且由于量具直接接触工件表面，不可避免会对工件或者量具造成损伤。非接触测量技术应运而生。经过长时间的发展，非接触测量技术的种类越来越多，主要以光电、电磁、超声波技术为基础，出现了核磁共振法、结构光法、激光三角法、激光测距法、干涉测量法、超声波测距法和图像分析法等各种各样的光学法及非光学法的非接触测量技术。

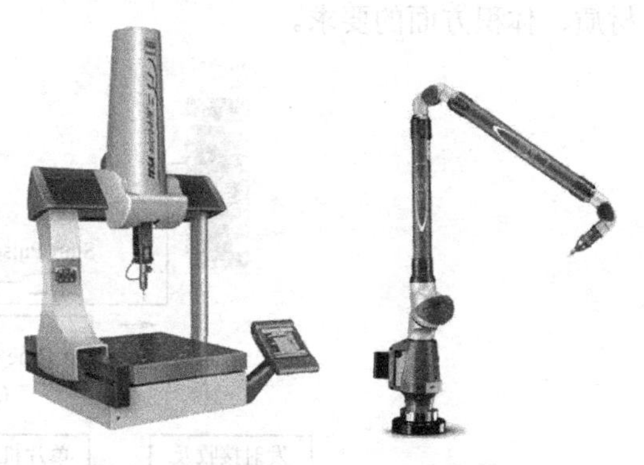

图 3.20　桥式和移动式三坐标测量系统

非接触式测量基于声学、磁学或光学原理，具有高效率、无破坏性、工作距离大等特点，可以对物体进行静态或动态测量。非接触测量技术可以很好地克服接触式测量技术的不足，对于各种测量目标都可以提供高灵敏度、高准确度、高效率的数据采集，从而实现对被测物各种参数的非接触测量。它不会造成被测物表面的划伤或损坏，对各种材料制成的工件均可实现测量。非接触测量的最大优点是被测物在加工过程中便可对其进行测量，即在线实时测量，从而实现对加工过程的控制，降低废品率，可大大减少检测时间，提高生产效率，这是接触式测量所无法比拟的。

3.4.1　非光学非接触测量方法

（1）声学测量法

声学测量法主要用于测距，其中超声波测距技术应用比较广泛。超声波是指频率高于 20Hz 的机械波。为了以超声波为检测手段，必须产生超声波和接收超声波。要求使用高频声学换能器，来进行超声波的发射和接收。超声波的指向性很强，在固体介质中传播时能量损失小，传播距离远，因此常用于测量距离。超声波测距的原理是，已知超声波在某介质中的传播速度的情况下，当超声波脉冲通过介质到达被测面时，会反射回波，通过测量仪器测量发射超声波与接收到的回波之间的时间间隔，即可计算出仪器到被测面的距离。超声波测距仪和超声波测厚仪是超声波测距技术应用的两个典型例子，如图 3.21 所示。超声波测距技术受环境温度、湿度、传播介质的影响较大，测量准确度往往不高，还有待发展高准确度、高适应性的超声波测距技术。

（2）磁学测量法

磁学测量法是通过测试物体所在特定空间内的磁场分布情况，来完成对物体外部或者内部参数的测量的。核磁共振成像技术是磁学测量法的代表技术（图 3.22 为人体核磁共振成像仪器），其原理是：利用核磁共振原理，在主磁场附加梯度磁场，用特定的电磁波照射放入磁场的被测物体，使物体内特定的原子核发生核磁共振现象从而释放出射频信号，这些信号经过计算机处理后，就能得知组成该物体的原子核的种类和在物体内的位置，从而构架拟出该物体的内部立体图像。核磁共振成像在 20 世纪 70 年代后期迅速兴起，已成为研究高分子链化学结构的最主要手段，相比其他传统检测方法，核磁共振法能够保持样品的完整性。目前在医学领域被广泛采用，用于提取人体内部器官的三维轮廓，为医生制定医疗方案提供有力证据。不过，核磁共振技术准确度依然不及高准确度的机械测量技术，而且测量速度较慢，对被测物体也有材质、体积方面的要求。

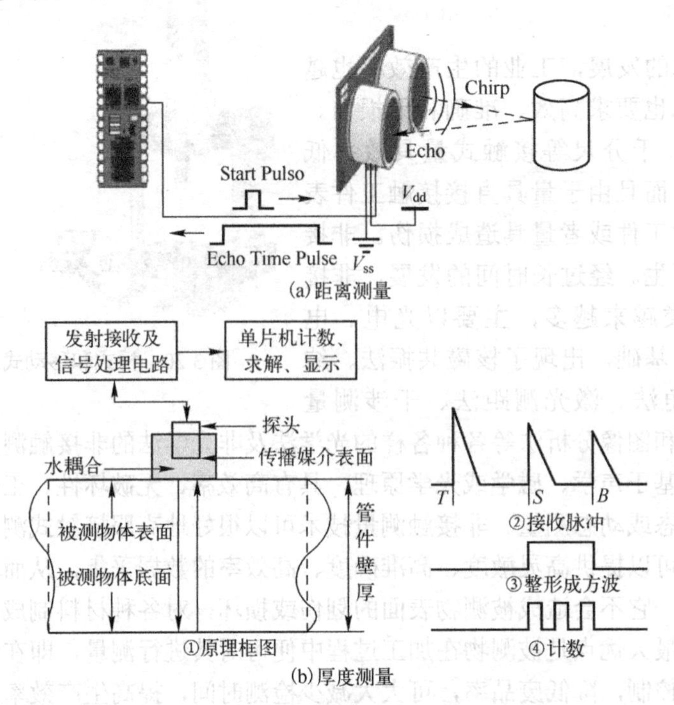

图 3.21　超声波测量工作原理

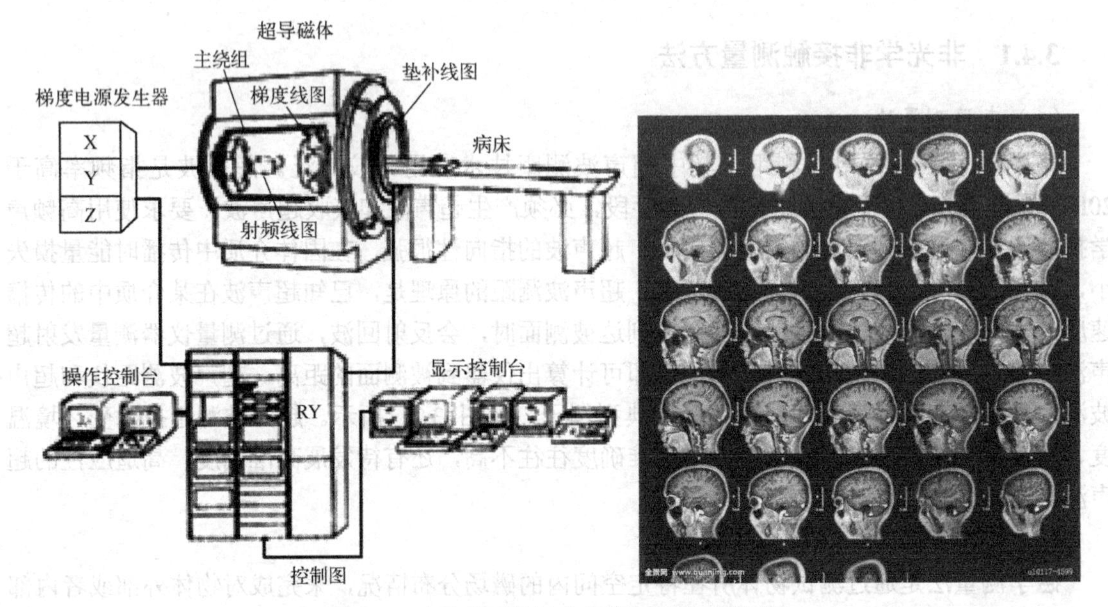

图 3.22　人体核磁共振成像装置及得到的图像

3.4.2　光学非接触测量方法

光学测量是指用光学原理来采集物体表面三维空间信息的方法和技术，与传统的接触式测量相比，它是非接触式的。近三十年来，随着光学技术、数字摄像技术及计算机技术的发展，光学测量技术也获得了极大的发展，新的理论与方法不断被发现和开发，逐步解决了许多过去阻碍实际应用的问题。非接触测量技术除了前面介绍的光学干涉、衍射等方法外，常用的还有激光三角法、激光测距法、结构光学三维测量法、图像分析法等。

（1）激光三角法

激光三角法是非接触光学测量的重要形式（如图 3.23 所示），应用广泛，技术也比较成熟。其原理是光源发出的一束激光照射在待测物体平面上，通过反射最后在检测器上成像。当物体表面的位置发生改变时，其所成的像在检测器上也发生相应的位移。通过像移和实际位移之间的关系式，真实的物体位移可以由对相移的检测和计算得到。该方法结构简单，测量速度快，准确度高，使用灵活，适用测量大尺寸和外形复杂的物体。但是，对于激光不能照射到的物体表面无法测量，同时激光三角法的测量准确度受环境和被测物体表面特性的影响比较大，还需要大力研究高准确度的三角法测量产品。

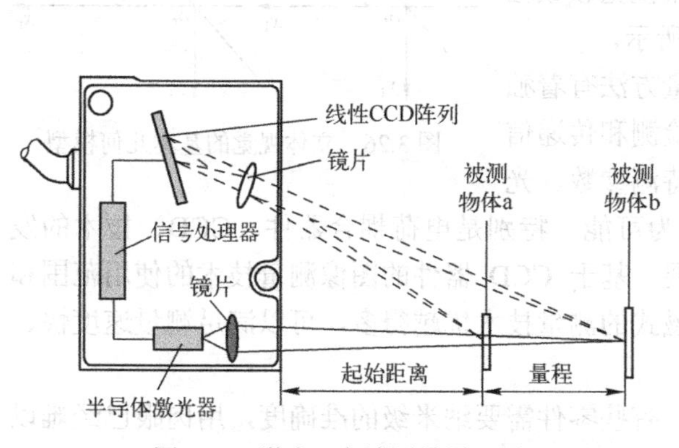

图 3.23　激光三角法测量原理图

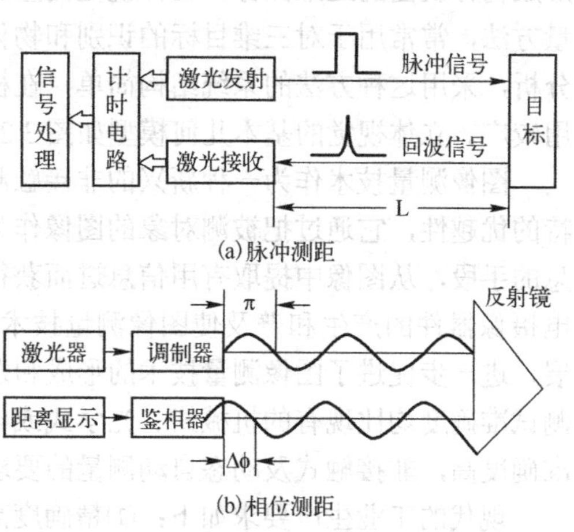

图 3.24　激光测距原理图

（2）激光测距法

激光具有良好的准直性及非常小的发散角，使仪器可以进行点对点的测量，适应非常狭小和复杂的测量环境。激光测距法利用激光的这些特点，将激光信号从发射器发出，照射到物体表面后发生反射，反射后的激光沿着基本相同的路径传回到接收装置，检测激光信号从发出到接收所经过的时间或相位的变化，就可以计算出激光测距仪到被测物体间的距离。激光测距主要分为脉冲测距和相位测距两大类，如图 3.24 所示。对于脉冲测距来说，其系统结构简单，探测距离远，但是传统的测距系统采用直接计数来测量光脉冲往返时间，准确度低。相位测距系统结构相对复杂，但是其准确度较高，随着光电技术的快速发展，相位测距技术得到不断优化和提升，已能满足超短距离和超高准确度的测量需求。随着激光测距仪朝着小型化、智能化的方向发展，由于激光测距技术特有的优点，将在各类距离测量领域有越来越广阔的应用前景。

（3）结构光三维测量法

结构光法作为一种主动式、非接触的三维视觉测量新技术，在逆向工程、质量检测、数字化建模等领域具有无可比拟的优势。投影结构光法是结构光测量技术的典型应用，其三维测量系统原理图如图 3.25 所示。其原理是：用投影仪将光栅投影于被测物体表面，光栅条纹经过物体表面形状调制后会发生变形，其变形程度取决于物体表面高度及投射器与相机的相对位置，再由接收相机拍摄其变形后的图像并由计算机依据系统的结构参数做进一步处理，从而获得被测物体的三维图像。

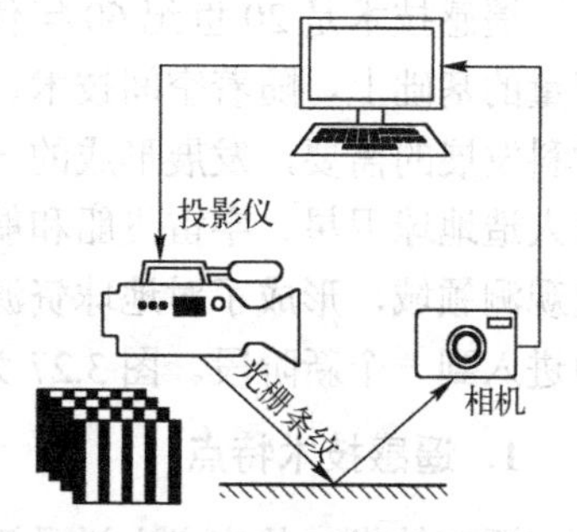

图 3.25　投影结构光法三维测量系统原理图

结构光视觉检测具有大量程、非接触、速度快、系统柔性强和准确度适中等优点。但是由于其原理的制约，不利于测量表面结构复杂的物体。

（4）图像分析法

图像分析法也叫立体视觉，其研究重点是物体的几何尺寸及物体在空间的位置、姿态。立体视觉测量是基于视差原理，视差即某一点在两副图像中相应点的位置差。通过该点的视差来计算距离，即可求得该点的空间三维坐标。一般从一个或多个摄像系统从不同方位和角度拍摄的物体的多幅二维图像中确定距离信息，形成物体表面的三维图像。立体视觉测量属于被动三维测量方法，常常用于对三维目标的识别和物体的位置、形态分析，采用这种方法的系统结构简单，在机器视觉领域应用较广。立体视觉的基本几何模型如图 3.26 所示。

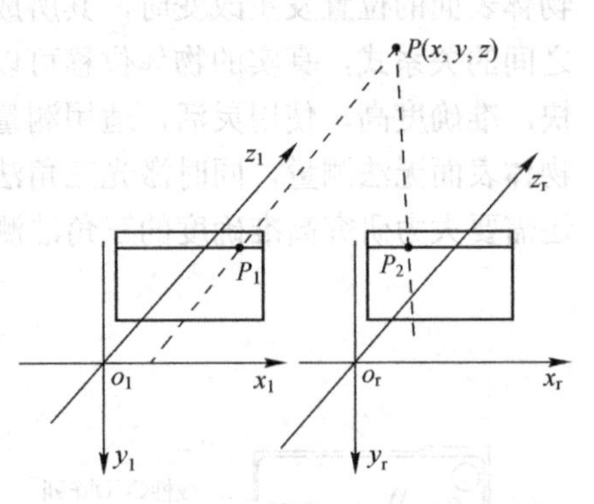

图 3.26　立体视觉的基本几何模型

图像测量技术作为一种新兴的非接触测量方法有着独特的优越性，它通过把被测对象的图像作为检测和传递信息的手段，从图像中提取有用信息进而获得待测参数。光电摄像器件的产生和普及使图像测量技术成为可能，特别是电荷耦合器件（CCD）技术的发展，进一步促进了图像测量技术的形成和发展。基于 CCD 器件的图像测量技术的使用范围和测试准确度均比现有的机械式、光学式或电磁式的测量技术优越得多，可以满足测量速度快、准确度高，非接触式及动态自动测量的要求。

现代的工业生产要求如下：①精确度高，有些零件需要纳米级的准确度，用肉眼已经难以判断，必须借助工具，但是有些零件由于形状复杂，普通工具难以嵌入测量；②准确度高，由于现代的零件都是大批量的生产，如果只是由人判断质量，时间一长，大脑容易疲劳，出错率大大增加，准确度大大降低；③速度快，人要通过肉眼观察，用测量仪器测量才能判断出零件的好坏，这样费时很久，达不到速度快的要求；④安全性高，有些零件的好坏需要在一些危险的环境下判断，而人不能参与这项工作。因此传统的人手测量、肉眼判断和大脑分析已经远远不能达到这些要求。

3.5　遥感、遥测技术

3.5.1　遥感技术

遥感技术是 20 世纪 60 年代兴起并迅速发展起来的一门综合性探测技术。它是在航空摄影测量的基础上，随着空间技术、电子计算机技术等当代科技的迅速发展，以及地学、生物学等学科发展的需要，发展形成的一门新兴技术学科。以飞机为主要运载工具的航空遥感，发展到以人造地球卫星、宇宙飞船和航天飞机为运载工具的航天遥感，大大地扩展了人们的视察视野及观测领域，形成了对地球资源和环境进行探测和监测的立体观测体系，使地理学的研究和应用进入到一个新阶段。图 3.27 为遥感卫星获取某城市图片。

1．遥感技术特点

遥感技术，从广义上说是泛指从远处探测、感知物体或事物的技术。即不直接接触物体本身，从远处通过仪器（传感器）探测和接收来自目标物体的信息（如电场、磁场、电磁波、地震波等信息），经过信息的传输及其处理分析，识别物体的属性及分布等特征的技术。

图 3.27　遥感卫星获取某城市图片

当前遥感技术形成了一个从地面到空中乃至空间，从信息数据收集处理到判读分析和应用，对全球进行探测和监测的多层次、多视角、多领域的观测体系，成为获取地球资源与环境信息的重要手段。其主要特点如下：

（1）感测范围大，具有综合性、宏观性的特点。

遥感从飞机上或人造地球卫星上，居高临下获取的航空相片或卫星图像，比在地面的视域范围大得多，又不受地形地物阻隔的影响，景观一览无余，为人们研究地面各种自然、社会现象及其分部规律提供了便利的条件。

（2）信息量大，具有手段多，技术先进的特点。

遥感是现代科技的产物，它不仅能获得地物可见光波段的信息，而且可以获得紫外、红外、微波等波段的信息；不但能用摄影方式获得信息，而且还可以用扫描方式获得信息。遥感所获得的信息量远远超过了用常规传统方法所获得的信息量。这无疑扩大了人们的观测范围和感知领域，加深了对事物和现象的认识。

（3）获取信息快、更新周期短，具有动态监测的特点。

遥感通常为瞬时成像，可获得同一瞬间大面积区域的景观实况，现实性好；而且可通过不同时刻取得的资料及相片进行对比、分析和研究地物动态变化的情况，为环境检测以及研究分析地物发展演化规律提供基础。

遥感应用的领域在不断扩展。遥感应用可概括为资源调查与应用、环境检测评价、军事研究等领域。

2．遥感过程及其技术系统

遥感过程是指遥感信息的获取、传输、处理，以及分析、判读和应用的全过程。它包括遥感信息源（或地物）的物理性质、分布及其运动状态；环境背景以及电磁波光谱特性；大气的干扰和大气窗口；传感器的分辨能力、性能和信噪比；图像处理及识别；以及人们的视觉生理和心理及其专业素质等。因此，遥感过程不但涉及遥感本身的技术过程，以及地物景观和现象的自然发展演变过程，还涉及人们的认识过程。这一复杂过程当前主要是通过地物波谱测试与研究、数理统计分析、模式识别、模拟试验方法，以及地学分析等方法来完成的。遥感过程实施的技术保证则依赖于遥感技术系统。

遥感技术系统是一个从地面到空中直至空间，从信息收集、存储、传输处理到分析、判读、应用的完善技术体系。

3.5.2 遥测技术

遥测技术起源于19世纪初叶，航空、航天遥测技术则分别开始于20世纪30年代和40年代。此后，遥测广泛应用于飞机、火箭、导弹和航天器的试验，也极大地促进了遥测技术的发展。20世纪五六十年代，随着通信理论、通信技术和半导体技术的发展，遥测技术在调查体制、传输距离、数据容量、测量准确度以及设备小型化等方面都取得了很大的进展。目前遥测技术正向集成化、固态化、模块化和计算机化，以及可编程遥测和自适应遥测方面发展。

（1）遥测系统的工作原理

遥测技术是将对象参量的近距离测量值传输至远距离的测量站，以实现远距离测量的技术，是利用传感技术、通信技术和数据处理技术的一门综合性技术。遥测是通过遥测系统进行的。遥测系统由三部分组成（见图3.28）：

① 输出设备，包括传感器和变换器，传感器把被测参数变成电信号，变换器把电信号变换成多路传输设备输入端需要的信号；

② 传输设备，是一种多路通信设备，它可以是有线通信或无线电通信，即可传输模拟信号也可传输数字信号，目的是把设备输入的信号不失真地传到终端；

③ 终端设备，它的功能是接收信号，对信号进行记录、显示和处理，以获得测量结果。

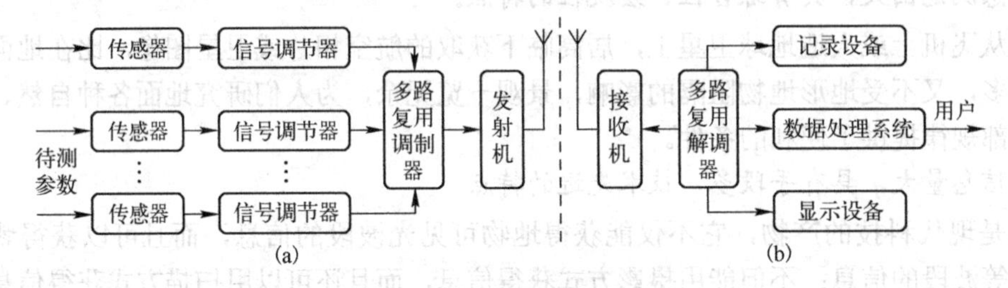

图3.28 遥测系统框图

遥测系统的主要技术参数有准确度、容量和可靠性。准确度反映遥测终端输出数据与原始数据的符合程度，遥测系统的准确度用相对误差（测量参量的绝对误差与参量最大值之比）来表示。一般情况下，传输对系统准确度的影响较小，准确度主要取决于传感器。容量是衡量遥测系统传送遥测信息能力大小的指标，它在很大程度上决定了遥测系统所能完成功能的多少和完成质量的优劣。在数值上，它等于遥测系统各路所能传递的信号频带的总和。遥测系统的可靠性与遥测数据获取、传输和处理等环节的软、硬件可靠性密切相关，可通过加强系统方案论证、分系统设计、生产加工、设备鉴定、使用维护以及从设备研制到使用的管理等环节来提高。

（2）遥测技术在航天技术中的应用

航天是遥测、遥控技术的一个重要的应用场合。遥测技术是对相隔一定距离的对象的参量进行检测并把测得的结果传送到接收地点的技术。完成遥测任务的整套设备称为遥测系统。航空航天遥测使用的传送载体是无线电波，所以也称无线电遥测。通过遥测可实时监视飞行器及其内部主要设备的工作状态和性能，及时了解航天员的生理状况等。分析遥测数据可对设计做出评价，为改进设计提供依据，缩短飞行器的研制周期。

飞行器遥测的传输距离一般很远，尤其是航天遥测通常是几百公里到几千公里，甚至几亿公里。飞行器上不可能安装高增益天线，而且飞行器是运动的，所以，遥测天线一般都采用高增益的大型自动跟踪天线。在人造卫星或载人飞船中（见图 3.29），遥测、遥控、电视和通信常常公用一个无线电通道，以便简化设备和提高系统可靠性。多级运载火箭和航天器的遥测参数可多达数百路到数千路，而且有些参数的变化频率高达数千赫，所以遥测的信息量很大，常需要多套遥测设备并行工作。

图 3.29　人造卫星与载人飞船

随着计算机和微电子技术的发展而出现的新遥测技术，即自适应遥测，主要包含可变格式和数据压缩技术。在宇宙探索中，遥测技术帮助了解太阳系遥远天体上的气温、大气构成和表面情况；投放在地面的遥测仪器能传回许多情报；取得导弹和飞机的飞行数据；收集核试验情况也要靠遥测技术。

（3）遥测技术在其他领域中的应用

在工业上，遥测技术使许多庞大的系统高效安全运行，如电力、输油、输气系统，城市自来水、煤气和供暖系统等。在研究动物的生活习性中，遥测技术也是有力的手段，动物带上有传感器的发报机后，在实验室就可研究野外动物的动态。遥测技术也用在医学上，如测定宇航员和登山队员身体情况。

现代测控技术是现代工业中的重要组成部分，现代测控技术的发展带动了世界工业技术的进步，在社会发展中有着不可替代的作用。现阶段各种科学研究大部分离不开现代测控技术，它被应用于计量、测试、控制工程、智能仪器仪表、计算机软件和硬件等高新技术领域的设计、制造、开发和应用等。所以发展现代测控技术对社会的进步有着重大的意义。

第4章 测控技术与仪器专业培养方案

测控技术与仪器专业是在精密机械基础上将光学、电学和计算机、信息、测量和控制技术融为一体的专业，研究信息获取、存储、传输、处理和控制的理论与技术。建国初期，1952 年天津大学、浙江大学率先筹建了“精密机械仪器专业”和“光学仪器专业”，并逐渐形成体系；1953 年北京理工大学在国内首先创建了“军用光学仪器专业”；1958 年国内又有若干高校，如清华大学、哈尔滨工业大学、上海交通大学、东南大学、合肥工业大学、北京航空航天大学、长春光学精密机械学院（长春理工大学前身）等相继筹建精密仪器专业，并借鉴苏联办学模式和各自服务领域，开设了计量仪器、光学仪器、计时仪器、分析仪器、热工仪表、航空仪表、电子测量仪器、科学仪器等十多个专业。历经多年的变革，1998 年由仪器仪表类 11 个专业合并为测控技术与仪器专业，标志着测控技术与仪器专业由专才教育向通才教育的重要转变。

从 20 世纪末至 21 世纪初，我国逐步开展工程教育认证工作，但进展缓慢，除土建类专业外，其他专业基本处于空白状态。2006 年 5 月，参照《华盛顿协议》成员国的做法，成立了全国工程教育专业认证专家委员会，全面开始了专业认证工作。2014 年中国工程教育认证协会修订的工程专业认证标准包括 7 项通用标准（学生、培养目标、毕业要求、持续改进、课程体系、师资队伍和支持条件）和 3 项专业补充标准（课程体系、师资队伍和支持条件）。目前，我国测控技术与仪器专业制定的人才培养目标及培养要求等基本上是基于工程专业认证相关标准制定的。

4.1 培养目标及要求

1. 测控技术与仪器专业人才培养特点

测控技术与仪器专业所属一级学科为仪器科学与技术，培养方案背景复杂、知识结构要求全面，光、机、电、算、控缺一不可，其培养人才具有以下特点。

（1）是知识面宽的复合型人才。

测控技术与仪器专业人才的知识结构与信息科学和其他专业有较大不同，其所属一级学科仪器科学与技术是多学科交叉而形成的边缘学科，其属性要求本专业人才必须具备丰富的光学、电子、精密机械、传感、误差处理、信号分析等方面的知识。

（2）是知识结构新、具备可持续发展能力的人才。

测控技术与仪器专业涉及的技术是各种高新技术的“集成”技术，是科学技术发展的前沿技术，是对高新技术极度敏感的应用技术。科学技术上新的研究成果和发现（如信息论、控制论、系统工程理论、微观和宏观的研究成果）及大量的高新技术（如微弱信号的提取技术、计算机软硬件技术、网络技术、激光技术、纳米技术等）都是测量控制技术发展的重要动力。因此，本专业人才必须紧随科学技术发展不断更新，具备可持续发展的能力。

（3）是适应性强、转型快、符合市场经济需要的人才。

测控技术与仪器专业的学生较宽的知识面形成了学生适应性强的特点。在双向选择的就业市场中就业率比较高。据不完全统计，全国各高校测控技术与仪器专业的学生入学分数在各自高校均处于中下等，但就业情况则处于中上等，甚至更好。究其原因，测控专业学生适应性强、转型快是重要的因素。

2. 测控技术与仪器专业人才培养目标

培养能适应现代化建设和未来社会与科技发展需要，德、智、体全面发展，具有创新意识、国际视野和社会责任感的工程技术人才。具备光电精密仪器设计、测控技术及系统领域的基础理论、专门知识和专业技能，能在测量控制领域技术集成和精密仪器综合设计应用等领域内从事科学研究、技术开发、工程设计、经营管理以及教学等方面的工作。

4.1.1 业务培养目标

学生毕业后经过五年的实际工作，能达到下列要求：

（1）运用数学、自然科学、工程科学基本原理，能够提出精密仪器、测控系统等领域工程问题的解决方案，并对其进行设计与开发；

（2）胜任岗位职责，具备自主学习和终身学习的能力，能够在相关学科领域继续深造或跟踪测量控制领域新技术发展，解决特殊环境中的复杂工程问题；

（3）能够作为成员或负责人，在由不同角色人员构成的团队中独立承担专业领域的工作；

（4）在设计具体复杂工程问题解决方案的过程中能够考虑对社会、健康、安全、法律、文化、环境和社会可持续发展的影响以及相关政策法规。

4.1.2 业务培养要求

以培养具备精密仪器设计与研制、测控技术及系统开发领域基本理论、专门知识和专业技能，具有创新精神、国际视野和社会责任感的工程技术人才为目标。通过本专业系统学习和训练，聚焦“复杂工程问题”的解决，具体毕业要求包括以下12项。

（1）工程知识。能够运用数学、自然科学、工程基础及专业知识解决精密仪器、测控系统复杂工程问题，具有系统的工程实践学习经历。

指标点1.1：具备解决精密仪器、测控系统复杂工程问题所需的数学、自然科学知识，能用于其原理分析、模型求解；

指标点1.2：能够利用工程制图、机械原理、计算机语言、工程力学、工程光学等方面的工程基础知识，解决精密仪器、测控系统复杂工程中的系统设计与分析等问题；

指标点1.3：能够利用仪器零件设计、电工电子技术、控制工程基础、互换性与测量技术基础等专业基础知识，实现复杂精密仪器及测控系统中的功能模块设计；

指标点1.4：能够综合运用专业知识，解决复杂工程中的精密仪器设计、测量控制、系统集成、精度分析及工程应用等问题。

（2）问题分析。运用数学、自然科学和工程科学的基本原理，能够准确识别和表达精密仪器、测控系统复杂工程问题，分析其中的关键环节和要素，并通过文献研究获得解决问题的有效结论。

指标点2.1：能够应用自然科学和工程科学的基本原理，对复杂工程问题中的测量控制和仪器系统问题进行识别和原理分析；

指标点 2.2：能够应用数学知识和自然科学、工程科学的基本理论，对复杂工程问题进行准确描述，建立数学模型并求解分析；

指标点 2.3：能够围绕测控类复杂工程问题的关键环节与要素，通过文献研究获得所需信息，并形成解决问题的有效结论。

（3）设计/开发解决方案。能够根据用户需求，在安全、环境、法律等现实约束条件下，设计出复杂精密仪器、测控系统工程问题的解决方案，并针对特定问题需求进行创新性设计，开发仪器系统或单元部件。

指标点 3.1：能够根据用户需求和安全、环境、法律等因素约束，创新性地设计复杂测控工程问题的解决方案；

指标点 3.2：能够针对特定需求设计相应的功能模块，并进行工程技术可行性分析，开发单元部件；

指标点 3.3：能够根据复杂工程问题的解决方案，对单元部件进行系统集成。

（4）研究。能够基于精密仪器、测量和控制的基本原理，采用恰当的方法技术对精密仪器、测控系统复杂工程问题进行研究，根据对象特征确定科学的研究路线，并进行实验设计，通过数据处理分析和信息综合解释得到合理有效结论。

指标点 4.1：能够对精密结构、光学系统、数据处理、电路系统、控制系统等类问题进行模拟仿真与实验设计；

指标点 4.2：能够利用专业知识和计算机技术等手段，对实验数据进行统计、分析和处理，获取解决问题所需信息；

指标点 4.3：能够根据精密仪器、测控系统领域特定工程任务需要，对数据信息进行综合与解释，获得合理有效结论。

（5）使用现代工具。能够针对测控系统复杂工程问题，恰当选择与使用设计、仿真软件，通过互联网和虚拟等现代信息技术工具获取相关信息，完成对复杂工程问题的预测与模拟，并能够理解其局限性。

指标点 5.1：能正确选择使用 ZEMAX、LABVIEW、MATLAB、EXCEL、AUTOCAD、SOLIDWORKS 等设计仿真软件，完成测量和控制系统的设计和模拟分析；

指标点 5.2：能利用互联网、文献检索工具等现代信息技术获取测控系统复杂工程问题关联的各种数据信息，用于复杂系统的评价、预测与模拟；

指标点 5.3：能够认识现代工程工具和信息技术工具自身的局限性，以及仿真模拟结果与工程实践的差异。

（6）工程与社会。能够基于工程相关背景知识进行合理分析，评价精密仪器、测控系统工程实践和解决复杂工程问题过程中对社会、健康、安全、法律以及文化的影响，并理解应承担的责任。

指标点 6.1：通过社会实践，能够认识到精密仪器、测控系统工程中涉及的技术标准、知识产权、产业政策，及其在解决复杂工程问题中带来的社会影响；

指标点 6.2：能对特定工程解决方案中涉及的社会、健康、安全、法律以及文化问题进行综合分析与评价；

指标点 6.3：能认识到工程实践中应承担的社会责任，并选择合理的解决方案。

（7）环境和可持续发展。理解精密仪器、测控系统工程实践与环境保护、社会可持续发展之间的关系，能够对复杂工程活动中涉及的相关问题进行分析和评价，具有环境保护和可持续发展意识。

指标点 7.1：能够理解环境保护和社会可持续发展的内涵和意义，认识到精密仪器、测控系统工程实践对环境、社会可持续发展的影响；

指标点 7.2：能够对光电精密仪器、测控系统复杂工程中涉及的环境与可持续发展问题进行分析和评价，在专业工程实践中考虑环境与可持续发展因素。

（8）职业规范。具有人文社会科学素养和社会责任感，能够在工程实践中理解并遵守仪器工程师的职业道德和规范，履行责任。

指标点 8.1：具有人文素养、思辨能力和科学精神，树立正确的价值观和推动社会进步的责任感；

指标点 8.2：能够理解仪器工程师的职业性质和责任，在工程实践中依据仪器领域相关技术规范和标准开展工作，遵守工程职业道德。

（9）个人和团队。具有一定的组织管理能力、较强的表达能力和人际交往能力，在从事精密仪器、测控系统研究和开发的团队中发挥作用，承担起个体、团队成员以及负责人的角色。

指标点 9.1：具有一定的组织管理能力、较强的表达能力和人际交往能力；

指标点 9.2：具有团队合作精神和意识；

指标点 9.3：在从事精密仪器、测控系统研究和开发的团队中发挥作用，承担起个体、团队成员以及负责人的角色。

（10）沟通。能够就精密仪器、测控系统研究过程中的复杂工程问题与业界同行及社会公众进行有效沟通和交流，包括撰写报告、陈述发言、清晰表达。并具备一定的国际视野，能够在跨文化背景下进行沟通和交流。

指标点 10.1：能够就光电精密仪器、测控系统研究过程中的复杂工程问题与业界同行及社会公众进行有效沟通和交流，包括撰写报告、陈述发言、清晰表达；

指标点 10.2：至少具备一种外语的应用能力，能够阅读仪器科学与技术相关外文文献，具备一定的国际视野，能够在跨文化背景下进行沟通和交流。

（11）项目管理。理解并掌握工程管理基本原理与经济决策方法，并能在解决精密仪器、测控系统复杂工程问题中应用。

指标点 11.1：在光电精密仪器、测控系统领域复杂工程项目的实施过程中，具有项目规划、决策、控制等基本能力；

指标点 11.2：能够综合考虑技术要求和经济因素，通过财务管理控制项目成本。

（12）终身学习。具有自主学习和终身学习的意识，有不断学习、更新知识和适应发展的能力。

指标点 12.1：能认识不断探索和学习的必要性，具有自主学习和终身学习的意识；

指标点 12.2：掌握自主学习的方法，具有根据个人或职业发展需求拓展知识的能力，适应发展。

4.2　课程设置及指导思想

测控技术与仪器专业是仪器科学与技术、电子信息工程、光学工程、机械工程、控制科学与工程、信息与通信工程等多个一级学科交叉专业，各高校根据自身特色，其专业可能是上述学科中的某些学科的交叉。目前大多数高校课程中多涉及光学、精密机械和电子学等多学科理论，在教学过程中要开设从机械原理到仪器设计，从工程光学、光学设计到光电检测，从电工电子技术到控制工程原理，从信号与系统到信号处理等多门课程，这些课程既存在内在联系也存在前后衔接。课程设置中应充分考虑专业历史沿革、专业内涵，对相关课程的联系进行分析和研究，构建课程矩阵，达到明确课程目标、整合实验内容、合理安排课程设计环节，以体现专业特色，实现人才培养目标。

4.2.1 测控技术与仪器专业课程设置

各高校根据自身的专业内涵，在课程设置方面有较大差别，但大多培养目标可归纳为通用部分和特色部分。首先，通用部分主要包括学生的基础知识的掌握要求、自主学习和终身学习能力的培养，学生的团队精神和对社会责任的认知要求。特色部分主要是学生针对专业领域的知识、技能及解决问题能力的要求。本文以长春理工大学测控技术与仪器专业光电仪器专业方向为例，其在培养过程中注重光电仪器设计、光电检测技术应用方面的知识和能力的培养，制定的培养能力要求如下，构建的课程体系如图 4.1 所示。

通过系统的教学与实践环节，学生能够获得精密机械设计、光电仪器设计、智能仪器设计、光学设计、仪器精度分析、仪器制造工艺、光学仪器装配与调整等理论与专门知识，具有进行光、机相结合的精密仪器设计、开发及应用的能力。

能够提出精密仪器、测控系统等领域的工程问题，对其进行开发与设计；

能够跟踪测量控制领域新技术的发展，解决特殊环境中的复杂工程问题。

1. 课程之间的数量比较

如图 4.2 所示，公共基础课必修的课程数为 16 门，若完成毕业要求学分，还需选修素质教育类课程 3～6 门；学科基础课全部为必修课程，共计 15 门；专业课必修 6 门，若需达到毕业要求，至少还需选修 6 门。各课程的比例如图 4.3 所示。由图中可知，在课程设置中，公共基础课和学科基础课的开设数量体现了重基础的基本思想。

2. 基础学科课程和专业课程的分析

基本的学科课程和专业课程对实现培养目标具有重大影响。学生毕业需要完成包含基础课程和专业课程在内的 22 门课程。它们可以按类别分为机械课程、光学课程和电子信息课程。图 4.2 显示了不同类别课程的数量，图 4.4 显示了不同类别课程的课时数。然而不可避免的是，一些课程属于两个甚至所有三个类别，所以我们在表 4.1 中列出这些课程，课程名称前面的“▲”意味着该课程同时属于光学课程和电子信息课程，“■”意味着该课程同时属于光学课程和机械课程。从课程的数量和课时上，我们可以通过观察发现光学课程和机械课程是主要的组成部分。

这里面有 9 个机械类课程，误差理论及数据处理和仪器精度分析被归类为这种类型，主要因为它们是仪器精度和误差分析的课程。“光电检测技术”在 8 个光学课程中既属于光学类课程，也属于电子信息类课程，“光电仪器设计”和“光学仪器组装与调整”的主要内容是精密机械以及光学仪器设计这两个方面的知识，所以它们属于光学类课程和机械类课程。

3. 课程顺序

关于课程顺序，一般是从目标反向推导的方式，也就是从本专业的最后需要开设的专业课开始，研究该门课程的先修课和前导课，并逐渐落实到公共基础课，在课程设置过程中，也需要考虑本专业的培养标准。在课程设计中主要考虑培养目标的实现。所有学期的课程顺序如表 4.1 所示，表中并没有列出中国大多数高等院校设立的基础课程，如思想政治教育、外语、教育和中国现代史等。

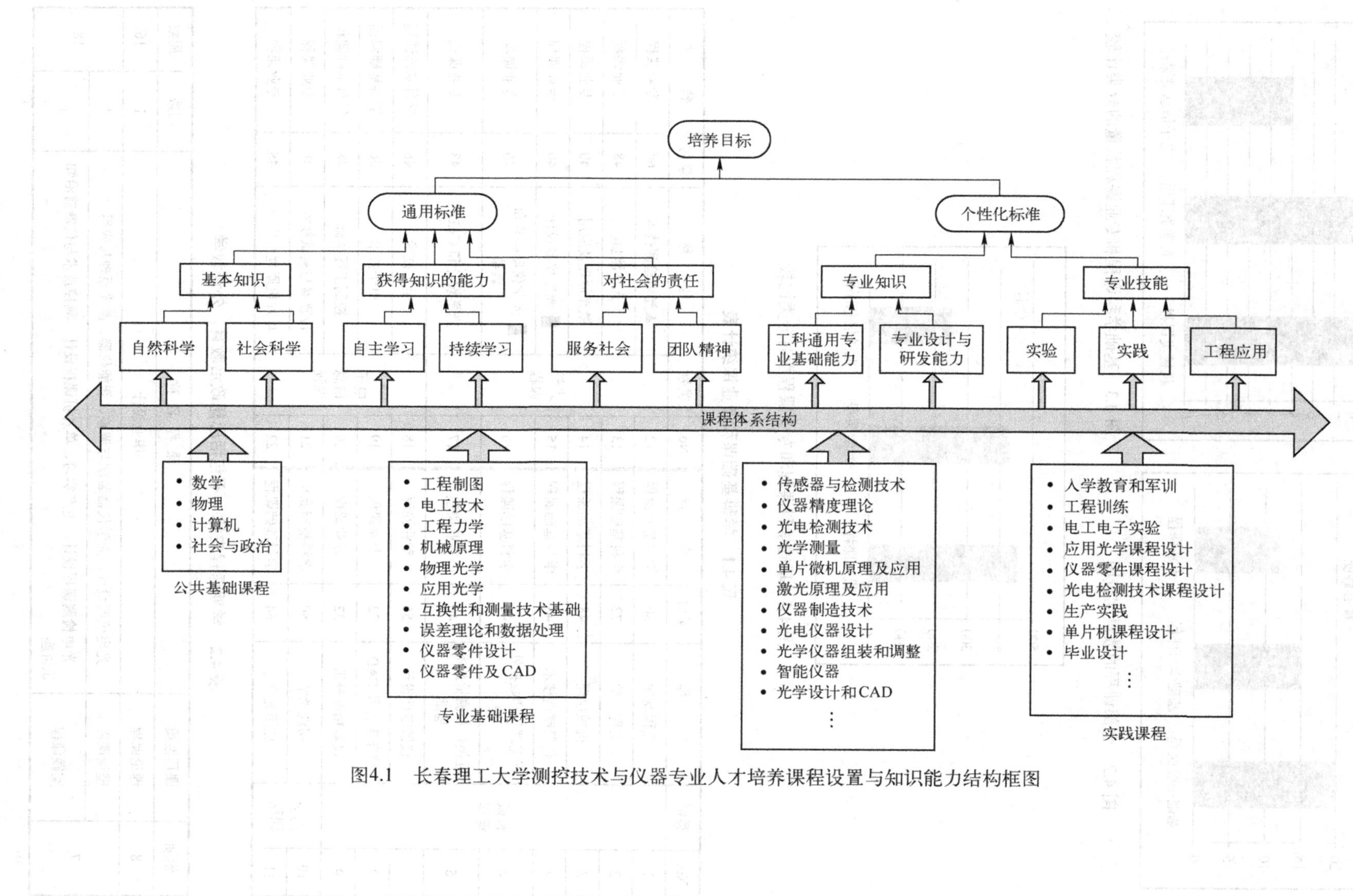

图4.1　长春理工大学测控技术与仪器专业人才培养课程设置与知识能力结构框图

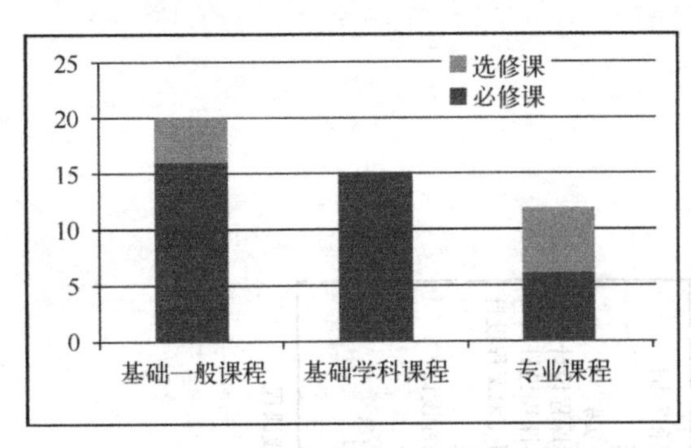

图 4.2　全部课程的数量比较图

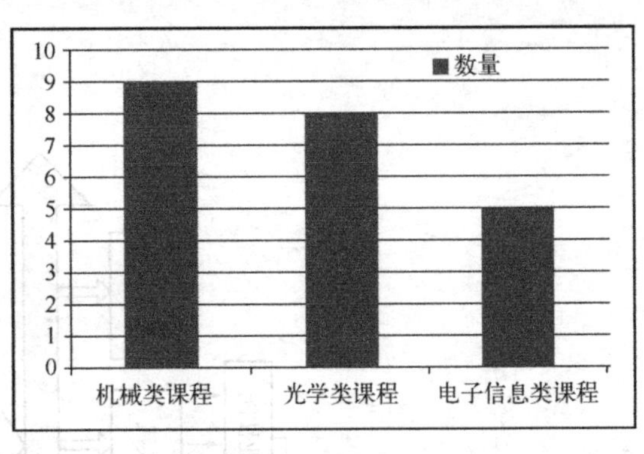

图 4.3　基础学科课程和专业课程数量的分类比较

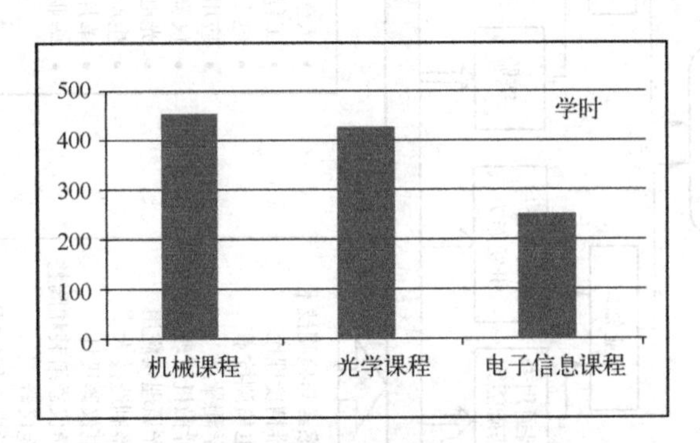

图 4.4　基础学科课程和专业课程学时分类比较

表 4.1　学科基础课和专业课统计表

No.	类别	名　称	学时	特　点	No.	类别	名　称	学时	特　点
1	机械课程	工程制图	80	学科基础课程	12	光学课程	▲光电检测技术	64	专业课程
2		工程力学	72	学科基础课程	13		光学测量	48	专业课程
3		机械原理	48	学科基础课程	14		激光原理及应用	40	专业课程
4		仪器制造技术	48	学科基础课程	15		■光电仪器设计	40	专业课程
5		误差理论和数据处理	40	学科基础课程	16		■光学仪器组装和调整	40	专业课程
6		互换性和测量技术基础	40	专业课程	17		光学设计和 CAD	48	专业课程
7		仪器零件设计	56	专业课程	18	电子信息课程	电工技术	48	学科基础课程
8		仪器零件及 CAD	32	专业课程	19		电子技术	56	学科基础课程
9		仪器精度分析	32	专业课程	20		控制工程基础	48	学科基础课程
10	光学课程	物理光学	80	学科基础课程	21		传感器与测试技术	48	专业课程
11		应用光学	64	学科基础课程	22		单片机原理及应用	48	专业课程

表 4.2　学期课程安排（不包括思想政治教育，外语教学）

学期	课程性质	课 程 名 称	门数	周数
8	理论课程	毕业设计	1	16
7	理论课程	光电仪器设计、光学仪器装配与调整、智能仪器、激光原理与应用	4	18
	实践课程	光电检测课程设计、生产实习、单片机课程设计、测控技术与仪器前沿知识讲座	4	

续表

学期	课程性质	课程名称	门数	周数
6	理论课程	仪器零件设计、仪器零件 CAD、仪器精度分析、光电检测技术、单片机原理及应用、光学测量	6	19
	实践课程	仪器零件及公差课程设计	1	
5	理论课程	应用光学、互换性与测量技术基础、控制工程基础、误差理论与数据处理、仪器制造技术	5	18
	实践课程	应用光学课程设计	1	
4	理论课程	电子技术、工程力学、机械原理、物理光学、概率论与数理统计	5	19
	实践课程	电子技术实验、电工电子实习	2	
3	理论课程	线性代数、大学物理、复变函数与积分变换、电工技术、	4	18
	实践课程	大学物理实验、工程训练	2	
2	理论课程	高等数学、大学物理、工程制图、计算机基础与程序设计	4	19
	实践课程	计算机实验、公益劳动	2	
1	理论课程	高等数学、计算机基础与程序设计	2	17
	实践课程	入学教育及军训、计算机实验	1	

4．课程主线

通过对前面课程的梳理，能够明确课程的主线，在光学仪器设计方面，其主线如图 4.5 所示，图中以实现具备光电仪器设计能力为主线，由工程制图能力开始，通过力学、机械原理、仪器制造工艺、精密仪器设计等课程，逐渐开展到光电仪器设计课程。并在此过程中，插入了光学、基础电学、传感与检测、精度理论等方面的课程。为实现学生具备光电仪器设计能力打好了理论基础。

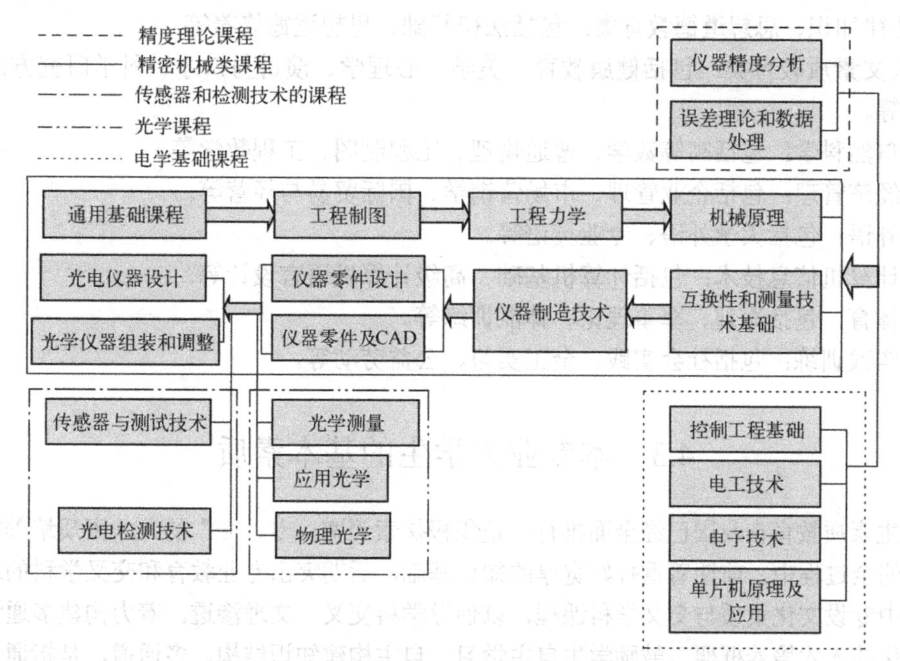

图 4.5　课程主线（以长春理工大学测控技术与仪器专业为例）

通过课程主线，还可明确课程内容，明确基础课中和学科交叉中产生的内容重复部分的教学归属，明确每门课程的培养目标，分别制定各课程的教学大纲。

4.2.2 论公共基础课与素质培养

测控技术与仪器专业是本科专业调整后，根据加强基础、拓宽专业口径、注意创造性与自主学习能力培养的精神，并且由原来仪器仪表学科多个专业合并而成的专业。截止到 2017 年，全国有 288 所高校设置了该专业。中国地域广大，经济发展不平衡，人才需求也不一样，对研究型、开发型、工程型的人才都有需求。各高校背景也不一样，有重点院校、原属各部委的院校、地方院校等。另外，测控技术与仪器专业覆盖面广，从服务的行业看，也多种多样，包括机械制造业、航空航天、公安、海关、化工、医药等。可以说没有哪个行业不需要测量，不需要仪器的辅助。对于人才培养素质的要求也有较大差异。因此，公共基础课在本专业人才培养过程中，对于培养适合各行业要求的人才的基本素质尤为重要。

素质培养是从学生个人基本能力为出发点的，是专业技术能力的基础，是学生从事专业领域工作最基本的核心保证，也是职业道德的约束。

公共基础课在人才培养过程中的核心作用是通识教育，包括人文社会科学、自然科学、经济管理、外语、计算机信息技术、体育和实践训练多个项目。公共课教育将使学生掌握人文、艺术和社会科学基础知识，学习自然科学基本规律和掌握认识客观事物的基本方法；学习必要的经济管理知识，了解相关的法律内容；具备较好的外语交流能力和阅读本专业外文资料的能力；具备利用计算机获取信息和处理信息的能力；具备良好的身体素质，掌握锻炼身体的基本方法；并进行必要的军事训练，社会实践和工程实践。

（1）人文社会科学：通过该方面的教育，学生需掌握必要的人文、艺术和社会科学基础知识。

① 政治理论与形式教育类：包括政治经济学、马克思主义哲学、毛泽东思想和中国特色社会主义理论体系概论、形势与政策等。

② 法律知识、思想道德教育类：包括法律基础、思想道德修养等。

③ 人文素质教育类：包括健康教育、美学、心理学、演讲与口才、科学研究方法、科技信息检索等。

（2）自然科学：包括高等数学、普通物理、工程制图、工程数学等。

（3）经济管理：包括企业管理、市场营销学、国际贸易与经营等。

（4）外语：包括大学外语、专业英语等。

（5）计算机信息技术：包括计算机基础、高级计算机语言设计等。

（6）体育：包括军训、军事理论、体能训练等。

（7）实践训练：包括社会实践、金工实习、公益劳动等。

4.3 本专业大学生的基本素质

大学生素质教育在我国已经全面推行，正积极探索“宽、专、交”的人才素质培养模式。在学生培养的全过程中，前期着重打好宽厚的知识基础，后期突出专业教育和交叉学科的培养，在课程体系中专设文化素质与交叉学科课程，以倡导学科交叉、文理渗透。着力构建多通道、多规格、模块化的人才培养框架，鼓励学生自主学习、自主构建知识结构。多通道，是指通过不断完善学分制，向学生提供读研、出国留学、就业、停学创业、延长修业期限等方面的多种选择；多规格，是指通过新模式学分制的试行，学生在本科阶段，除主修专业外，还可修读第二专业（学士学位）或交叉学科的专业课程；模块化，指本科阶段的所有课程均按模块设置，如全校开设的公共选修课有自然科学、人文科学、社会科学、工程技术、艺术美育等课程模块。在各类课程中努力开设能力培养型课程，积极开展基于研究的教学和以探索为本的学习。

4.3.1 大学生的素质培养

大学生的素质培养内涵应包括既相对独立，又相互联系的三个层面：培养学会做人；培养各种基本能力；培养创新能力。

1．培养学会做人

指导学生学会做人，这是学校素质教育的基本内涵。在学会做人方面，素质教育要求学生应做到如下几点：

（1）高尚的理想。应该培养学生具有为祖国繁荣昌盛而成才的远大志向，在振兴中华的伟大事业中实现自己的价值，把高尚的理想化为开拓人生与奋发成才的强大动力。

（2）良好的道德情操。以高度的责任感，加强自律，追求道德完善，倡导奉献精神。

（3）和谐完美的精神个性。应培养坚定、勇敢、自信、乐观、勤奋、朴实等优良性格，具有宽广的胸怀和坚强的意志，以无所畏惧的勇气迎接未来的挑战。

（4）求真的科学精神。大学生应着力培养求真的科学精神，以大无畏的探索精神，正确认识社会的发展规律。

（5）文明的人文素养。要求大学生的行为符合社会对自己的角色期望，言谈举止文明高雅、文质彬彬，体现出新的时代风采。

2．培养各种基本能力

培养各种基本能力，这是高校素质教育的主要内容，主要有以下几方面：

（1）独立适应社会生活的生存能力。人类需要生存与发展的和谐统一，因此，需要很好地培养适应社会的生存能力，只有学会独立生存，才能开辟更广阔的天地。

（2）人际沟通与合作能力。现代事业的发展更需要群体的合作。大学生应该学会人际沟通，善解人意，在相互理解和尊重中建构新型的师生关系和同学关系，并且优化与他人的合作，相互促进，相互补充，共同发展，以产生积极互动的共生效应。

（3）语言表达与基本写作能力。语言是思想的外壳，言为心声。在这方面，大学生既要提高语言表达能力，又要提高写作能力，因为将来无论从事什么工作，这两种能力都是必备的，也是缺一不可的。

（4）审美能力。审美能力是新时代的新青年应具有的基本能力。大学生作为审美主体，应有较高的审美能力，能正确辨别美丑，学会欣赏社会美、自然美和艺术美，做美好生活的创造者。

（5）各种相关的专业技能。为适应未来社会对人才的动态需求，大学生力求宽基础、高素质、多能力，如数理化之间的互渗、文史哲之间的互渗，甚至文理之间的互渗，进一步优化知识结构与能力结构。

（6）职业迁移与可持续发展的能力。为了在将来的人才流动中适才适所，大学生应具备职业迁移能力，以掌握未来发展的主动性。

（7）解决冲突的能力。随着社会转型期的到来，个体内部的身心矛盾、人与人之间、人与社会之间的冲突将会构成比较严重的社会心理问题。因此，大学生应科学认识各种冲突产生的偶然性和必然性，找出其中的“一因多果”或“一果多因”，学会用辩证发展的观点，及时对冲突进行调适，争取防患于未然，把问题解决于萌芽状态之中。

3．培养创新能力

创新是人类社会发展进步的内在动力，也是人类区别于其他动物的根本特性之一，它包括创新意识、创新思维和创新能力三个层面。

（1）创新意识是创新思维和创新能力的前提。学生要勇于探索大自然和社会的各种奥秘，善于发现问题和提出问题，在知识的广采博取中力求达到博、深、新的统一，及时更新观念，掌握新兴学科与学术前沿的新思想、新动态。

（2）要培养创新思维，大学生必须在变革旧有思维方式的基础上，学会新的思维方式，除了掌握逻辑思维和形象思维以外，还要学会抽象思维、辐射思维、逆向思维等，尤其要学会如何通过多学科的交叉互渗整合，发现新的意蕴。

（3）创新能力是创新意识与创新思维在实践中的确证和外化。大学生应力求多参与创新实践，让创造的成果真正成为创新能力这一本质力量的对象化。

4.3.2 学科基础及专业方向

测控技术与仪器专业是仪器科学与技术类较宽口径专业，要求学生掌握本专业学科领域较宽的基础理论和基本知识，因此学科基础课涉及知识面宽、前沿性强。本着基础知识够用、专业知识够宽的考虑，测控技术与仪器专业设置的学科基础课和专业课共 36 门，其中必修课 21 门，选修课 15 门（依据学分和专业方向最低毕业学分为 30 分）。

专业方向方面，各高校基于自身的行业背景、科研特色等，并基于精密机械、测试计量、光电检测、智能控制等大的方向开设。长春理工大学测控技术与仪器专业结合自身历史沿革和科研优势，设置了光学精密仪器、测控技术及系统两个专业方向。

光学精密仪器方向以现代光学仪器、光电精密仪器设计与研制为特色，通过系统的教学与实践环节，学生能够获得精密机械设计、光电仪器设计、智能仪器设计、光学设计、仪器精度分析、仪器制造工艺、光学仪器装配与调整等理论与专门知识，具有进行光、机相结合的精密仪器设计、开发及应用的能力。

测控技术及系统方向以现代光学测试技术、现代仪器仪表及控制技术为特色，通过系统的教学与实践环节，学生能够获得电子技术、控制理论、现代传感技术、光电检测技术、单片机原理及应用技术、数字图像处理等专门知识，具有进行光、电相结合的精密测量与测控系统设计、开发及应用能力。

4.3.3 主干学科

主干学科：仪器科学与技术、光学工程。

4.3.4 主要课程

（1）光学类：物理光学、应用光学、光学设计及 CAD、光学测量、激光原理及应用；

（2）机械类：机械原理、工程制图、工程力学、互换性与测量技术基础、误差理论与数据处理、仪器零件设计、仪器零件 CAD、仪器制造技术、仪器精度分析；

（3）电学类：电工技术、电子技术、控制工程基础、传感与检测技术、光电检测技术、单片机原理及应用、数字图像处理、CCD 技术基础、信号检测与变换；

（4）综合性：光电仪器设计、光学仪器装配与调整、智能仪器、精密测量与计量技术、虚拟仪器、测控系统原理及设计、专业英语、测控电路EDA、光学信息处理。

4.3.5 测控技术与仪器专业“卓越工程师教育培养计划”

1．“卓越工程师教育培养计划”简介

“卓越工程师教育培养计划”（以下简称“卓越计划”）是为贯彻落实党的十七大提出的走中国特色新型工业化道路、建设创新型国家、建设人力资源强国等战略部署，贯彻落实《国家中长期教育改革和发展纲要（2010—2020 年）》和《国家中长期人才发展规划纲要（2010—2020）》而提出的高等教育重大改革计划。“卓越计划”旨在培养卓越工程师后备人才（以下简称“卓越工程师”），高等学校实施“卓越计划”，为将学生培养成为卓越工程师打下坚实的基础并完成所需要的基本训练。在“卓越计划”的实施过程中，“卓越计划”的培养目标是引导参与高校开展工程教育教学改革，落实卓越工程师培养的质量要求，实现卓越工程师培养目标，衡量和评价卓越工程师培养质量的纲领性文件。

教育部和中国工程院于 2013 年 11 月 20 日发布了“卓越计划”通用标准，为“卓越计划”参与高校在制定本校参与专业的卓越工程师培养标准时提供借鉴和参考，并为“卓越计划”质量评价方案的设计和质量要求的确定提供依据。

“本科及以上层次学生要有累计 1 年左右时间在企业学习”是“卓越计划”明确提出的仅有的几条硬性要求之一，其目的在于确保每个学习阶段（本科、硕士或博士期间）的学生有足够的时间在企业完成企业培养方案规定的全部学习任务，是克服目前工程人才培养普遍存在的工程实践能力和创新能力不足的重要措施，是确保卓越工程师培养质量的关键。

“累计 1 年左右时间”中的“累计”是指学生从入学到毕业离校期间所有发生在企业学习时间的总和；“1 年左右”中的“1 年”是指 1 个学年；衡量“左右”的尺度是以确保企业学习阶段的各项学习任务均能够保质保量地完成。达到企业学习的目的。

为了便于“卓越计划”的检查和评价，“将学生累计在企业学习的时间要求限定在“不少于 32 周”。首先，目前我国高校中存在两种学期制，一种是一学年两学期制，即秋季学期和春季学期，每个学期一般为 22 周，每学年一般为 44 周；另一种是一学年三学期制，包括秋季学期、春季学期和夏季学期，前两个学期为主要学期，每个学期为 18 周，夏季学期仅有 12 周，每学年为 48 周。两学期制以地方学校为主，每个学期上课时间可达 18 周；三学期以研究型大学为主，秋季学期和春季学期均排课 16 周。其次，目前参与“卓越计划”的少数地方高校在建立长期稳定的校企合作关系上仍然还需要一段时间，并且在落实学生在企业学习的时间上存在一定的困难，因此，在企业学习的具体时间要求上应该考虑到这些高校的实际情况。最后，从三学期制 1 学年 48 周，两学期 1 学年 44 周，两学期制 1 学年上课可达 36 周以及三学期制中秋季学期和春季学期的教学周数，即 16 周×2=32 周，这四个周数中选择最小的周数作为确定企业学习时间下限的依据，这样对所有“卓越计划”参与高校均可行。

2．测控技术与仪器专业“卓越计划”培养方案

（1）培养目标

培养理论基础扎实，有较强实践经验，有一定创新意识，能在光电仪器行业发挥重要作用的应用型高级工程技术人才。充分发挥学校光电特色，结合企业培养，使学生具有较高的综合素质、实践能力、团队精神和专业技术能力。有能力从事光电仪器、光电测试系统设计制造、科研开发、应用研究、运行管理和技术支持等方面工作。

（2）培养规格

本专业学生主要学习现代光学仪器、光学测试技术和精密仪器的光学、机械、电子学与计算机基础理论，测量与控制理论和有关光电仪器的设计方法、制造技术、仪器精度理论等；受到现代测控技术与仪器应用的训练，具有本专业测控技术及仪器系统的应用及设计开发能力。

毕业生应获得以下几方面的知识和能力：

① 具有较扎实的自然科学基础，较好的人文和社会科学基础及能够正确运用本国语言、文字的表达能力；

② 系统地掌握本专业领域较宽广的技术理论知识，主要包括测量与控制、光学、精密机械、电子学和计算机应用等基础知识；

③ 掌握光、机、电、计算机相结合的当代测控技术和实验研究能力，具有本专业测控技术、仪器与系统的设计、开发能力；

④ 具有较强的自学能力、创新精神、实践能力、创业意识和较高的综合素质。在本专业领域内具有一定的科学研究、科技开发和组织管理能力，具有较强的工作适应能力。

（3）"卓越计划"校企联合培养

通过联合培养，最终目的是希望学生通过毕业设计能够得到最好的综合训练，从而向卓越工程师后备人才迈出最后坚实的一步。

学生在企业实习时间不少于 32 周。该时间自学生进入企业开始，离开企业返回学校为止。时间的累计和考核由具有企业主管部门签章或企业主管部门负责人和企业指导教师签字的实习记录认定，由学校给出评定结果。

本科生的毕业设计是综合性的实践教学环节，是对学生已掌握的本专业各方面知识的综合运用和各项能力素质的综合训练及进一步提升，是将学生转变为卓越工程师后备人才的质变过程，是卓越工程师培养标准实现的最后冲刺环节，因此，按照工程学科的特点和人才培养的规律，必须对毕业设计的选题、完成毕业设计的场所和指导毕业设计的教师提出要求。

毕业设计的题目来自工程实践就是要求本科生的毕业设计的选题要具有真实性和综合性。真实性表现在题目必须源于企业生产实际，是企业急需解决的问题。因此，题目既可以从企业当前的实际项目中考虑，也可以结合学生的兴趣从企业需要解决的问题中选择。真实性不仅有助于学生更深刻地了解和熟悉企业面临的工程实际问题，而且更支持学生参与企业的工程实践，在真实的工程环节下"真刀真枪"地提高分析问题和解决问题的能力。综合性可以表现在两个方面，一方面是题目的分析和解决需要综合运用学生多方面的知识、能力及素质，能够使学生的工程能力和综合素质得到进一步综合性的提升；另一方面是题目源于一个完整的工程项目或综合性的问题，这样作为工程项目或综合性问题的一部分，学生在完成毕业设计时就需具有全局观念，就要注重与项目其他部分完成者的沟通协调和团队合作。

完成源于工程实践的毕业设计题目的最佳场所是在问题产生地——企业现场。这主要出于两方面的考虑：一是有利于学生充分了解和深刻认识毕业设计题目。在企业，学生不仅能够对问题产生的背景、原因和环境等因素有着充分的了解，而且能够对解决问题内部之间的各种复杂关系有着深刻的认识，这无疑对学生解决问题十分有益。二是有利于学生结合实际提出切实可行的解决问题的思路、方案和方法。在企业，能够很好地避免学生在完成毕业设计时"闭门造车"，他们既可以借鉴企业解决相关问题的经验教训，又可以充分利用企业可行的技术资源，从而较好地完成毕业设计。

指导学生完成源于工程实践的毕业设计题目的最理想导师应该包括企业具有丰富工程实践

经验的高级工程师或管理人员。企业导师在培养学生分析和解决工程实际问题的能力上具有校内导师所不可替代的优势，实施双导师制指导学生毕业设计是一种优势互补的最佳搭配，在选题阶段，校企双方导师共同指导帮助学生确定毕业设计题目，在开展毕业设计阶段，校内导师重点负责理论方法、质量水平、规范要求等方面的指导，企业导师重点负责工程实践、技术应用、可行性等方面的指导。

4.3.6 测控技术与仪器专业创新特色教育

不仅长春理工大学在创新教育方面设立"王大珩科学技术学院"，进行人才创新示范区的改革，其他高校也有类似的特色教育，如浙江大学"竺可桢学院"、北京航空航天大学"华罗庚数学班和知行文科实验班"、上海交通大学"致远学院"、复旦大学"望道计划"、吉林大学"李四光实验班"等。

多数以杰出科学家命名的创新特色教育学院（班）都是对优秀本科生实施"特别培养"和"精英培养"的荣誉学院（班），如长春理工大学的王大珩科学技术学院、浙江大学的竺可桢学院、吉林大学的李四光实验班等都是实施英才教育、培养优秀本科生的重要基地。以"为杰出人才的成长奠定坚实的基础"为宗旨，实施哲学思想教育、数理能力训练等本科全程培养的卓越教育计划，为造就基础宽厚，知识、能力、素质、精神俱佳，在专业及相关领域具有国际视野和持久竞争力的高素质创新人才和未来领导者奠定坚实基础。该培养模式一般会依托学校强大的学科和高水平师资，采用多元化培养模式和个性化培养方案，为优秀学生的个性充分发挥、潜能充分发掘提供朝气蓬勃、张弛有度的发展空间，为培养战略性科学家、创新性工程科技人才、高科技创业人才及各界领袖人物打好坚实基础。

本科阶段学业优秀且完成特色教育学院特别培养计划的学生可申请成为学校荣誉学生，荣誉学生可获得学校颁发的荣誉证书。学院毕业生前景广阔，考研率高，去往海外深造的学生人数比例大。

4.4 实践教学

实践教学是巩固理论知识和加深对理论认识的有效途径，是培养具有创新意识的高素质工程技术人员的重要环节，是理论联系实际、培养学生掌握科学方法和提高动手能力的重要平台。

教育部文件明确指出："实践教学对于提高学生的综合素质、培养学生的创新精神与实践能力具有特殊作用。"这充分说明了实践教学是人才培养中必不可少的环节，它是培养学生实践能力、创新能力、创业精神的重要基地。

长春理工大学测控技术与仪器专业的实践教学包括五个环节：课程实验、实习类、课程设计类、创新活动、毕业设计。

4.4.1 课程实验

测控技术与仪器作为工科类的专业，其本身就是以实验为基础的学科，而实验是连接理论与实践的桥梁，学生通过实验，一方面可以加强对理论知识的掌握，另一方面也可利用实验验证课程中所学的理论知识。

测控技术与仪器专业的培养方案安排了大量的理论课程的配套实验和部分独立实验，通过实验，使得学生除了加强理论知识的学习外，还可以获得以下技能：

（1）动手应用能力。学生在实验过程中，可能需要组装实验装置，并对其进行调试、测量，对获取的数据进行分析，如果装置出现故障，利用所学理论知识进行分析、解决问题，从而排除故障。在这一过程中，就提升了学生的动手应用能力。

（2）交流合作能力。学生在实验时，一般是两到三人一组，在实验过程中就需要交换信息、相互协作，聚集集体的智慧来克服困难、解决关键问题，从而获得成功。

（3）观察能力。任何实验都离不开观察，因此所有的实验都可以锻炼学生的观察能力，而观察能力是智力活动的开端，是进行创新活动的前提条件。学生具备了观察的深刻性、理解性、敏锐性和全面性后，就为实现创新思维、创新设计、创新制造提供了前提。

（4）反思与评价能力。学生在实验过程中反思理论课中的相关知识，实验后评价自己和组员的实验过程、结果，从而培养学生的创造力和辩证思维能力，促进学生科学素养的提升。

4.4.2 实习类

大学生的理论知识不错，但真正工作起来，未必就能胜任岗位职责。“纸上得来终觉浅，绝知此事要躬行。”实习提供给学生亲身实践的机会，通过不断摸索解决实际的问题，培养学生的实践工作能力。

测控技术与仪器专业设置了四门实习类课程，包括：

（1）工程训练。工程训练是一门实践性技术基础课，是测控技术与仪器专业教学中重要的实践教学环节之一。通过工程训练，使学生了解机械制造的一般工艺过程和机械制造工艺基础知识，建立机械制造生产过程的概念，培养学生学习常用工种的基本操作技能。培养和锻炼学生的工程实践能力和创新意识，为后续课的学习和工作打下坚实的工程实践基础。

（2）电工电子实习。

（3）社会实践。通过社会实践，使得学生获得以下收获：

① 深入社会、了解国情、体验社情，积累对社会认识的阅历和增进对社会工作的理解；

② 在实践过程中增长才干，锻炼能力，开阔视野，为以后的工作打好扎实的基础；

③ 在实践过程中培养职业素养，增加工作经验，便于更好地投入真实的工作当中；

④ 加深对测控技术与仪器专业相关知识的深化和理解，提高动手能力。

（4）生产实习。生产实习是大学学习中的一个重要环节。通过生产实习使学生接触社会，接触测控技术与仪器的实践环节，增强对所学基础理论和专业知识的感性认识。了解如何综合运用已学过的知识，解决工程实际中的问题。了解本专业中的各种矛盾、实际问题、方针政策、施工规范和解决方法，提高理论联系实际的能力，以便毕业后能尽快地适应工作的需要。

4.4.3 课程设计类

测控技术与仪器专业的人才须具备光、机、电等多学科交叉的基础理论与专业知识，故培养方案中安排的课程设计恰好是这几个方面加上一个综合类课程的课程设计，包括以下四个：

（1）应用光学课程设计。依据应用光学的基本理论知识、光学设计基本理论和方法，侧重于典型系统具体设计的思路和过程，培养学生的光学设计能力，将理论与实际融合、统一，注重学生综合分析及解决问题能力的培养。

（2）仪器零件及公差课程设计。依据精密机械设计结构设计的基本理论、设计方法，在理解《仪器零件设计》课程的相关教学内容的基础上，培养学生结构设计和精度设计的能力。在课程设计过程中，学生学会如何查阅设计手册和撰写技术文件，掌握精密机械设计结构设计、精度设计的方法和步骤、零件公差与配合参数的选择。

（3）光电检测技术课程设计。光电检测技术是一门理论密切结合实践的课程，在教学过程中，除了要进行理论讲授以及实验环节外，还需要课程设计环节来进一步强化学生的实践动手能力。课程设计的选题主要结合教师现有的科研成果，所涉及的知识面可覆盖光电检测技术课程的主要内容。该环节可使学生增强对光电检测技术相关知识的运用，进一步理论结合实际，运用相关知识进行光电检测系统的设计，从而提高学生分析问题、解决问题的能力，提升学生的实际动手能力。

（4）单片机课程设计。以培养学生综合应用能力为目标，帮助学生理解课堂理论知识，熟练掌握相关软件的使用，能掌握单片机应用系统电路分析与设计方法，并能进行一定功能的完整程序编写。学生在课程设计过程中，通过查阅资料了解国内外同类产品功能、技术指标和方案、理论水平，给出总体方案设计，实现各硬件功能设计和软件设计及调试。教学安排上多人一组，培养学生独立解决问题的能力及团队协作精神、工程实践能力和创造性思维能力，提高学生将来就业的竞争力及可持续发展能力。

4.4.4 创新活动

为加强对学生创新创业意识和实践能力的培养，鼓励学生参加创新创业活动，促进学生个性发展，在测控技术与仪器专业的培养方案中设置创新创业学分制度。该制度的目的是使学生在校期间根据自己的特长和爱好从事创新创业训练，提高科研能力和实践工作能力。

创新创业学分包含学科竞赛类学分、科技创新活动类学分、学术论文类学分、发明创造类学分、专业技能类学分、人文素养类学分、社会实践类学分、国际交流与研修类学分和创业类学分等九大类。

4.4.5 毕业设计

本科毕业设计作为实现本科教育培养目标的最终环节，是培养学生的应用和创新能力的一个关键环节，并考查学生综合能力应用，运用专业知识分析并解决理论与实际问题的能力及科学研究能力。也是学生理论联系实际，从象牙塔走向社会大熔炉的一次综合能力的考查。

毕业设计是一次较为系统的训练，除了可以培养学生的创新精神并且提高实践能力外，还可以锻炼他们如下几方面的能力：

（1）培养学生进行调查研究、收集文献资料和阅读文献资料的能力；

（2）培养学生有序制定设计方案的能力；

（3）培养学生收集数据、处理数据的能力；

（4）培养学生撰写毕业设计说明书和语言表达的能力；

（5）培养学生合作交流能力。

第 5 章 大 学 教 育

5.1 国外大学教育发展简史

在遥远的古希腊时期，苏格拉底、柏拉图与亚里士多德三位先哲手捧智慧之光，照亮高等教育漫漫旅程。一眼千年，时至欧洲中世纪，作为现代意义上的大学的雏形，意大利隆纳大学、法国巴黎大学在宗教机构与经济发展的双重催生下创建。而后，英国牛津大学、剑桥大学应运而生，演绎出后来纽曼与自由教育的鸿篇巨制；洪堡筹办柏林洪堡大学，将教学与科研合二为一；弗莱克斯纳在前人的基础上指出大学需要服务社会；雅斯贝尔斯对大学的理念进行了总结、反思与升华。如今，现代大学生气勃勃、硕果累累，强调通识教育的哈佛大学、以创业教育为特色的斯坦福大学以及贯彻工程教育的欧林工学院等，正向社会源源不断地输送着大批优秀人才。

下面就让我们按图索骥（见图 5.1），对国外大学理念的沿袭与发展探个究竟。

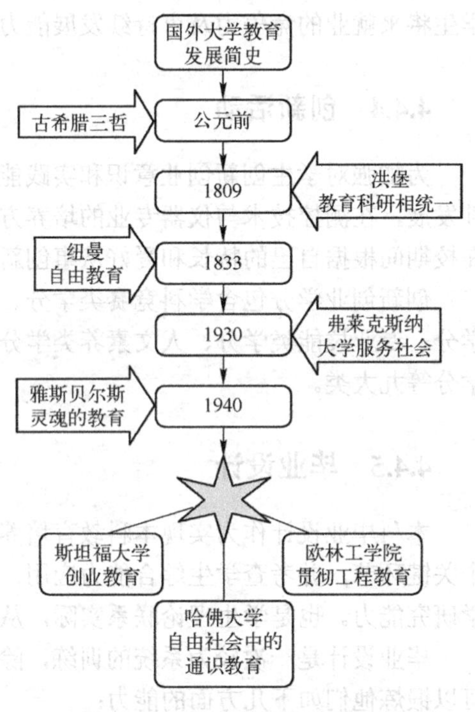

图 5.1 国外大学教育发展简史

5.1.1 萌芽阶段——从“三哲”到纽曼

其实，大学正式发轫以前，高等教育已经存在千年之久，四大文明古国的后裔如今依稀可见遗传自祖先的教育特征，古希腊、罗马、拜占庭建立了相对完善的高等教育体制。现代西方大学理念的萌发主要受古希腊哲学家的影响，其中又以苏格拉底、柏拉图与亚里士多德为代表，他们被并称为“古希腊三哲”。

1. 苏格拉底

公元前 469 年，适逢伯利克利当政的黄金时期，雅典城内民主昌盛，智者云集，一砖一瓦、一草一木都闪耀着自由与文化的璀璨光芒。这时，在雅典附近阿洛佩凯村一个自由雕刻师与助产婆组成的平民家庭中，苏格拉底（见图 5.2）呱呱坠地。少年时期，苏格拉底不仅跟随父亲学习雕刻，还通晓《荷马史诗》等一系列名著，并与普罗泰格拉、普罗第柯等智者探讨社会与哲学问题。这些成长经历使苏格拉底在对智者推崇备至的同时，汲取了渊博的学识，形成了高尚的道德。因此，苏格拉底虽然身材短小、相貌丑陋，但他朴实的语言却总是字字珠玑，蕴含着深邃而迷人的伟大思想。

图 5.2 苏格拉底雕像

目睹雅典日渐衰微、世风日下，而立之年的苏格拉底说：“我的母亲是个助产婆，我要追随她的脚步，我是个精神上的助产士，帮助别人产生他们的思想。”于是，苏格拉底走上街头，融入人群，担任起社会道德教师的角色。他与人们探讨各式问题，政治、道德、战争、友谊，等等，无所不及。譬如，什么是真善美？神或正义是否存在？你是政治家吗？如果是，你对政治了解多少？你是教师吗？如果是，你又如何先征服自己的无知？通过反复诘问，苏格拉底使对方陷入矛盾与无知，进而协助他们思考并判断自己的信念。这便是日后受众多教育者推崇的诘问与思辨教学法的雏形，是古代辩证法的早期形式。这种方法致力于让学生自己发现答案，即使学生在对话中陷入窘境，苏格拉底也不正面纠正，而是给出更多问题，引导学生剥茧抽丝解开谜团。因此，学生获得的将是解决问题的普遍方法，这意味着他们可以独立应对新问题。另外，由于“灌溉”与“强迫”被明令禁止，苏格拉底的教学保证了师生间的平等关系，形式也灵活多变，这对学习而言无疑是有益的。

40 岁时，苏格拉底已经声名远扬，他与各方智者进行辩论，被称为“最有智慧的人”。除此以外，苏格拉底在伯罗奔尼撒战争中三次出征，他身姿矫健、骁勇善战，甚至挽救了同伴的性命。战争以失败而告终，未消除耻辱感并稳定局面，雅典法庭将战败归咎于不敬神明之人。苏格拉底对审判的质疑与对统治者的批判授人以柄，被判死刑。为表明对雅典法律的信仰，苏格拉底放弃逃跑的机会，饮下毒酒，从容赴死，这便是悲壮的“苏格拉底之死”。

苏格拉底有句名言“美德即知识”，这是其道德教育思想的核心所在。在苏格拉底的眼中，美德本性是知识，因而“美德是可教的”。若将正义、勇敢与友爱等美德作为知识授予人们，人们便绝不会愿意去做邪恶之事。因此，帮助人们认识社会并“认识自己”，在学会相处与趋善避恶的基础上形成美德，是教育的首要任务。苏格拉底的教育思想也体现在政治上，他认为政治家只有德才兼备、智周万物，才能获得认可、治国齐家。除此之外，苏格拉底认为，战争、竞赛抑或其他事业都需要良好的体魄作为保障。体育锻炼必不可少，且与智育、德育密切关联。

苏格拉底从未立校，传道授业时也是分文不取。他一生清贫，为人善良，懂得包容。即使在争执中被妻子赞西佩泼水，苏格拉底也只是幽默地回应：“雷鸣之后，通常都会下雨。”

这就是伟大的苏格拉底，古希腊时期的哲学家、思想家、教育家，西方哲学的奠基人。

2．柏拉图

其实，苏格拉底一生从未著书立说，我们对他的了解多是来自他人记录，其中一人便是他的学生柏拉图（见图 5.3）。

图 5.3　柏拉图雕像

柏拉图大约出生于公元前 427 年，他是雅典名门之后，自幼接受良好的贵族式教育，曾向克拉底鲁等人学习哲学，20 岁开始追随苏格拉底。柏拉图的学习能力出类拔萃，身形矫健，涓涓细流般的口才被赞誉为孩童时代蜂蜜落于唇的结果，更被冠以“阿波罗之子”的美誉。28 岁的柏拉图受到“苏格拉底之死”的打击，于是，他奔赴知识之旅，足迹遍布意大利、西西里、埃及、印度等地。40 岁时，柏拉图重返雅典并创立了欧洲历史上第一所有完整组织的高等学府，即柏拉图学园，它是近代大学的前身。柏拉图学园的地址原为希腊传奇英雄阿卡德米（Academus）的住所，因而又名“阿卡德米学园”，现今的“Academy（学院）”一词便由此演变而来。受到毕达哥拉斯的影响，柏拉图开设了算术、几何、天文学与声学等课程，而哲学为最高。教学方法则传承自苏格拉底，注重诘问与思辨，而一切学习与研究都围绕“善”这一主题展开。柏拉图学园沿袭了 900 多年之久，公元

529年因战乱而关闭。

在道德教育思想方面，柏拉图全盘接受了苏格拉底的“美德即知识”，他认为只有哲学家才能掌握美德，进而才能教授美德。更进一步，以苏格拉底的政治观为基础，柏拉图在其著作《理想国》中提出了“哲学王”的思想，也就是让哲学家做国王，或者让国王成为哲学家。而要做到这一点，需要通过长期培养帮助未来的统治者实现“灵魂转向”，使其目光由现象世界转向理念世界。因此，柏拉图学园将培养哲学家作为目标，希望帮助贵族子弟实现政治理想。除此之外，柏拉图提出教育由国家控制，还依据学生的心理特点划分年龄阶段，在每个阶段给予不同教育，而学生只有通过严格筛选才能进入下一阶段的学习，由此构成了金字塔形的教育体系。其中，学前教育最受重视，也是首次被提出来。

在柏拉图的教育思想之中，唯心主义占据很大篇幅。譬如“学习就是回忆”的认识论，知识被视作与生俱来的天赋，所谓学习不过是在回忆这些固有记忆罢了。至于其他方面，柏拉图还提出了“向上引导”，主张遵循从个别到一般、从具体到抽象这一认识过程。后来，柏拉图在认识论上发生转变，他把心灵比作蜡版与鸟笼，而把知识喻为印痕或者小鸟。如此说来，蜡版上原没有印痕，鸟笼中原没有小鸟，知识必须通过后天学习才能得到，因而可以传授。这些认识论构成了柏拉图学园的基石，也是古希腊教育思想体系化的里程碑。

3．亚里士多德

在柏拉图学园培养的众多优秀知识分子中，亚里士多德无疑是最杰出的一位。

图5.4　亚里士多德雕像

公元前384年，亚里士多德（见图5.4）出生在色雷斯马其顿殖民地的一个贵族家庭，父亲是马其顿王的御医。在18岁到38岁期间，亚里士多德来到雅典柏拉图学园学习哲学，因表现优异而被柏拉图誉为“学园之灵”。他建立了自己的图书室，广集资料，潜心研读，虽然逐渐与柏拉图产生歧见，但始终对老师满怀敬意。柏拉图去世后，亚里士多德离开雅典，几经辗转回到了故乡马其顿，为13岁的亚历山大大帝担任老师。在此期间，亚里士多德以道德、政治与哲学对这位未来的世界领袖进行塑造，而科学与知识也始终在亚历山大的心目中占据崇高地位。公元前335年，亚历山大即将继位，亚里士多德重返雅典并创办了吕克昂学园。这所学园受到亚历山大与马其顿官僚的慷慨相助，拥有一流的图书馆和动植物园，其学术地位堪比柏拉图学园。亚里士多德喜欢与学生边讨论问题边在庭院漫步，因而被形象地称为“逍遥学派”。亚里士多德写下了大量对话录和论文，内容涵盖物理、形而上学、诗歌、音乐、政治等，如同百科全书，又如汩汩流淌的“金河”。当然，伟人也会犯错，除了后来被伽利略纠正的物体下落问题外，也有类似“雄性动物比雌性动物牙齿更多”等不攻自破的小问题。但是，没有什么能够妨碍这些著作成为最完整且最具影响力的哲学系统之一，由于当中很多内容取材自课堂笔记，它们又往往被视为最早的教科书。

作为“古希腊三哲”的最后一位，亚里士多德扬弃了苏格拉底与柏拉图的政治教育思想，仍将普通知识作为统治者的终极追求。在他的“理想国”之中，亚里士多德引入了城邦教育思想，主张阶级平等，统治者与被统治者之分将不再一成不变。另外，他提出将教育立法，而城邦中的个体不仅要研读美德，更要实践美德。衡量美德的标准是幸福，而只有去做不同于植物与动物的事情——使用理性能力，人类才能感到幸福。为适应这一准则，亚里士多德提出“和谐教育”的理念，即体育、德育与智育结合，而且体育先于智育。亚里士多德也倡导美育，尤其是音乐教育；因为音乐模仿了灵魂的状态，并通过被演奏、歌唱或聆听传达给人们，这是一种看不见的教育。此外，亚里士多德依据年龄划分教育阶段，依次为0～7岁的幼儿教育、7～14岁的少年儿童教育以及14～21岁的青年教育，以上阶段分别以体育、德育和智育为主。

其实，亚里士多德推崇备至的音乐教育折射出其自由教育思想——“应有一种教育，既不立足使用，亦不立足必需，而是为了自由而高尚的情操”。在他的理念中，自由教育是帮助人们享受闲暇的教育，只有把那些令人疲于奔波、烦躁不安的“贱业”留给奴隶，人们才能恢复身心自由，成为从事高尚活动的自由人。

大学的“自由教育”思想由此发端。

为“三哲”作结时，我们感到一时词穷，他们所做出的贡献，特别是对教育的探索与尝试，岂是一个漂亮的词语、一个美丽的句子可以概括的？或许，我们能做到的仅是引用伟大的作品来描述伟大的人：

我看见了熟悉各种技艺的人们，
在哲学家的圈子里，
带着我的钦佩和崇敬，
我看见了柏拉图，也看见了苏格拉底，
他就站在离柏拉图旁边最近的位置。

——《神曲》但丁

立足“三哲”之肩，中世纪大学在欧洲的大地上崭露头角。

公元1168年，牛津大学成立；1209年，剑桥大学成立。作为英国最古老的高等学府，这两所大学的教育活动由天主教教会全权把控，只对贵族与僧侣开放。此时，自由教育沦为神学知识的阶下囚，也为培养神职人员与广大信徒疲于奔命，早已忘记自己姓甚名谁。而后，文艺复兴与启蒙运动将自由教育解救出了围城，英国的哲学家约翰·洛克（John Locke，1632—1704）为其诵读《教育漫谈》，而法国哲学家、教育家卢梭这一《爱弥儿》之名吟唱“自然主义”之歌，自由教育由此重生，但内涵也起了变化。19世纪，工业革命降临，英国被加冕以“日不落”的美誉，急需大学普及以及政府干预。同时，日益明晰的产业结构与社会分工促使教育悄然兴起，冲击着自由教育的主导地位。

图5.5　约翰·亨利·纽曼画像

4. 纽曼与“自由教育”

仿佛冥冥之中自有天意，1801年，雾都伦敦的一个新教圣公会家庭里迎来了新的生命，取名约翰·亨利·纽曼（John Henry Newman，1801—1890，见图5.5）。16岁时，纽曼进入牛津大学圣三一学院学习，而后破格成为奥列尔学院的特别研究员，23岁就被英国圣公会授予圣职。1833年，英国议会拨款两万英镑发展教育事业，宣告政府对教育的介入，大学自此开始普及。同年，牛津运动兴起，纽曼通过发行《时代书册》予以配合，共同倡导复兴罗马天主教教义与仪式，从而使国教会回归独立于政府的最初状态。运动后期，纽曼正式改宗为罗马天主教，并于1851年欣然应邀出任都柏林天主教大学校长一职。而后，纽曼发表一系列演讲与论文，对大学的性质、目的、职能、原则与学科等进行探讨，收录在1873年出版的论述合集——《大学的理念》中。20世纪美国教育家约翰·布鲁贝克（John Seiler Brubacher，1898—1988）不吝言辞地赞美道：“在高等教育哲学领域的所有著作当中，影响最持久的当推雅斯贝尔斯的《大学的理念》。”

既然书名叫作《大学的理念》，那么当然需要回答“大学是什么”这一问题。纽曼景仰雅典文明，称雅典人是“天生的教师”，更将亚里士多德视为自己的精神导师。因此，通过继承与扬弃古希腊教育思想，纽曼指出：“大学是一个传授普通知识的地方。”学者、教师与学生在这里共同展开对真理的追求。所谓“普遍知识”，包括了人类的一切知识，通过掌握知识，学生将学会思考、辨析与判断，形成理性并发展智力，进而能够自由从事任何职业。大学教育不具功利色彩，知识本身就是目的。因此，大学提供的不应该是学以致用的职业教育，而是更广阔的自由教育。纽曼认为，大学应该教授普遍而完整的知识，包括科学、历史、艺术与哲学等，“没有任何一类知识因太大或太小，太遥远、太具体或太细微而不值得被给予关注”，神学也不例外。更进一步，知识本身是一个有机的整体，将其分门别类只是为了方便学习，而专业之间的相互联系不容磨灭。学生限于特定专业，犹如在知识之网上开了天窗，使学习的整体效果大打折扣，与真理的失之交臂在所难免。

接下来的问题是，大学要做什么？纽曼认为，大学的职能明确而单独——教学。究其原因，首先，大学与科学机构存在不同的智力分工，前者以传播与推广知识为目的，后者才是探索并扩充知识的场所。其次，探索与教学是迥然有异的天赋，就如同鱼与熊掌不可兼得。当教育将全部心思倾注于传授知识时，便无暇去探究新的领域；而那些心无旁骛的探索者又往往离群索居，不愿抛头露面从事教育工作。再次，纵观历史，重大的发现或发明很少出自校园，因此大学也就更加不必揽入研究职能。

那么，大学究竟应该培养怎样的人才？“如果一定要为大学课程设定一个实际目的，那么这个目的就是培养社会良好成员。”这里“社会良好成员”即纽曼强调的“通才”或者“绅士”。除了圆顶礼帽、衬衫西装和领结手杖这些外在元素之外，绅士还需具备哪些品质？纽曼认为，以掌握普通知识为前提，绅士“情趣高雅、判断力强、视野开阔”，他们能以智力与能力“从容、优雅、成功地从事任何一种科学或行业”，也可以很好地适应社会。值得注意的是，这一目标的提出也正是纽曼与专业教育的对峙。最后，纽曼主张大学保持“对教会的臣服、敬意或者附属”，并将“教会子民的宗教影响与利益”作为大学所追求的终极目标。由此可见，对于纽曼而言，宗教依然是大学的最终归宿，这也解释了他强调神学是普遍知识一员的初衷。

由此可见，在培养人才的道路上，大学教育任重道远。首先，大学需要传授普遍知识，每一类知识、每一种学生都应该受到平等对待。其次，大学应该致力于学生的智力开发，使其通过掌握知识形成理性，从而能够主动思考新的知识。这意味着，大学需要引导学生探究知识的整体性与关联性，在构建起知识体系的基础上做到触类旁通。另外，在《大学的理念》当中，“Communication”一词反复出现，纽曼对师生互动与学生交流的重视度可见一斑。他认为对学生而言，导师不仅是学术的指导者，还是道德与宗教的守护者、心灵的引路人。因此，纽曼对导师推崇备至，导师制在大学中长盛不衰的命运由此注定。另一方面，纽曼认为：“年轻人敏锐、心胸开阔、有同情心、善于观察，他们在自由密切交往时，即使没人教育他们，他们必定也能互相学习；所有人的谈话，对每个人来说是一系列的讲课，他们可以从中学到全新的概念和观念，以及判断事物与决定行动的各种不同原则。”大学应为学生自主学习留出余地，使其在积极主动、自由发展的本能的趋势下获得发展，这一理念是学院制与书院制的“亲友团”。耶鲁大学历史教授雅罗斯拉夫・帕利坎（Jaroslav Peliksn，1923—2006）以数学公式诠释纽曼大学的理念——1/3+1/3+1/3=1，每个 1/3 依次表示教师对学生的教育、学生对学生的影响以及学生独自学习所占比例，只有三者达到和谐统一，才能造就完整而健康的大学教育。

5.1.2 发展阶段——从洪堡到弗莱克斯纳

1．洪堡与“教学与科研相统一”

1809年，威廉·冯·洪堡（Wilhelm von Humboldt，1767—1835）赴任普鲁士内政部文化与公共教育司司长，接掌德国高等教育。此前，普鲁士经历了普法战争失败以及割地赔款之耻，普鲁士最重要的两所大学——耶拿大学和哈勒大学，也被拿破仑关闭了。而彼时的洪堡在意大利担任普鲁士驻罗马教廷代表，这使他为自己的无所作为而深感愧疚。于是，洪堡上任不久，便向国王申请建立柏林洪堡大学。而后，在担任司长的16个月里，他致力于开展教育改革，志在以大学为手段培养新生力量实现民族振兴，使普鲁士重新赢得世界尊重。另一方面，耶拿大学教授约翰·戈特利布·费希特（Johann Gottlieb Fichte，1762—1814）也已经于1807年返回柏林，他发表了著名的《对德意志民族的讲演》，呼吁推动文化与教育实现民族独立，同时提议创立柏林洪堡大学。

洪堡与费希特不谋而合。1810年，柏林洪堡大学（见图5.6）在洪堡的精心筹备之下正式开学。次年，费希特正式当选校长。由此，“德意志现代文明的摇篮”、“现代大学之母”的传奇正式展开。

图5.6　柏林洪堡大学

洪堡认为，大学兼有双重任务：一是科学研究，二是培养个性与道德修养。

科学研究方面，洪堡在法国专业教育制度的影响下，提出了“教学与科研相统一”的主张。这里的“科学”是指“纯粹的科学”，即“三哲”苦苦寻觅的哲学。洪堡认为，在大学中学生是“受指导的研究者”，他们朝气蓬勃、思维活跃而又勇于探索；而教师是“独立的研究者”，他们只有从科研中取得创造性的成果，才能在教学中有所传授，同时他们也有能力妥善协调教学与科研之间的关系。大学需要将科学研究摆在第一位，因为如果没有科学探究，就不会有科学发展。这一理念无疑具有其颠覆性，引用克拉克·科尔（Clark Kerr，1911—2003，当代美国高等教育家）在其著作《大学的功用》中的话来说：“1852年，正在纽曼写作之时，德国大学正在成为新的模式，科学开始取代道德哲学的位置，科研开始取代教学的位置。”

柏林洪堡大学成立之初，在院系设置上毫无新意可言，仍然由传统的法学院、医学院、哲学院及神学院构成。为了实现“教学与科研相统一”，柏林洪堡大学将哲学院由边缘地带拉回到核心位置，并创造出了“习明纳（Seminar）”，也就是讨论班等一系列教学形式。19世纪20年代，德国化学家李比希在吉森大学组建实验室，邀请学生共同完成实验项目，摆脱了单枪匹马的境地，李比希在科技前沿迅速占领一席之地；另一方面，学生的能力与兴趣也在科研中得以显著提升。吉森大学的实验室不仅造就了数量惊人的化学家，也将世界化学的中心由法国迁移至德国，因而被誉为“近代化学的圣地”。由此，柏林洪堡大学又将实验室纳入了学生培养之列。

在个性培养与道德修养方面，洪堡认为，修养是个性全面发展的结果，是人之为社会人所必须具备的品质，而与专业技能无关。大学教育应该以人为本，在经由“普通教育”将学生培养成“完人”后，再通过“专业教育”传授哲学以外的实用技能，学生学习起来便会易如反掌。那么，究竟“完人”是什么样子的呢？洪堡以希腊人为原型给出了六条描述：充分的自由性，适度的规律性，生动的想象力，高超的思辨能力，独特的个性，完整的民族性。虽然分开来看，每条标准都很简单，但只有达成全部标准并使之和谐统一，才能称之为完美。

洪堡认为，大学应该甘于“寂寞”，不受控于国家，亦不去迎合某项具体的社会需要。究其原因，在大学的发展潜力方面，政府的想象力匮乏，也就做不出高瞻远瞩的安排。而大学一旦获得独立自主的发展空间，在完成其“真正的使命”的同时，自然会实现政府的近期目标，并且还能将这一目标升华到新的高度。有了“寂寞”才有“自由”。洪堡在“学术自由”上投入极大关注，主要包括两个方面：一是教育自由，指教师能够自由选择教育内容与研究课题；二是学习自由，即学生可以自由选择教师与课程。除此之外，柏林洪堡大学实行高度自治，通过各个学部自行组建的教授会、全校范围的评议会来裁判学校各种事物，例如是否启用教师、延聘教授，是否对学生进行罚款、禁闭或退学处分等。

在洪堡的指引下，柏林洪堡大学逐渐呈现出一派繁荣的景象，共产主义创始人马克思与恩格斯，物理学家爱因斯坦、赫兹等，均在校园里留下了骄人足迹。此外，洪堡的爱国梦想也终成现实，德国大学的崛起带动了普鲁士的崛起，灿烂的德意志文明由此绽放。美国与欧洲的其他大学在羡慕之余也纷纷效仿，逐渐完成了向现代大学的过渡。值得一提的是，我国教育家蔡元培在留学德国期间，身临其境地体验到了洪堡的大学理念，回国后他在北京大学实践一系列改革，提倡“学术自由，兼容并包”。这些都是洪堡慷慨馈赠于世人的不灭精神与宝贵资源。

2. 弗莱克斯纳与“大学服务社会”

早在 1862 年，美国颁布的《莫利尔法案》就提出了“大学服务社会”的观点。而在 19 世纪与 20 世纪交替之际，“山姆大叔”已经跨过“南北战争”的分水岭，风驰电掣般奔弛在工业化与城市化进程的跑道上。这时候的美国，实用主义大当其道，大学同样未能幸免。1904 年，威斯康星大学校长范海斯（Charles Richard Van Hise，1857—1918）在其就职典礼上发表演说《为州服务》，指出“大学的教学、科研和服务都应该考虑到社会的实际需要”。由此，威斯康星大学带头开启了“大学服务社会”的功能。虽然将大学与社会融为一体适应了美国的发展需要，然而大学质量的显著下降却昭示着：与纽曼与洪堡的理念相比，范海斯显然难以逃脱矫枉过正的嫌疑。

正当大学站在“寂寞与自由”和“大学服务社会”的岔道口举棋不定时，亚伯拉罕·弗莱克斯纳（Abraham Flexner，1866—1959，见图 5.7）出现在了人们的视野中。他是美国著名的高等教育批评家和改革者，先后在约翰·霍普金斯大学、哈佛大学以及柏林洪堡大学学习，而后对欧美大学进行了深入考察。1930 年，其著作《现在大学论——英、美、德大学研究》问世。同年，他创办了普林斯顿高级研究院。

图 5.7　青年时期的弗莱克斯纳

凭借亲身体验与潜心研究，弗莱克斯纳成为大学的指路人。在他看来，“大学像教会、政府、慈善机构等人类组织一样，处于特定时代总的社会结构之中而非之外”；然而，“大学也不是风向标，不能什么流行就追随什么”。也就是说，弗莱克斯纳鼓励大学从理智出发满足社会需要，而不是毫无原则地有求必应。在当时的美国，科技日新月异，经济水涨船高，但环境恶化、食品安全等诸多问题也随之而来。因此，“山姆大叔”

必须及时更新知识储备，解燃眉之急，避免有朝一日陷入被动。那么，哪里能为社会提供研究上的服务呢？相较于喧嚣的世界，清宁的校园无疑被列为上上之选。需要指出的是，弗莱克斯纳的“大学服务社会”具有特定尺度，大学仅仅研究社会现象或者给出解决方案，而实施层面的事务则应交付相关部门予以解决。

除此之外，弗莱克斯纳重新给出了“大学是什么”的答案：“大学是有意识地致力于追求知识、解决问题、审慎评价成果和培养真正的高层次人才的机构。”换句话说，弗莱克斯纳的“大学服务社会”坐落在了“科学研究”与“人才培养”的地基上，而后者在很大程度上与洪堡的理念相互吻合，譬如“学术自由”。不同的是，弗莱克斯纳对专业教育与职业教育做出了区分，他认为不含学问的专业便不能被称为“专业”，而只能看作“职业”，真正的“专业”应拥有普遍的基础、高深的学术以及崇高的目标。因此，大学应该立足于人文、科学与哲学开展专业教育，而只有医学、法学与教育才有资格被划入专业范畴。此外，弗莱克斯纳还主张精英教育，他指出不管大学中有多少人碌碌无为，只要有“伟人”在孜孜不倦地追求真理，他们提供的支点或许就已经可以撬动地球。

弗莱克斯纳的“现代大学论”对高等教育产生了不可估量的影响。当美国教育在两个极端之间徘徊不前时，他以“现代”二字暗示了英德大学的“保守”，又直言不讳地指出了美国大学的“激进”，摆正了“大学服务社会”的位置。这些要求或许略显严苛，又或许那个时代的烙印过于明显，但我们至今仍然能够从中汲取到有价值的新鲜营养。

5.1.3 升华阶段——雅斯贝尔斯与“灵魂的教育”

生于德国的卡尔·雅斯贝尔斯（Karl Jaspers，1883—1969，见图 5.8）是高等教育家、精神病理学家、存在主义哲学大师。1946 年，第二次世界大战即将结束，希特勒独裁统治走到尽头，战败的德国从城市到心灵都成了残砖碎瓦，很多大学教师与学生或是为种族主义所蒙蔽，或是缄默不语。这个时候，雅斯贝尔斯挺身而出，出版了著作《大学的理念》，书中强调“大学是致力于寻求真理的共同体”，他希望以此找回德国大学的灵魂。1957 年，雅斯贝尔斯又出版了《什么是教育》一书，更为全面而深入地诠释了其“存在主义”的教育思想，并在此基础上重述了大学的理念：“大学是研究和传授科学的殿堂，是教育新人成长的世界，是个体之间富有生命的交往，是学术勃发的世界。”

图 5.8　雅斯贝尔斯

暂且先不定义“存在主义”，依据上述雅斯贝尔斯的理念，大学的任务可以归纳为：第一教学与科研；第二培养“全人”；第三生命的精神交往；第四学术。四项任务相互依存，缺一不可。其中第一、四项任务十分重要，上文已经有所阐释，下面接着讨论另外两项任务。

大学之所以被称作“University”，是因为大学像宇宙（Universe）一样，无边无际却又自成整体。所以，大学培养出的人才也应包罗万象、完整无缺，称为“全人”。这意味着，学生不能只满足于一种知识或技能，甚至不能满足于知识与技能，还必须不断进行精神上的完善与超越。这一过程永无止境，因为大学之大亦是无穷无尽。相对于洪堡的“完人”而言，培养“全人”这一目标显然更为宏大。

“生命的精神交往”触及教育的本质，是实现教育的方法，是培养“全人”的方法。什么是教育呢？雅斯贝尔斯返回“轴心时代”——公元前800年至公元前200年间人类文明的突破期，通过与苏格拉底和孔子对话给出答案：“教育活动关注的是如何最大限度地调动并实现人的潜力，以及如何充分生成人的内部灵性与可能性。也就是说，教育是人的灵魂的教育，而非理智知识和认识的堆积。”通俗地讲，教育不仅包括知识的传授，还涉及生命体验的交换以及内在自我的唤醒，帮助受教育者搭建自己的灵魂。因此，“大学任务的完成还要依靠交往的工作——学者之间、研究者之间、师生之间、学生之间以及在个别情况下校际之间”。而师生之间的交往作为重点，包括平等、自由与爱三个前提。雅斯贝尔斯首推善用“产婆术”的苏格拉底与爱问“尔何如”的孔子作为典范，他们收起了教师的权威，不试图塑造或者改造学生。而是在与其相互接纳、彼此开放的基础上平等交流、共同探索，这种方式保存了学生的个性，更有利于培养“全人”。除此之外，交往还存在于任何的辩论与讨论中、各个思想流派之间以及不同学科与世界观的交汇之处，大学渴望交往，也需要交往，“它渴望交往的愿望是如此强烈，以至于会寻求那些拒绝交流的人交往”，并且包容他们、接纳他们。

雅斯贝尔斯的大学的理念带领教育达到了一个新的高度——“灵魂的教育”，并将大学教育的权杖交到了“交往”的手中，为久旱的德国之心播撒甘霖。即使到了今天，他的理念仍然发人深省，值得借鉴。

5.1.4 扩展阶段——从通识到广义工程教育

1.“真理”——哈佛大学与通识教育

若问及世界上最为卓越的高等学府，就不得不提到哈佛大学。

我们已经知道，牛津与剑桥是自由教育的先行者，是现代大学的曙光。17世纪初，首批英国移民到达北美大陆，一同到来的还有高等教育的黎明。1636年，移民中的清教徒们依傍查尔斯河畔创办了“剑桥学院”，希冀子孙后代同样可以享受到自由教育的雨露恩泽。1639年，为了纪念创办者与捐赠者之一的剑桥大学文学硕士约翰·哈佛（John Harvard，1607—1638），这所学校正式更名“哈佛大学（见图5.9）”。

建校以来，哈佛大学共推行过五次改革。

1869年，艾略特（Charles Eliot，1834—1926）出任校长，建立了自由选修制，以新知识打破了古典学科在大学中的垄断地位；1909年，洛厄尔（Lawrence Lowell，1856—1943）接掌校长大印，他推行集中与分配制来限制此前选课上的绝对自由，并引入了本科生导师制与住宿学院制。1929年，美国金融在“黑色星期四”这一天彻底崩溃，四年的大萧条随之而来，人们为每天的衣食住行苦苦挣扎，辍学、失业、自杀屡见不鲜。1933年，罗斯福（Franklin Roosevelt，1882—1945）当选美国总统，即刻着手推行新政以缓解失业与复苏经济。同年，科南特（James Bryant Conant，1893—1978，见图5.10）代替洛厄尔接管哈佛大学，他采取了一系列措施，如全力发展科研与研究生教育，旨在让学校与国家共度难关。1939年，第二次世界大战爆发了，哈佛大学以科学研究为美军提供支援，例如雷达、声呐以及人造血浆，但却致使专业之风盛行，教学地位也被忽视了。二战接近尾声之际，其他问题纷至沓来，包括中学扩张与退伍军人导致的生源增加、战后的恐慌与迷茫，以及社会主义崛起引发的社会制度动摇等。

图 5.9　哈佛大学校园

图 5.10　1946 年 9 月科南特登上《时代周刊》

于是，在 1943 年哈佛大学 12 位来自众多学科领域的著名教授组成委员会，他们在科南特的带领下对“自由社会中的通识教育目标”展开研究，并于 1945 年发表报告《自由社会中的通识教育》，亦即闻名遐迩的《红皮书》。《红皮书》指明了通识教育目标，即培养学生有效思考、交流思想、做出恰当判断、辨别价值能力。这些能力不能单独作用，也不可被割裂开来分别培养。同时，书中明确了教育的目的：培养“全人”、“好的公民”、“有用的人”。在《红皮书》的指导下，哈佛大学通识教育改革逐步开展起来。这次改革的重要变化是指定了三门通识课程必修课，包括“文学名著”、“西方思想与制度”与一门物理学或生物学课程。除此之外，学生还必须从人文学科、自然科学和社会科学当中各选一门全年课程。

其实，最初提出通识教育理念的是芝加哥大学校长赫钦斯（Robert Maynard Hutchins，1899—1977），他强调大学首先是“文明传承之所”，其次才是“创新之所”。始于 1929 年的“芝加哥运动”与“名著教育计划”是通识教育的摇篮。

有了《红皮书》，通识教育在哈佛大学的地位得以巩固。然而，通识课程在设置上仍然存在不足，其中一个体现就是：由于缺乏选课指导，学生选出来的课程就像一颗颗独立的珠子，难以串联成为一条美丽而完整的项链。1975 年，德里克・博克（Derek Bok）校长发起第四次改革，倡议建立本科教育核心课程，范围涵盖外国文化、历史研究、文学艺术、道德推理、自然科学、社会分析与定量推理。核心课程为学生选课带来了一定限制，却也不失其灵活性，为学生达成培养目标提供了保障。至此，本科生的培养方案开始由三部分组成，分别是核心课程、专业课程与选修课程，这一模式对其他国家的大学也产生了深远影响。

如今，哈佛大学刚刚经历了第五次改革，这次改革始于 2002 年，由文理学院启动。除了不同于往昔的时代背景以及逐年升温的校际竞争外，这次改革的另一促成因子是核心课程所暴露出的种种问题，例如教学内容脱离实际，核心课程与专业课程难以划分。2007 年，《通识教育特别工作组报告》在万众瞩目中问世，旨在粉碎“哈佛教育危机论”——“学生在学识与成长为国家所需要的优秀领导者方面的竞争力大不如前”。

这次改革设定的目标是将学生在校所学、校外生活与未来生活联系起来，具体包括：第一，培养“世界公民”；第二，教会学生理解自己既是传统艺术、观念和价值的产物，也是参与者；第三，使学生能批判性地、建设性地适应变化；第四，帮助学生从道德层面上理解自身言行。为此，旧的核心课程被新的通识课程所替代，包括美学与阐释理解、文化与信仰、实证与数学推理、道德推理、生命系统科学、物理宇宙科学、世界中的社会、世界中的美国八个领域。这里以“物理宇宙科学”与“世界中的社会”为例做进一步说明。“物理宇宙科学”不仅涉及对现象、概念与理论以及相关实验的介绍，对历史、哲学与制度的讨论，还包括对新发现、新发明以及观念的探究，如核武器的扩散、气候变化以及信息技术中的个人隐私。如此一来，课程与实际之间、学科与学科之间便被联系起来，其整体性得到保障。至于“世界中的社会”，学生则可以学到与美国不同的价值观念、风俗习惯与社会制度，在理解社会多样性的基础上将视线由美国转向全球，进而获得成为“世界公民”的通行证。哈佛大学要求学生从八个领域中各选一门课程，而且通识课程与专业课程的学分可以互换，教学方式包括小班教学与本科生科研等。

除此之外，出于对学生写作与交流能力的重视，哈佛大学开设了写作与演讲类课程，同时以“习明纳”的形式讨论“美国演讲形式演化”、“什么才是 21 世纪好的演讲”等相关问题。另外，哈佛大学鼓励学生参与国际交流，因为体验不同文化对于成长为世界的公民而言具有宝贵价值。二至四年级的学生可以到国外的大学进行学习，并可以获得资助和学分，这些有关事宜由该校设立的国际项目办公室负责。

美国《时代周刊》曾经批注：“改变一个课程体系比搬迁一座坟墓还要困难。”而懂得居安思危、虚怀若谷的哈佛大学自诞生之日起，便已经成功推进了四次改革。正是出于这个原因，哈佛大学始终稳坐在教育王国的宝座之上。目前，新的通识教育已经在哈佛大学安家落户，成效如何，就让我们拭目以待。

2.“让自由之风劲吹”——斯坦福大学与创业教育

1891 年，劲吹的自由之风拂过硅谷与旧金山之间，一座座红瓦屋顶、砂岩墙壁以及半圆拱门迎风而起，构成小利兰·斯坦福大学“传教复苏”风格的建筑群落（见图 5.11）。经过一个世纪的日月风霜，如今，斯坦福大学已经成长为美国综合实力第四、占地面积第二的研究型大学，吸引着众多学生每年从世界各地慕名而来。

图 5.11　斯坦福大学校园

在罗列冗长乏味的教育理念之前，不妨让我们品尝一个真实的故事作为开胃点心。

1995 年，理学博士小布与研究新生小佩在斯坦福大学不期而遇，逐渐成为“在智力上惺惺相惜”的默契拍档。

一天，小布兴致勃勃地谈起了自己的想法：“现在的搜索引擎不够聪明，怎么可以用关键字在网页中的出现频率来衡量搜索结果的重要程度呢？”“嘿，可不是嘛，我想可能还是网站的链接能力更能说明问题吧。”小佩表示赞同。于是，这两个“宅男”窝在寝室里，使用廉价电脑疯狂地编写出一个基于网站关系分析的大规模搜索引擎，并依托校园网络展开测试。不久，这个搜索引擎风靡全校，得到了师生与管理层认可。随后，小布与小佩在斯坦福大学技术授权办公室的帮助下获得专利许可，将这项先进的科研项目迅速转化为果实。

1998 年，感受到成功的脚步越来越近，小布选择暂停学业、专心创业。校园募集而来的服务器、借来的地下车库，以及斯坦福校友、太阳微系统公司创始人安迪·贝克托斯海姆赞助的 10 万美元，这些是他和小佩的全部家当。虽然简陋，但是没有任何困难能够阻挡公司的创立与发展。如今，这家公司已经成长为全球市值最高的互联网公司，每天为人们提供数以亿计的海量搜索信息，同时带来线上软件服务等系列产品。

或许你已经猜到，小布和小佩原名分别为谢尔盖·布林（Sergey Brin，1973—）和拉里·佩奇（Larry Page，1973—）（见图 5.12），他们所创建的便是神奇的"Google"公司。

图 5.12 布林（右）和佩奇（左）

不难发现，除了主人公天才年少、执着创新之外，斯坦福大学与其创业教育的理念在故事当中发挥了穿针引线的作用。首先，斯坦福大学营造了自由、创新的校园文化，如鼓励学生发展兴趣与体验新鲜事物，使创业在潜移默化中成为大众梦想。其次，学校提供了宽松的创业途径，不仅设立专门机构——如上述技术授权办公室——专门负责合同签署与专业申请事宜，保证大学内部成果转化呈现高效率、高回报的态势，而且允许学生暂停学业，心无旁骛地兼职或创业。再次，学校拥有极丰富的创业资源，除了上文提到的校友与孵化资金以外，毗邻硅谷的地理优势、权威的创业中心以及利于交流的创业网站等，都为斯坦福大学的创业教育锦上添花。

当然，大学万变不离其宗的职能之一仍然是"教学"。斯坦福大学针对创业教育设计了与之匹配的课程体系：在跨学科课程的开设方面，斯坦福大学致力于文、理、工综合并济，从而将政治、经济、文化、法律等知识融会贯通；在创业课程的设置方面，斯坦福大学的主要学院均参与其中。其中，以将领导力、创业精神、全球视野与社会责任心培养作为目标的商学院最具特色。在教学方式方面，斯坦福大学主张案例教学与实践教学，并邀请创业者、企业家进行讲座，为学生答疑解惑。

斯坦福大学"使所学知识对学生生活直接有用，帮助他们取得成功。因此，它以整个人类文明进步作为最终利益，积极发挥大学作用，促进社会福祉，教导学生遵纪守法，尽享自由为人们带来的快乐。"由此，创业的自由之风不仅吹动硅谷的美元叮当作响，也吹到了世界上的每个角落。

1991 年，东京创业创新教育国际会议从广义上把"创新创业教育"界定为：培养最具有开创性个性的人，包括首创精神、冒险精神、创业能力、独立工作能力以及技术、社交和管理技能的培养。

2010 年我国教育部在《关于大力推进高等学校创新创业教育和大学生自主创业工作的意见》中指出："在高等学校开展创新创业教育，积极鼓励高校学生自主创业，是教育系统深入学习实践科学发展观，服务于创新型国家建设的重大战略举措；是深化高等教育教学改革，培养学生创新精神和实践能力的重要途径；是落实以创业带动就业，促进高校毕业生充分就业的重要措施。"2015 年国务院分别出台了《国务院办公厅关于发展众创空间推进大众创新创业的指导意见》和《国务院办公厅关于深化高等学校创新创业教育改革的实施意见》，为落实素质教育与创新创业教育的融合，推动教育教学改革做出了具体要求。

3. 培养卓越工程师——欧林工学院与广义工程教育

我们已解读过加德纳的多元智能理论，也借助《世界是平的》与《愿景报告》探讨过全球化趋势与工程实践背景。更早以前，美国心理生物学家、诺贝尔奖获得者罗杰·斯佩里（Roger Sperry，1913—1994）博士通过神奇的割裂脑实验提出著名的“左右脑分工理论”：左脑可以称作“意识脑”、“学术脑”，右脑则是“本能脑”、“潜意识脑”、“创造脑”、“音乐脑”、“艺术脑”。对于人类而言，右脑的潜能一旦被发掘出来，便能展现出惊人的创造能力。此外，21 世纪以来，由高技术公司与高校部门代表人物组成的美国竞争力委员会将目光投向创造力，视之为竞争力的不老源泉，并发表了系列报告。两个科学发现、一本经济学畅销书加上两份系列报告，富兰克林欧林工学院的雏形便浮现在世人眼前。

1997 年，富兰克林·W·欧林（Franklin W Olin）基金会在美国马萨诸塞州波士顿近郊建立富兰克林·欧林工学院，旨在检讨高等工程教育在规模与质量上承受的质疑。这次“美国高等教育界，近十几年来最大胆的试验”，仅用 10 年时间就入选了《新闻周刊》评选出的“美国 25 所新常春藤学校”，并于 2013 年晋升《美国新闻与世界导报》全国大学排名最佳本科工程系第 6 位。这所如此年轻的工学院究竟有何过人之处？就让我们追随欧林工学院本科生的脚步进入校园，感受其“前所未有”的工程教育。

欧林工学院以“广义工程教育”作为大学的理念，以“卓越工程师”作为办学的目标。所谓广义工程，指在狭义工程的基础上增加对社会与商业背景的考虑。因此，广义工程教育致力于社会背景之中培养工程创新人才，使其具备 9 种竞争力，分别是定性分析、定量分析、团队合作、交流沟通、终身学习、理解环境、设计、判断力、机会评估与发展。下面关注一下欧林工学院以此为培养目标所构建的课程哲学——欧林三角（见图 5.13）。

图 5.13 欧林三角

围绕工程与创新两个概念，“欧林三角”的三条边分别是牢固的科学与工程基础、企业管理知识与艺术、人文和社会学科。同时，为了消融“欧林三角”边与边之间长久以往的隔阂，欧林工学院创造出学习轴、学习频谱与竞争力频谱的概念。如理工-人文学习轴，“理工”一端位于左脑，代表逻辑-数学智能、语言智能的培养，“人文”一端位于右脑，表征发展空间智能、身体运动智能、音乐智能的课程。这对矛盾对立体通过两点一线便统一起来，大脑“左右开弓”，便得到了较为完整的学习频谱与竞争力频谱。以此类推，还可以由其他矛盾对立体得到个人-团队学习轴与动脑-动手学习轴等，这种以“轴”与“频谱”向数学与物理“偷师学艺”的做法正暗示了“半新”的创新能力。

2002 年，第一届四年制本科生来到了欧林工学院。忽略院系界限，他们参与跨学科教师团队开设的综合课程与基于开放型项目的实践教学，将知识由基础提升到了专业乃至实践层面。在欧林工学院，工程如同音乐与美术一般，被视作“表现艺术”——从经验到理论、先感性后理性。例如，学生遇到的不再是书本上死气沉沉的微分方程，而是机械与电气中活灵活现的微分方程，不同学科间的内在联系于是一览无遗。在要求修满的 120 学分当中，工程学占据 48 学分，数学和科学不少于 30 学分，被指定给艺术、人文和社会学科及企业管理类课程的竟达 28 学分之多。这种跨学科的思想甚至体现在校园选址上：两位邻居——柏布森学院与韦尔斯利女子学院，一所拥有全美第一名的企业管理项目，另一所的文理学院名列前茅。至于实践部分，工程高级咨询（Senior Consulting Program for Engineering，SCOPE）是最值得称道的工程项目与创业项目，其运行资金与工作环境均源自真实企业，学生将从中体验到具体而完整的实战演练。SCOPE 使学生的创新能力、实践能力与团队合作能力得到前所未有的提升，并为他们由校园过渡到职业做出铺垫。除此以外，学生可以参与课程设计、教学与评估，为避免学生在选择时避重就轻使知识体系的完整性遭到破坏，他们在选课方面并没有多少选择。

学生的多元智能得到了欧林工学院的精心呵护，早在招生之时，部分学生对于非工程领域的兴趣以及“不想做工程师”的愿望便已通过“申请者周末活动（Candidates Weekend，CW）”被觉察。他们受到欧林工学院一视同仁的款待，因为在这里，工程不仅是一种职业机会，更是一种“学习与思维的方式”。于是，学生的多元智能得以保留和发展，他们在思考工程实践的自然与社会背景，尤其是科学技术的负面影响时，往往具有犀利而独到的视角。

由此可见，对比传统工程教育，欧林工学院确实称得上“前所未有”。当哈佛大学、麻省理工学院以及斯坦福大学等世界顶尖名校仍从纽曼、洪堡与弗莱克斯纳等前辈处引经据典时，欧林工学院已经打破了传统大学理念的条条框框，成为生源竞争中的一匹黑马。这得益于欧林工学院颠覆了传统课程设计与教学内容，让工程教育模式不再等同于理工教育模式，让工程不再脱离社会而独活。

5.2 中国大学教育发展简史

纵观中国大学教育发展历史，有万众师表的大教育家，有历久弥新的经典著作，有熠熠闪光的思想理念。本节把视角从国外拉回国内：古代部分，我们将会邂逅孔子并翻一翻《论语》，与老子聊聊他的《道德经》，在菩提树下冥思后，与喜爱为难学生的鬼谷子谈笑风生；近代部分，蔡元培与梅贻琦将为我们重现北京大学与清华大学的辉煌历史，并简要介绍他们大学的理念。

5.2.1 追根溯源——中国古代教育思想

世界上第一部教育著作是我国的《学记》，相传由战国后期孟思五行学派的乐克正所著，而后被西汉今文经学开创者戴圣收为《礼记》一篇。从开篇提出的“玉不琢，不成器”之喻，到教学相长、循序及时与长善救失等理念，《学记》在云卷云舒与花开花落之中行走千年，堪称中国古代教育思想的“活化石”。

《学记》的诞生得益于一百家能工巧匠的精雕细琢——百家争鸣，以春秋时期的孔子为先，他创立了儒家学派，是世界上第一位教育家，此外还有道家老子与纵横家鬼谷子等。东汉明帝时代，佛教坐在白马背上，沿着丝绸之路来到中国，逐渐融入我国传统文化。儒、道、佛三家于我国教育思想的滥觞与流变可谓功莫大焉，就其各自特征，我国的著名学者南怀瑾（1918—2012）打了一个比方：“孔家店是粮食店，人人非吃不可。道家是个什么店呢？药店。药店一定要有，生病去买药吃，不生病不需要买。佛家开的什么店？百货店。什么都有，你高兴可以去逛一逛，买不买东西都行。”

1. 儒家教育思想

让我们从治学角度重新审视这一句话：“学而时习之，不亦说乎？有朋自远方来，不亦乐乎？人不知而不愠，不亦君子乎？”

“学而时习之，不亦说乎”在《论语》中被开门见山地提了出来，并在后文中不断被重述为“温故而知新，可以为师矣”，以及“吾日三省吾身”等。如果只将复习看作“重复学习”，那你就错了。通过复习，学生可将不同知识关联起来，使之内化成为自己的一部分，在日后的某一瞬间不经意地流露出来。与此同时，学生将会主动思考、探索、发现新的知识抑或方法，从消极接受转变为积极创造。更进一步，我们可以无限扩大“学”的内涵，不但从书本中学习，也可以向同学、老师甚至天地学习；学习的不仅是知识，也可以是言谈举止以及仁义道德。而“习”也可以被推广开来，涵盖使人熟能生巧、触类旁通的练习，以及学以致用、锻炼实践能力的实习。除此之外，这句话的重点在于一个“说”字，可理解为“好学”。可见，自孔子时代，中国教育便已经开始关注学习兴趣与心态的问题了。能将学习视为一件乐在其中之事，当然是治学的一种境界。

至于“有朋自远方来，不亦乐乎”，则经常被译为“有志同道合的朋友从远方来，不是令人很高兴吗”，但实际上，这个“志同道合”是画蛇添足了。孔子在这里强调交往的重要性，志趣相投的人作为知己，可以为我们开诚布公地相互切磋、彼此激励，为同一理想奋斗不息；那些不同志趣的人，则会用质疑的棍子将我们从闭门造车的美梦中打醒，从而到达一片前所未有的开阔地。至于“远方的朋友”——来自不同国家、不同文化以及不同学科的朋友，则能让我们听到新的声音。例如，13 世纪末，一位远道而来的意大利旅行家为中国人带来了西半球的世界，这位金发碧眼的朋友便是马可·波罗（Marco Polo，1254—1324）。当然，各抒己见的交往必须不能落得剑拔弩张的境地，因而孔子希望我们是快乐的，只有秉持兼容并包与虚怀若谷的心态，世界才能交融起来。此外，孔子亦曰：“三人行，必有我师焉。择其善者而从之，其不善者而改之。”以此告诫我们交往中的包容不等于无原则地接受，要辩证地去看待问题。

如果学习是喜悦的，交往是快乐的，那么别人不理解你的所作所为又有什么关系呢？正所谓“人不知而不愠，不亦君子乎。”公元前 497 年至公元前 483 年间，孔子率众弟子周游列国，他们辗转于鲁、卫、宋、齐等国推行“仁”的政治主张，最终却以敬而不用收场。在郑国时，有人告诉子贡：“东门有个老人家在发呆，累得像丧家犬一样。”子贡赶去一瞧，发现是走失的老师。而孔子听了子贡的转述，不但没有愠怒，反而笑道：“丧家犬的比喻倒是十分贴切。”最后，孔子回到鲁国继续当教书匠，实行“仁”的道德教育——“弟子入则孝，出则悌，谨而信，泛爱众，而亲仁。”面对各国诸侯冷遇，孔子不曾怨天尤人，他的信念始终坚如磐石。究其原因，子曰：“知之者不如好之者，好之者不如乐之者。”其实，相较孔子政治生涯“人不知”的悲壮，很多君子都等来了“人尽知”的喜悦。面对暂时的质疑与孤独，他们安之若素、执着追求，最终获得了世人的肯定。大学之中亦是如此，学习成绩、人际关系以及求职就业的“人不知”，经常使人困惑，这时又应该以怎样的心态面对呢？

除了对学习的认识，孔子在教育方面的最大贡献莫过于创办了私学（见图 5.14）。基于“性相近也，习相远也”的人性论，他主张并躬行于“有教无类”的理念，不论门第、籍贯抑或年龄，只要奉上十条干肉，便可接受教育，通过后天学习化蛹成蝶。教育方面，“因材施教”自然要提，孔子依据每个学生特点有的放矢，经常给不同的学生以不同的答案，力求长善救失，因而培养出了分别以德、政、言、文著称的颜渊、冉有、子贡、子夏等人。除此之外，我们已经知道孔子爱追问“尔何如”，这便是他“不愤不启，不悱不发”的启发教学方法。教师在教学中留有余地，可以启发学生独立思考，将其从自己身边赶走以回归自我，而学生在举一反三之后也会提出新的观点。例如，子夏在问得“绘事后素”的答案后，类比得到“礼后乎”的看法，令孔子不禁感叹道“起予者商也！”正如《学记》所言：“善问者如攻坚木，善待问者如撞钟。”师生通过相互切磋共同开辟新的思想领域，教学相长，其乐无穷。此外，孔子授学生以文、行、忠、信，修《诗经》、定《礼记》、序《周易》、撰《尚书》、作《春秋》，合称“五经”。他主张言传身教并以身作则，以榜样去影响学生，“天纵之圣”的美名他当之无愧。

图 5.14　孔子讲学

孔子之后，儒家还有孟子、荀子等人，他们相信教育的无穷力量，突出道德的至高无上。正是在儒家教育思想的孕育之下，中国教育得以发端，中国人有了“非吃不可”的精神食粮。

2．道家教育思想

老子的身世可谓是扑朔迷离，传说李母怀胎 81 年才生下他，因其长耳大目起名为“耳”，又因白眉白须被唤“老子”（见图 5.15），有人说他是道教的太上老君，有人说他活了 160 岁，也有人说是 200 岁。毋庸置疑的是，老子是道家学派创始人，他的著作《道德经》以寥寥 5000 字道破天机与人事，让中国的思想界紫气东来。在老子的哲学当中，天地不需推动也运转得井然有序，万物无人塑造也生活得怡然自得，这些都仰仗于“道”的自然造化，人就不用再多管闲事了。孔子后来也和子贡表达过类似的意思：“四时行焉，百物生焉，天何言哉？”由此可见，身教胜于言教这一教育理念，恐怕还要从老子与他的《道德经》开始说起。

图 5.15　国画《老子出关图》

我们知道，道家强调：“道法自然，无为而治。”因此，老子在《道德经》中明确指出：“处无为之事，行不言之教。”在他看来，老师应顺从学生的身心发展规律，将学习的主动权交还给学生，让他们像天地万物一样自然发展，从而尽其所长。同时，老师不应将教育停留于语言与书本的字里行间，因为这一做法如同为学生戴上一件华而不实的饰品，知识与思想流于表面，却没有内化为他们的一部分。因此，老师不应该对学生横加干预，抑或滔滔不绝一味灌输，他们应该效仿柳宗元（773—819）的《种树郭橐驼传》，只有“顺木之天，以致其性焉耳”，所种之树才能结出美味的果实。当然，老子并不是要隔岸观火，什么都不说，什么都不做，而是希望他们能够“善言无瑕滴，善行无辙迹”，让教育遁于无形，自然而然，不留痕迹。具体而言，老师可以把表现的机会留给学生，让他们在观察、体验与感悟中主动学习，通过自我指导构建多样化的生命之诗，体现其与众不同的社会价值，而老师只需要发挥适当引导、以身作则的作用。由此可见，相较爱唠叨的孔子，老子甚至不愿去过多追问“尔何如”，而是倾向于将老师的干涉降至最低。

20 世纪，美国人本主义心理学家罗杰斯在阐述其“以人为中心”的“非指导性治疗”理论时，也情不自禁吟咏起老子的“我无为而民自化，我好静而民自正，我无事而民自富，我无欲而民自朴”。20 世纪 60 年代，罗杰斯将这一心理治疗法引入教育领域，提出“非指导性教学”思想，主张让学生取代老师与课本成为教学的中心，按其本性自然发展。他明确指出老师并不是教学中的权威人士，他的任务仅限于为学生提供可选择的资源，促进学生自己决策如何学习，即“自由学习”。若将这一思想付诸实际，学生便能以成功积攒正能量，而以失败吃一堑长一智，甜苦交错，长长久久，最终蜕变成为充分发展的人。

除此之外，老子讲究“为学日益，为道日损”，其中“为学”是探究客观知识的活动，而“为道”则是升华精神境界的活动。在“致虚极，守静笃，万物并作，吾以观复”的过程中，学生海纳百川、日积月累，使知识呈现出“日益”的趋势。但是与此同时，这些知识很可能包含着虚伪的成见与得陇望蜀的欲念，只有经过“损之又损”才能回归自然本真，达成“为道”的目标。经历相辅相成的“为学”与“为道”，人的能力终将凝聚起来归于和谐统一，如出生的婴儿一般温和纯真，甚至能够以柔克刚。另外，老子认为教育必须是循序渐进的，因而夯实基础显得至关重要：“合抱之木，生于毫末；九层之台，起于累土；千里之行，始于足下。”

在译成外文传播的世界文化名著中，《道德经》的发行量仅次于《圣经》，道家思想不仅波及教育领域，甚至还促使德国哲学家、数学家莱布尼兹形成二进制思想。正如德国著名哲学家尼采所说：“《道德经》就像永不枯竭的甘泉，满载宝藏，放下汲桶，唾手可得。”老子在大洋彼岸的影响已然如此之大，更何况在我国呢？

3．佛家教育思想

众所周知，儒家的粮食店与道家的药店是土生土长的国营商铺，而佛家的百货店则是历史悠久的印度商店。话说公元 5～6 世纪，古印度已步入封建农奴社会，其传统信仰已然被冲击到了“国破山河在”的地步。彼时，一位释迦族王子在菩提树下顿悟宇宙和生命的真相之后化身佛陀，他便是佛教创始人释迦牟尼，也就是我们口口相传的佛祖。在释迦牟尼的不懈努力之下，佛教沿生生不息的恒河流向亚洲，向南途经斯里兰卡、缅甸与泰国等，向北传入中国、朝鲜、日本等国。公历纪元前后，初抵我国的佛教被汉族视为神仙方术，南北朝时传遍大江南北，隋唐之际呈现出欣欣向荣的鼎盛局面。经过数百年的发展演变，佛教终于融入中国传统文化，成为“好念经的外来和尚”。

既然佛家是百货店，其商品的琳琅满目自然不在话下，这里简要介绍几样镇店之宝与其品牌故事，欢迎读者心情好时前来逛逛，不买倒也无妨。

● 第一件商品是“空杯心态”（见图 5.16）。

一位学者来向南隐禅师问禅。南隐禅师亲自用茶壶为客人斟水，茶水倾泻而下，很快注满茶杯并溢了出来，流到几上，淌到地上；而南隐禅师却熟视无睹，俨然没有停下来的意思。学者忍不住喊：“已经满了，怎么还倒？”南隐禅师这才放下茶壶，意味深长地反问道：“是啊，既然满了，为何还倒？”

南隐禅师倒的是茶，说的却是禅宗：“你的头脑已经满是自己的想法与观念，如果不先倒空，我又怎么对你说禅？”教育亦是如此，如果学生的大脑中扰扰攘攘，有名为“骄傲”的昨日辉煌，有叫作“偏见”的不实言论，也有以“经验”自居的先入为主，那么学生将会故步自封，任新知识与新思想翘首以待。因此，面对学习，我们必须先将自己彻底放空，以初学者的心态去探寻事物本质，而不是被表象、成见抑或经验蒙蔽双眼。北京大学的卢晓东教授以“黑天鹅一般”的乔布斯为例，诠释佛教“所知障”的概念，对“基础扎实才能创新”的传统命题提出挑战，他撰文道：“教师所教的知识越多、越发精确，学生学习的知识越多、越发精确，学生就会陷入范式陷阱难以自拔，这会成为其创新的最大制约。”而中国科学院自动化所彭思龙研究员也以博文指出，过度总结经验让我们步入迷城，只有跳出课题，主动调整并掌握好自身的细节才能助我们走出迷城。总而言之，茶杯也好，“所知障”与迷城也罢，说的都是“空杯心态”在教育中的重要意义。

图 5.16 空杯心态

● 第二件商品是“不立文字”。

依据佛教典籍《五灯会元》记载，释迦牟尼曾在灵山会上拈花示众，仿佛在打哑谜。当时众人面面相觑，不明个中奥妙，只有其大弟子破颜微笑。于是，释迦牟尼宣布要将奥妙佛法传授于他，但却不是通过经文，而是以心传心，是为“教外别传，不立文字”，这便是“拈花微笑”的典故。

作为我国独立发展出的本土汉传佛教宗派，禅宗的核心思想是“不立文字，教外别传；直指人心，见性成佛”。意思是说，禅宗不依托语言、不施设文字，而是借助言教外的其他途径进行传授，以心传心，最终得以明心见性，回归原初状态。这样看来，“不立文字”绝对不是“不用语言”或者“不要逻辑”，而是主张不刻意读经或出家，通过自身修行从世俗生活中感受禅意。语言与文字具有局限性，酸甜苦辣与喜怒哀乐等主观感受以及广袤无垠而精微深刻的禅宗义理，怎么是苍白无力而又过于绝对的言教所能表述清楚的呢？因此，语言与文字不仅难以表达此中真意，而且还可能会束缚个体思想，落到说教中去。“不立文字”再次不动声色地抨击了灌输式教育，主张挣脱刻板的教学与生硬的书本，以学生为中心并为其创造身心体验的机会，让他们自己去揣摩、领悟个中真谛，从而最大程度地发挥出个人潜能。因此，老师可以效仿禅师，以案例与身教等一系列方式点拨学生，学生则可像小和尚坐禅、云游四方那样勤于思考、多去体验，在认识自己的同时体会蕴含在生活与世界中的教育。

● 第三件商品是“机锋棒喝”。

一天，云居禅师正在用朱萝筛豌豆，突然听到洞山禅师问他：“你爱色吗？”他顿时慌了手脚，豌豆撒了一地，他心里想：“‘色’的问题可非儿戏，不近女色的‘色’、察言观色的‘色’、湖光山色的‘色’这些可都是‘色’，我爱哪个，又不爱哪个呢？”思来想去云居禅师谨小慎微地答：“不爱……”洞山禅师又问：“那你怕考验吗？”云居禅师这下有了底气：“当然不怕！”洞山禅师微微一笑，只默默地拾起豌豆放回朱萝。云居禅师心里又是七上八下，又是不明就里，于是，他反问道：“轮到你又如何？”洞山禅师把豌豆交回到他的手中，说道：“‘色’于我而言不过是外表罢了，爱不爱又有什么关系呢？自己怀有坚定信念，为何要在乎别人怎么想？”

洞山禅师所采用的教学方法正是“机锋棒喝”。《佛学大辞典》中给出的解释是：“以寄意深刻、无迹象可循，乃至非逻辑性之言语来表现一己之境界或考验对方”，称作“机锋”；“为杜绝虚妄思维或考验悟境，或用棒打，或大喝一声，以暗示与启悟对方”，谓为“棒喝”。在看似无厘头的机锋下，云居禅师想方设法调动已有知识形成答案、情绪上的慌乱、闪躲乃至迷惘、疑惑简直快要“砰”地汹涌而出。就在这个节骨眼上，洞山禅师于无形中给他来上一棒，将他从思维定式中带了出来，使其迷途知返，进而有所顿悟。试想，洞山禅师上来便是一番“色即是空、空即是色”的长篇大论，云居禅师或许还会执迷不悟下去。由此说来，禅宗的“机锋棒喝”与儒家的“不愤不启，不悱不发”在教育思想上有相通之处。题外话是，曾几何时，禅师接待初学者是真的要打，真的要喝，极端者有“道得也三十棒，道不得也三十棒”之说，更有诗词“当机一喝惊天地，直得曹溪水逆流”为证。

回过头来，我们再看“色即是空，空即是色”这一重要佛家思想。佛教讲究“随缘”，认为有形之万物皆因缘和合而生，若是因缘随风而逝，万物便一去不复返。因此，世间一切具有空的本性，而空的本性是万物生成的前提。所以，既然外界事物是一场空，世人也就不必受其烦扰，放下一切安享幸福便是。教育也是同样道理，老师抑或学生，如能做到不以成绩优劣或喜或悲，不因竞争压力或者他人误解愁眉不展，摒除频频作怪的功利心，换上包容一切的平常心，方能沐浴在解脱的祥和中享受过程带来的愉悦。同时，既然一切随缘，规则的超越有时便显得格外重要。譬如，老师在讲课时不必生搬教条，可以依据学生特点与课堂情况适当地即兴发挥；又如，学生无须拘泥于单一的评价体系，而要越过分数去发现并坚守自己的闪光点；等等。

三件商品展示完毕，不论你买或者不买，在这里佛家都要奉上一件礼物——信仰。信仰不局限于宗教，它是引领追求的向导与庇护心灵的归宿；信仰使我们得以感受存在的意义与奋斗的美好。若以教书育人与上下求索为信仰，教育的力量将取之不尽，用之不竭。

4．纵横家教育思想

西汉末年，刘向（约公元前 77—公元前 6）以战国时期纵横捭阖之争为题材，编纂成了国别体史书《战国策》，其序言有云：“苏秦为纵，张仪为恒，纵则楚王，所在国重，所去国轻。”其中，叱咤风云的苏秦与张仪正是纵横家鼻祖鬼谷子的得意门生。鬼谷子的生卒年月无据可考，我们只知道他是春秋时人，原名王禅，经常入云梦山采药修道，因归隐鬼谷而自诩其名。鬼谷子对谋略、游说、阴阳与教育等无不知晓，除了苏秦与张仪外，传说他的弟子还有孙膑、庞涓、范蠡、毛遂等人，他们均是闯出一番名堂的大人物。与孔子“弟子三千，贤人七十二”做个比对，便不难发现鬼谷子施行的是“精英教育”。那么，纵横家的教育思想究竟如何？

纵横家可以算作中国最早的政治家与外交家，他们翻手为云，覆手为雨，只为以合纵连横等手段获取成功。因此，纵横家的教育思想强调经世致用、灵活变通，方法上也不拘理论、别出心裁。相传，鬼谷子让孙膑与庞涓比试谁能吃到最多的馒头，一共五个馒头，每次最多可拿两个，吃完才能再拿。一声令下，庞涓抓起两个馒头大快朵颐起来，孙膑却只取来一个馒头吃完，并赶在庞涓之前将最后两个拿到手里，比试由此见了分晓。后来，孙膑在“田忌赛马”时所献之计也是同样道理。在这一教学过程中，除了启发学生自行去发现运筹学原理，鬼谷子还使两位学生切身体会到什么叫作全局意识。显然，庞涓只顾及眼前利益，而孙膑却高瞻远瞩，他看到了蛰伏在一个馒头背后的巨大潜能。如今，在一开始经受住两个馒头的诱惑、而后取得成功的案例并不在少数。比如，“为发烧而生”的小米手机，虽然配置一流，却将价格定为 1999 元，这一市场营销策略叫作“渗透定价”，通过用低价位吸引消费者、以低利润排挤竞争对手，使新产品迅速打入市场，而接下来价格怎样变化便是后话了。

鬼谷子通过给学生出难题来开展教学，他让庞涓与孙膑上山砍柴并要求“木柴无烟，百担有余”，让他们操练蚂蚁形成“颠倒八门阵”，给他们三文钱购买能充满房子的货物。他甚至还设定了“把我弄哭”这样另类的考试题目。可见鬼谷子善于采取让几位学生解决同一问题的方式，以结果来说明问题。这样一来，学生在发挥优势的同时也暴露出缺点，有利于因材施教的展开，他们在竞争中积极思考、亲身实践，而化解问题的手段亦是机智巧妙，折射出创新性与想象力。因此，虽然鬼谷子没给学生讲大道理，也没有刻意去点拨什么，但其门下弟子各个都是旷世奇才。可能因为过于强调实用，又或许是方法独辟蹊径，鬼谷子的教育思想被一些人诟病为没深度的“成功学”。这一看法未免太过绝对，因为鬼谷子的每道题目都可以用“匠心独运”来形容，这些题目不仅拔高了学生的能力，而且从内容上折射出深刻的内涵，兼顾到心灵的塑造。如果能将重在技巧的纵横家教育思想适度渗透到儒、道、佛三家当中，可能会是一件锦上添花的事情。

在我国古代教育思想的漫长嬗变过程当中，儒、道、佛三家有时会打得不可开交，有时又能握手言和，逐渐形成了以儒家为主、以道家与佛家为辅的格局。纵横家虽然有非主流的意味，但也绝不仅是一位过客。如今，虽然西方教育思想在世界上占据主导地位，但在中国，传统文化铭刻骨髓的影响依旧俯仰可见。例如，我国高校正在推广书院制度，虽取材自西方模式，但其具体组织形式却借鉴了中国古代书院，更是以“三人行”与“不言之教”等诸多古代教育思想作为灵魂。

5.2.2 历史回眸——中国古代大学演变

毫无疑问，中国古代大学是上述教育思想的载体，其演变脉络由图 5.17 便可略知一二。

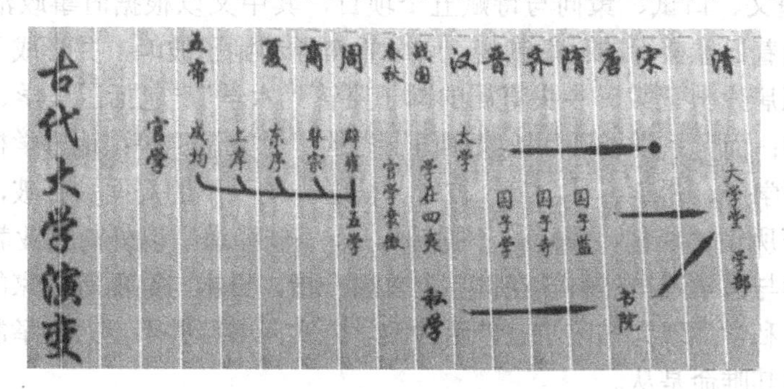

图 5.17　中国古代大学演变

西汉哲学家董仲舒（公元前 179～公元前 104）有言：“五帝名大学曰成均，则虞痒近是也。”早在黄帝时代，华夏大地便孕育了最初的学校——成均，直至五帝末期，舜帝又设“上庠”，一方面为国家耆老提供休养场所，一方面由其开展教学工作。而后，夏朝设立“东序”，商朝创立“瞽宗”，周朝增添“辟雍”，形成武学并立而官师合一的大学格局，贵族子弟在这里习六艺，包括礼、乐、射、驭、书、数等技能。除此之外，西周时的大学与小学组成国学，与国学相对的还有乡学。

春秋战国时期，诸侯争霸，战事连连，因而官学日渐衰微，私学后来居上，正所谓“天子失官，学在四夷”。除了孔子办学以外，还出现了官方主办、私人主持的“稷下学宫”，不仅孟子等人在此讲学，荀子还担任过“祭酒”，也就是古代大学的校长。不景气的官学一直持续到汉代才起死回生。公元前 135 年，董仲舒一句“愿陛下兴太学，置明师，以养天下之士”，使太学作为最高学府应运而生。太学正式施行“罢黜百家，独尊儒术”，以“五经”为基本教材，老师叫作“博士”。他们通晓古今、明达国体，不仅“传道授业解惑”，而且兼具共商国是与任人唯贤之功用。作为学生，“博士弟子”享免除赋役之恩泽，他们中有官宦子弟，也有从民间遴选上来的高才生，最初只有数十人，到东汉中期竟已达到 3 万人之多。至于授课形式，太学开创了大班教学、小班教学，也有高年级学生教授低年级学生。更进一步，博士弟子还可以师从社会明儒学习太学未开设的课程，甚至跟随一位博士专门研究某部经典，譬如专治《公羊春秋》的公羊博士，董仲舒为弟子发的便是“公羊学位”。此外，太学十分重视自学，鼓励博士弟子把研究与学习结合起来自由研讨，将自己历练成为具有创造能力的通才。至于考核方式，太学选择“射策”，也就是有弟子通过投射抽取测中题目进行解答；到了为朝廷选拔人才的时候，则会采取“对策”，要求弟子对政治或理论问题撰文以对。生活方面，博士弟子可以住在太学内的集体宿舍、单人单间中，也可以在校外居住。比较忧郁的是他们当时没有食堂，需要另起炉灶，这些情况到了宋代“三舍”改革才得以改善。另外，太学之下还设郡学，与“举孝廉”的选官制度相匹配。

魏晋南北朝时，官学再次沉寂到谷底，私学仍然风华正茂。但值得一提的是，晋代为了“殊其士庶，异其贵贱”，开设了“国子学”，这所贵族学校仅限五品以上士族贵族入学，而将其余生源留给太学。国子学在齐朝更名为“国子寺”，而后于隋朝改为“国子监”，辖有国子学、太学、四门学、书学及算学等官学。由此可见，除去国家最高学府，国子监还挑起了教育管理机关的大梁。

大唐盛世，科举制度粉墨登场，“赖诸州学士及早有明经及秀才、俊士、进士，明于理体、为乡里所称者，为本县考试，州长重覆，取其合格，每年十月随物入贡”。最初，为确保入选之人兼具多元性与真才实学，科举考试科目繁多，方法也是多种多样。例如，进士这一科目便设有贴经、墨义、口试、策问与诗赋五个项目，其中又以根据时事政治撰写论文的“策问”为最重。伴随着日益盛行的科举制度，官学重新浮动到了波峰，并形成了中央集权下完备的教育体系。据《唐六典记载》中央直属的国子监管“六学”，包括国子学、太学、四门学、书学、算学、建学；而旁系学校则涵盖隶属门下省的“弘文馆”等；地方学校更是不胜枚举，譬如京都学、都督学府、州学、县学等。彼时，儒学一统天下的局面被打破，儒、道、佛三教开始平分秋色，正所谓“尊儒，崇道，不抑佛”。而“儒释道”以外，专业教育理念被确立下来，算学、天文学与医学等自然科学在世界上首屈一指，日本与高丽等国家的众多留学生纷至沓来。与此同时，私学体现为书院与家塾两种教学方式。书院并不反对科举制度，但也不与国子监与家塾一样对其唯命是从。

到元、明、清一代，朝廷不再设置太学。演绎着爱恨情仇到元代，科举将南宋理学家塾教育范畴，包括《大学》、《中庸》、《孟子》。明代科举正式明晰五级考试体系，考生需要通过童试、院试、乡试与会试的严苛选拔，才能来到金銮大殿参加殿试，而题目由皇帝亲自圈定。十年寒窗终于换来了金榜题名。殿试的前三名依次称作状元、榜眼、探花，是为“进士及第”。在“官本位”思想的教唆下，知识分子将科举作为改变命运的一根稻草，因为见招拆招的取巧手段层出不穷。为维持公平性，科举只得用重重戒条将考试五花大绑成八股文，段落、手法与字数等受到了无以复加的限制。时至此刻，科举开始任空洞与浮夸疯长，它为朝廷纳入毫无生气的封建人才，却将大批创新之士拒之千里之外。清朝以来，科举越发迂腐不堪，不仅将追求华丽辞藻与固定形式作为终极目标，而且衍生出来徇私舞弊及弄虚作假等严重问题。“贡院”成了“卖完”，范进喜极而疯。于是，教条化的科举对闭关锁国的中国构成最后一击，封建社会风雨飘摇，穷途末路。

1898 年，戊戌变法的帷幕一角终于被国人掀起，八股文、乡试、会试等仓皇而逃，京师大学堂走上了历史舞台。1905 年，学部成立，历经沧海桑田的国子监寿终正寝。

重温我国古代大学演变历程，依稀可见当今大学的影子。其实，太学、国子监与书院等，并未随着称谓的没落而消失殆尽，而是被时光雕饰成了另一副模样，渗透到现在大学的方方面面。更为直接的是，虽然受到西方教育理念影响，但是古代大学直接导致了近代大学的形成。

5.2.3 博古通今——中国近代大学形成

1. 蔡元培与北京大学

即使到了金风送爽、霜林尽染的时候，即使到了大雪漫天、一片琼瑶的时候，它也会永留心中，永留园内，它是一个永恒的春天。

——《春满燕园》季羡林 1962 年于北京大学

学界泰斗、北京大学副校长季羡林（1911—2009）先生从来不吝啬对燕园风情的赞美之词，从春色满园到清塘荷韵，从二月兰到幽静藤萝，写不尽的草木芳菲，写不尽的怀情颂雅。

前面已经提到，北京大学（见图 5.18）的前身“京师大学堂”创办于 1898 年，由于被视作我国历史最高学府的唯一学脉，北京大学可以将校史上溯到设立太学之时。20 世纪初在辛亥革命成果得而复失、尊孔读经死而复生的黑暗局势下，新文化运动邀请“德先生”（民主）和“赛先生”（科学）与之抗衡，教育救国迫在眉睫。

早在 1912 年 7 月的全国教育会议上，自德国莱比锡大学留学归来、临危受命担任教育部部长的蔡元培（1868—1940，见图 5.19），便在《全国临时教育会议开会词》中提出从受教育者本体出发，养成其“健全人格”的教育宗旨。所谓“健全人格”，类似于洪堡定义的“完人”，包括知、情、意的统一；个性与野性的融洽；德、智、体、美的和谐三个方面，通过“五育并举”可以实现。“五育”之一，军国民教育，包括军事与体育训练，旨在培养学生“狮子样的体力”，从而“执干戈以卫国家”成就健全的思想和事业；之二，实利主义教育，用在传授维持人民生计的知识与技能，改善民不聊生之现状；之三，公民道德教育，为“五育”之中坚力量，呼唤资产阶级自由、平等与博爱；之四，世界观教育，是一种培养远见卓识的教育哲理教育，是教育的终极目标；之五，美育，又称美感教育，蔡元培认为，随着社会的进步，科技的发展与道德的变迁，宗教万能的圣歌终将曲终人散，只余美感的旋律留存人间。

图 5.18　北京大学

图 5.19　北京大学原校长蔡元培

1917 年 10 月，蔡元培开始将维新派的高等教育观播散在人杰地灵的北京大学，他在校长就职演说中说道：“大学不是养成资格贩卖文凭的地方，不是做官发财的跳板，而是研究高深学问的地方。”“蔡元培时代”的到来，标志着北京大学由“腐败的官僚养成所”到新文化运动的中心、五四运动发源地的转变，是中国近代大学的开端。

既然是洪堡衣钵相传，在蔡元培校长的大学理念中，自然映出西方高等教育的倩影，但额前却多了一抹黄花——这位翰林学士对中国古代大学理念与优秀传统文化进行了继承与升华。

首先，他提出“思想自由，兼容并包”的治学方针，打破“罢黜百家，独尊儒术”的封建壁垒。为了将北京大学打造成“囊括大典，网罗众家”的高等学府，在对待学生时，他主张尊重思想自由与个性发展，实行文理沟通与选课制度，帮助学术拓展与健全知识体系；面对各派学说时，他提倡百家争鸣、海纳百川，任其优胜劣汰自然发展；在评价教师时，他将学术水平作为权重所在，提倡不干涉主义，使得当时的北京大学，不仅有追求进步的陈独秀、李大钊、鲁迅，也有循规守旧的辜鸿铭、黄侃、刘师培等众多学术精英，济济一堂、不拘一格；在调整教学方法时，他倡导启发兴趣，不赘述、不说破，给学生自探究竟的余地，而教师与书本，不过是为学生指点迷津的指南针与地图罢了。在蔡元培与北大师生的辛勤耕耘下，燕园迎来了百花齐放、争奇斗艳的春天。

其次，他强调大学“教学与科学并重”的高等教育本质，效仿德国率先创建文、理、法研究所。在鞭策教师进步的同时，为毕业生深造与高年级学生追随导师进行试验，提供契机与平台。

最后，他同样坚持教育独立，甚至在思想管理权限方面，确保北京大学远离各种不良影响，承担起指导社会、追随社会的职责。值得一提的是，针对我国当时高举反列强旗帜的具体情况，蔡元培追加了对宗教因素的考虑。由于国民党政府的强烈不满，扩大学区制等举措搁浅，但其影响绵延至今不曾断绝。

蔡元培是中国近代大学制度诞生以来对高等教育理论进行系统总结与阐释的第一人。以他为代表的维新教育思想冲破了洋务运动“中学为体，西学为用”的封建桎梏，使得中国教育不再只是被动移植西方教学模式，而是主动迎合中国国情。“读书不忘救国，救国不忘读书”，蔡元培的大学理念对一个民族乃至一个时代构成的巨大影响与开创意义。

2．梅贻琦与清华大学

月光如流水一般，静静地泻在这一片叶子和花上，薄薄的青雾浮起在荷塘里，叶子荷花仿佛在牛乳中洗过一样，又像笼着轻纱的梦。

——朱自清 1927 年于清华大学

沿着清华大学的荷塘（见图 5.20），是错落有致、出淤泥而不染的荷花；是如梦似幻、倾泻而下的月色；是朱自清，这位中国现代作家、诗人、学者与民主战士，淡淡的喜悦与忧伤。历史上的中国刚刚遭遇了蒋介石“四一二”反革命政变，第一次国共合作危机四伏，北伐战争面临失败，包括朱自清在内的爱国知识分子陷入现实的淤泥，心中累积了不满、愤懑。

图 5.20　清华大学荷塘与校徽

1911 年成立的清华大学，虽有校训“自强不息，厚德载物”为鞭策，却也只是一所“留美预备学校”。直至 1931 年 12 月，梅贻琦（1889—1962）就任清华大学校长，这段跌宕起伏的校史才得以改写。事实上，梅贻琦与清华的缘分由来已久，他 20 岁考取第一批清华庚子赔款奖学金赴美留学，回国后便服务于母校，也曾在 1926 年担任教务长时对清华改革提出设想。他的大学理念有四个来源，分别是中国古代儒家大学教育思想、西方古典教育哲学、欧美现代资产阶级民主与法制思想，以及蔡元培兼容并包与学术自由思想。

1931 年，梅贻琦在校长就职演说中提出：“所谓大学者，非有大楼之谓也，有大师之谓也。”他认为师资为大学第一要素，因而广纳贤才，冯友兰、闻一多、朱自清等著名学者来清华任教，他们在学术研究与行政管理当中发挥了重要作用，这就是著名的大师论。

1941 年梅贻琦在“大学一解”一文中给出的“从游论”同样不容小觑：“学校犹水也，师生犹鱼也，其行动犹游泳也，大鱼前导，小鱼尾随，是从游也，从游既久，其濡染观摩之效自不求而至，不为而成。”这一比喻，生动形象地诠释了师生之间的理想关系，教师不仅需要传授知识与学问，而且应该创造和谐的师生关系，为人师表，率先垂范，将澄澈的思想、高尚的品质于举手投足之间自然流淌，是以对学生造成潜移默化的熏陶。无独有偶，1958 年英国物理学家、哲学家迈克·博兰尼（1891—1976）在其名著《个人知识》中提出了“默会知识”的概念：只可意会不可言传的知识，一离开产生它的人的头脑，便像鸡蛋一样只获得一个坚硬的外壳；只有将启发、发现与自由三元素融入教育的方法，才能帮助学生打破知识的外壳，一探内核的究竟。

作为重中之重，梅贻琦还在文中阐述了通才教育的核心理念。通才教育，并不仅仅是美国自由教育的简单复制，它承受儒家“君子不器”之雨露恩泽，符合中国实际，自成一体。梅贻琦将“知类通达”作为教育目的，认为教育的重心，应在通而不在专，因为社会所需要者，通才为大而专家次之，无通才为基础之专家临民，其结果不为兴民，而为扰民。一名卓越的工业组织人才，只有同时理解工程与行业之间、理论与技术之间，甚至物与人之间的关系，才能一叶知秋、不偏不倚，在错综复杂的情景当中做出顾全大局的好决策。好比意大利学者、画家达·芬奇（1452—1519）的传世名作《维特鲁威人》（见图 5.21），它所体现的不仅是素描，亦是解剖学及科学，它是艺术与科学的有机结合。不仅如此，通才教育在一定程度上优化了人才培养的硬性标准，保护了学生的多样性，为其在发展当中扬长避短、尽其所能创造了条件。譬如我国改革年代的经济学家、中国社会科学院研究员于光远，竟然与核物理学家钱三强是清华大学物理系的同班同学。

图 5.21　达·芬奇与《维特鲁威人》素描稿

另外，“教授治校”与“兼含并容，学术自由”等观点均是对蔡元培大学理念的传承与发扬，这里不再赘述。

在抗日战争的狂风巨浪中，清华大学几经迁徙；如今，清华大学以自然科学与工程技术领军国内学术前沿，2016/2017 年《QS 世界大学排名》，清华大学名列第 24 名。清华师生的三个梦想——世界大学前 20 名、下一位诺贝尔得主与东方的贝尔实验室，正疾驰在通往现实的康庄大道上。

5.3 当前大学工程教育改革

当前大学工程教育改革，其形式多种多样，逐一道来恐怕三天三夜难穷其尽，本节只选取身边主流的改革理念进行评述，旨在帮助读者了解改革的现状与用心，就是“大学将怎样教育我”与“为什么教育我”这两个问题。我们相信，只有在这两个问题之上做好沟通进而达成共识，读者才能爱上大学从而做到最好。

5.3.1 通识教育

1. 国外部分

之前我们以哈佛大学为蓝本，构建起通识教育的感性形象，而哥伦比亚大学、芝加哥大学与麻省理工学院（MIT）等高等学府，也是通识教育的先行者与领路人。一方面，这些学校通过开设自然科学与人文社会科学课程，平衡学生的知识结构；另一方面，将写作与外语纳入技能类课程，旨在培养学生阅读以及口头与书面交流能力。

以 MIT 为例，对于这所建于 1861 年的研究型大学，世人皆知，他是世界理工大学之最。他的理工教育被称作“高压锅”，以至于“我恨这个该死的地方”成为学生爱恨交织的习惯用语。但实际上，MIT 如今已经成功转型为一所综合性大学，他在 2017 年 6 月公布的《2018 年 QS 世界大学综合排名》中名列第一，并以“通识教育”弥补理工教育的不足之处，从而成为全美最有声望的学校。

MIT 的通识教育究竟是什么模样？

创建于南北战火之中的 MIT，希望能够发挥在科学工程、建筑、人文和社会科学方面的核心优势，通过提供卓越的大学教育发展科技，服务于社会进步。2004 年，MIT 迎来了其历史上第一位女校长苏珊（Susan Hockfield，见图 5.22），她在就职演说中表达了对通识教育的无比重视：无论是在地理还是在思维上，我们正在将我们的电脑科学家、生命科学家、语言学家、哲学家和工程师们聚在一起。在她的带领下，MIT 专家工作组，重新描述了大学的理念：第一，对学习的持久热情；第二，知识多元化；第三，对核心知识的创新方法；第四，合作学习，为培养有责任心的领导而教育。

图 5.22 MIT 首位女校长苏珊

在通识课程的设计方面，MIT 的本科生必须在毕业之前修满 8 门人文、艺术与社会科学课程，数量上与科学技术类课程相当，并将全球化与多元化的观念注入其中。因此，MIT 的本科生不仅学习单变量微积分，也学习城市面貌——过去和未来，并通过网络与世界慷慨共享。这不仅可以帮助学生了解人类文明的前世今生，体会社会、政治与经济的潜在影响，更能弥补单纯理工教育在问题意识与科学方法上的薄弱之处。除此之外，MIT 注重培养学生独立探索新问题的能力及社会责任感。譬如，分给每位学生一个沉甸甸的箱子，要求学生利用机械零件自行设计、组装一台机器；又如，MIT 与剑桥大学联手，计划把静音喷射机送入 2030 年的蓝天，其噪音将减小到洗衣机级别。作为美国第一所创业型大学，MIT 以服务社会为出发点的教育与斯坦福大学同样享有盛誉。

姑且不论 MIT 培养出的 78 名诺贝尔奖得主，也不论那 52 位科学奖章获得者，就在 2013 年上映的科幻大片《钢铁侠 3》中，主人公东尼史塔克坦言，将他打造成为军事发明家、亿万富翁、花花公子以及大慈善家的，正是将手脑并用作为校训的 MIT。

2．国内部分

MIT 的苏珊校长认为，美国高等教育的辉煌成就源自三个世纪以来对其他国家与大学的模仿与改良。以此类推，我国在参照美国或其他西方大学的理念与模式时，必须取其精华去其糟粕。蔡元培在北京大学实施文理沟通与选课制度，梅贻琦《大学一解》中阐释的通才教育，抗日战争期间国立西南联合大学“刚毅坚卓”育人无数，都是西方通识教育落户中国并入乡随俗的最初作为。改革开放以来，我国教育疾呼面向现代化、面向世界、面向未来，然后经由 211、985 工程催化，通识教育开始在诸多研究型大学中施展拳脚。北京大学的元培计划、清华大学的文化素质教育核心课程计划，均体现了国内高校在此方面做出的探索与尝试。

1994 年，复旦大学开始推行通才教育，案例教学，并于 2004 年确立了由综合教育、文理基础教育、专业教育三大板块组成的课程体系。其中，综合教育板块，包括人文科学与艺术，社会科学与行为科学，自然科学与数学。加上文理基础教育板块，拼成复旦大学通识教育课程的新大陆。这片新土地被打造成了低年级学生的宜居之所，他们从被动学习向主动研究迁移。同时，学科区域之间的沟壑被填埋，师生之间的交流与往来被重视，新世界的实现正在路上。

2008 年，上海交通大学颁布《上海交通大学关于设置本科通识教育核心课程的意见》，将通识教育定义为“面向不同学科背景学生开展的，着力于教育对象精神成长，能力提高和知识结构优化的非专业教育，其目的是培养具有健全人格和负责任的公民。”经过上海交大通识教育指导委员会的精心策划，通识教育核心课程被划分为四个领域的内容：人文科学、社会科学、自然科学与工程技术，数学或逻辑学。以“数学与文化”为例，其教学强调数学的思维方法、历史与价值，尤其强调对人类发展的实际意义，而不再是单纯而机械的数字与智力游戏。由此可见，如同哈佛大学与 MIT，上海交通大学通识课程已然将重心转移到启发思想与传授方法上来。不同的是，基于我国教育现状，特别是中学的应试教育，这种转变需要更多的努力与耐心。考虑到这一点，上海交通大学采取了“遴选立项、期满验收、定期复评、不断更新”的战略战术，准备打一场持久战。在课程设置之余，上海交通大学还铺砌了宽阔的国际化之路，不仅与 20 多个国家和地区的 150 多所学校、数十所跨国企业建立友谊，而且还与世界卫生组织、联合国人口基金会等展开密切合作。

俄国文学家托尔斯泰（1820—1910）在经典名著《安娜卡列尼娜》中开门见山地写道：“幸福的家庭都是相似的，不幸的家庭各有各的不幸。”在未来工程实践背景下，我国面临的一些问题在共性之中又独具特性。传统儒家思想主张“经世致用”，现代初等教育以“学好数理化，走遍天下都不怕”作为应试教育的座右铭，这就可能导致功利主义根深蒂固，人文精神备受冷落。更进一步，高考的海啸影响了学生的创造能力，偏狭的“专业对口”思想使大学生难以适应多元化的职业需求。好在，无论是美国大学抑或中国大学，不论我国国情如何，通识教育的理念都已被锁定，专家学者开始探索多种多样的教学理念与方法。例如，华中科技大学党委副书记刘献君教授，他结合专业教学进行人文教育。也就是说，通识教育并不局限于通识课程板块中，而应该与专业教育板块拼接起来。基于以上理念，他高屋建瓴地提出八种方式：“起于知识，启迪精神，渗透美育，行为互动，营造气氛，以悟导悟，以人为本，止于境界。”其内涵这里不再一一展开，而是留待读者自己细细体味。除此之外，结合中西方大学的发展历史，从中可以发现多少诸如“从游论”之类传承至今的中国元素？

5.3.2 书院制

1．国外部分

不知你是否记得《哈利·波特》中霍格沃兹魔法学校气势恢宏而又富丽堂皇的餐厅（见图 5.23），哈利与伙伴的日常就餐、分院仪式以及圣诞晚会，均在这里进行。其实，电影中的餐厅，以及赫敏最爱的图书馆，均取自牛津大学基督教堂学院。细心的读者还回忆起，在介绍西方大学发展史时，青年纽曼的孕育地叫作牛津大学三一学院。

图 5.23 电影《哈利·波特》剧照

这个“学院”是指什么？

或许你会纳闷：“这有什么奇怪，我们学校也有光电工程学院、经济管理学院和人文学院，只不过是名字没那么有个性罢了。”但事实上，两个“学院”在含义上有所区别。牛津大学与剑桥大学的“学院”起源于 13 世纪的英国民间，如今已然发展成为一种成熟的组织制度——学院制。与魔法学校的四所学院类似，“麻瓜（Muggle）”大学的每所学院均有各自的传统风格与活动区间，招收到志趣相投的本科生后，学院会为他们和老师提供餐厅、休息室与图书馆等活动场所，并开设小班教学、课堂讨论与个别辅导等教育平台。这些学生与老师均来自不同专业，并以大学为中心形成相对独立的生态系统。打个比方，牛津大学与剑桥大学的组织结构如同矩阵一般，“行”是我们熟悉的以专业划分的学院（School），“列”是我们初识的以社区划分的学院（College），而作为元素的学生则由代表双重身份的两个角标定位。

哥伦布后，现代大学的理念漂洋过海远达美国，“学院制”更名成为“住宿学院制”一同远渡重洋。自然而然，住宿学院制的处女秀献给了哈佛大学。从 1642 年邓斯特（Henry Dunster，1609—1659）校长仿效牛津大学与剑桥大学开始筹建学院，到 1933 年洛厄尔校长煞费苦心将所有的本科生请入校园，再到 1971 年实行男女混住，“拟同社会交互作用”的住宿学院制终于梦想成真。

作为竞争者的耶鲁大学不甘示弱，她在 1925 年正式提出为本科生部——耶鲁学院构建住宿学院制，并于 1960 年落成 12 所住宿学院，如贝克莱学院与布兰福德学院。这些住宿学院同样拥有属于自己的完备设施，包括 24 小时开放的洗衣房、健身房甚至照相暗室，力争做到有求必应。管理方面，每所住宿学院设有院长、学监、导师与学生顾问等职位。其中院长权限最高，除了全面负责住宿学生日常事务，他每周还为本科生举办“院长茶会”，邀请知名人士分享来自各界的新鲜声音与人物故事。而学监则代表耶鲁学院教务长办公室负责安排教学与住宿，如审批学生的选课单并与他们一同出席社交活动。此外，住宿学院一般会为每位新生配置两位导师，分别负责学术指导与论文写作，而学生顾问则扮演“知心姐姐”，为面临学习与生活困扰的新生答疑解惑。各个住宿学院彼此之间并非绝缘，而是友谊与竞争并存。不仅学生需要平衡住宿学院以及全校范围的学习与活动，住宿学院的管理层面一般也要面向全校师生开设课程与讲座。

获得世界一流大学如此青睐的学院制（住宿学院制）究竟好在哪里？

首先，洛厄尔校长曾畅想这样一幅场景："不同班级、不同类型和不同协会的本科生和导师们在同一个社区里生活，在同一个餐厅里就餐，全新的接触、惬意的交谈、深厚的友谊就会建立起来。"学院制使不同年龄与背景的学生与老师齐聚一堂，这不仅有助于实现学科交叉，也促进了多元文化交流。就像一门在课间展开的通识课程，于碰撞与包容中油然而生的是学生的学术兴趣、多元视角乃至创造能力。其次，各个学院独特的传统与风格、小范围开设的教育活动及合理配置的指导教师，不仅使学生的学习与生活井井有条、丝丝入扣，更使得因材施教与个性发展落到实处。最后，从剑桥大学三一学院的晚餐祷告，到哈佛大学邓斯特楼传来的阵阵风琴乐音，都体现出学院制"家"的概念。尽善尽美的生活服务设施，专业而细致的指导与照顾，以及在大学茫茫人海之中凝聚而成的小团体，都让新生被扑面而来的归属感与安全感团团包围，在快速适应新环境的同时展现出本真而优秀的一面。

2．国内部分

其实，我国也有高校在实行学院制（住宿学院制），不过名字是古色古香的"书院制"。作为香港唯一的书院制大学，香港中文大学最初由 1949—1956 年陆续创办的新亚书院、崇基书院、联合书院合并而成，后于 1986 年建立逸夫书院。为了在 2012 年恢复本科四年制并实现生源扩招，香港中文大学自 2006 年起又相继成立了包括晨兴书院在内的另外五所书院。进入大学之后，学生根据自己的兴趣与爱好选择专业与书院，而书院的选择在学期末还可以更改。香港中文大学的书院制中西合璧、博古通今，被学生亲切地喻作教会儿女为人处世、融入社会的母亲；而负责引导学习、研究以及个人发展的父亲，则由学校本身担当。

虽然对西方的学院制（住宿学院制）有所借鉴，但书院制的历史开篇，当是以笔墨写在宣纸上的。

大唐安史之乱以后，一些硕学鸿儒避世隐居，而后仿照禅林讲习聚众讲学，中国古代书院形式初见端倪。到了宋朝，书院正式成为具有教学、研究以及修书、编书、藏书职能的组织机构，逐渐走向鼎盛。河南嵩阳书院、湖南岳麓书院、河南睢阳书院及江西白鹿洞书院并称"中国古代四大书院"的说法被南宋理学大家吕祖谦（1137—1181）提出。

由于明代官学与科举兴起，书院制渐能与传统官学分庭抗礼，终于清末改制成为新式学堂。幸运的是，岳麓书院（见图 5.24）历经朝代更迭始终岿然不动，于 1926 年正式更名为湖南大学。

图 5.24　岳麓书院

中国古代书院在管理上十分民主，不仅设有教学行政组织，定有规章制度，也有学田提供经济来源，学生常常作用其中。而在治学方面，书院具有如下特点：

（1）门户开放，百家争鸣。中国古代书院一般开门办学，不同书院、不同派系的学生都可以问业于此，直言不讳地发表见解，唇枪舌剑地进行辩论。1175 年，受吕祖谦之邀，朱熹（其画像及家训见图 5.25）与陆九渊、陆九龄在鹅湖寺围绕“为学之方”进行公开辩论。以诗歌论英雄，史称“鹅湖之会”，这便是书院独创的“讲会”制度。如此的学术交流不仅可提高治学水平、拓宽学生视野、激发创造灵感，而且利于建立书院声望、行“有朋自远方来不亦乐乎”之快事。值得一提的是，虽然朱熹与陆氏兄弟最后仍然各执己见，却明晰了各自优劣，更因赢得彼此敬重结成君子之交。1181 年，朱熹邀请陆九渊到白鹿洞书院讲学，这段佳话随着由二人合著的《白鹿洞书堂讲义》一同流传至今。

台北故宫博物院藏朱子像

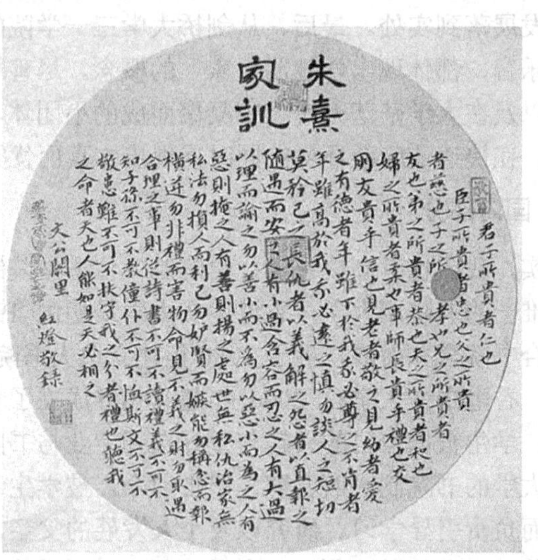

图 5.25　朱熹画像及家训

（2）不落窠臼，教训合一。中国古代书院主讲内容随年代不同有所侧重。宋代多讲程朱理学，明代多为陆王心学，清代则受文字狱及其他压力所迫多重经学与考据。由此可见，书院的教学内容随当下热点而变，随时代特征而变。然而万变不离其宗的是，书院始终将完善学生道德品格作为首要目的，教书不忘育人，亦即“教训合一”。受到这一理念影响，书院培养出了大批刚正不阿、两袖清风的仁人志士，譬如宁死不屈的“忠毅”之公左光斗（1517—1625）、我国朴素唯物主义思想的集大成者王夫之（1619—1692）（图 5.26）、维新派领袖唐才常（1867—1900）等。

王夫之像及其所著《宋论》

图 5.26　王夫之画像

（3）自学为主，方法为先。俗话说“没有金刚钻，别揽瓷器活”。既然中国古代书院兼有修书、编书与藏书的职能，学生便须时时读书、自行钻研以使能力匹配。与此同时，教师并不直接干预学生学习，而是发挥着提纲挈领、答疑解惑的引导作用，注重因材施教。譬如，朱熹授以学生“循序渐进，熟读精思”之法；龙门书院提出“读书有心得，有疑义，按日记于读书册”，以便在每月的规定时间与教师探讨，有时教师也会发难学生进而促其积极思考、主动学习。这些古代书院教学理念以及方法至今仍不失其借鉴价值。

（4）师生父子，耳濡目染。教师以博学之识掌舵学生的无涯学海，以慈父之心关注学生的学习兴趣，以敦厚之行感染学生的人格品质。学生学而不厌，教师诲人不倦，师生朝夕相处，其乐融融。反过来又使得言传身教欣欣向荣，代代传承。另外，书院还通过楹联等形式营造育人氛围。譬如，岳麓书院以其楹联“地接衡湘，大泽深山龙虎气；学宗邹鲁，礼门义路圣贤心”悬于二门门厅，又以“工善其事，必利其器，业精于勤，而荒于嬉”“惟楚有才，于斯为盛”“沅生芷草，澧育兰花”悬于讲堂。今时今日，我们兴奋地看到此类细节上的教育重出江湖，将绚烂的传统文化与科学的现代理念融为一体。

1921 年，毛泽东等人于长沙创办湖南自修大学，其《组织大纲》中有云：“本大学鉴于现代制度之缺失，采取中国古代书院与现代学校二者之长，取自动的方法，研究各种学术，以期发明真理，造就人才，使文化普及于平民，学术周流于社会。”中国古代书院思想精髓对我国现代大学教育理念的形成有着不可磨灭的影响。

光绪年间，随着满清政府一声令下，罢黜书院、兴办学堂之风兴起，古代书院隐姓埋名，一度于历史长河中销声匿迹。如今，我国高校普遍采用学校、院系两级管理模式，以班级为管理的最小单位，依次由党委领导、学生工作办公室以及班主任负责。至于宿舍管理则依托于物业与后勤，他们提供安全保障而不涉及其他，与牛津大学、剑桥大学等截然不同。因此，虽然学生同样在校园中生活，但宿舍却往往被视为一张可供休息的床位，忽略了其作为“交流工具”这一重要功能，而单调空白的宿舍生活也很难被精彩纷呈的校园活动所弥补。因此，怀着对中国古代书院的无比敬意，以及对英美高校学院制的虚心向学，2005 年，复旦大学启动了“书院制”管理模式。

作为对传统宿舍制度的改良以及对三大板块通识课程的补充，复旦大学在 2005 年百年校庆之际创办了复旦学院。该学院所辖四所书院以老校长之名命名——志德、腾飞、克卿、任重，2011 年增加希德书院作为试点。一年级本科生按照专业、国籍、地域、民族分散原则被分配到各个学院展开新的生活，他们将在这里思考甚至重新定位专业方向，获得校园归属感与自身认同感，为未来的三年发展做好身心准备。复旦学院接受党委书记、院长管理，设分工明确的综合办公室、教学办公室、导师办公室与学工办公室。以“新”的班级作为单位，所谓“新”，指的便是本科生在专业与背景上的多元化。每个班级除了设有 1 名辅导员与 3 名助理，还配有导师团提供学习指导、生活辅导与就业咨询。另外，复旦书院致力于将宿舍由“床位”提升到“家”的高度。

基础设施方面，宿舍楼外悬有门匾以及楹联，楼内布置有活动室、谈心室以及学生作品展示区等；学院文化方面，每个书院都拥有独树一帜的院徽、院旗、院歌、院服乃至标志颜色；日常生活方面，复旦书院拥有“四大计划”——大学导航计划、学养拓展计划、公民教养计划、关爱成长计划，而每所书院也有各自的特色品牌活动。例如，以复旦大学创始人、教育家马相伯（1840—1939）的原名命名的志德书院（见图 5.27），其楹联为“志于道据于德依于仁，而后游于艺；修其身齐其家治其国，必先正其心”，标志颜色为绿，自创活动有“每月 7 日书院日”“志德登高”等。

综上所述，复旦大学在书院制的建设上用心良苦，既继承了我国古代书院传统，又兼顾其科学性与合理性。不论是通识课程还是书院制度，复旦大学以及国内多所高校都在尝试、改进、完善与创新中披荆斩棘、不断前行。2005 年，西安交通大学试行书院制度，“辅导员”易名为“常任导师”，彻底融入学生群体。2012 年，北京航空航天大学成立知行、启明、汇融、航天四所书院，小范围内浅尝书院制度。例如，启明书院目前仅由电子信息工程、自动化科学与电气工程学院组成，其取得经验后将会扩展到全校范围。

图 5.27 志德书院及其院徽

5.3.3 本科生导师制

（1）国外部分

之前我们提及，导师制是“自由大学家喻户晓的上帝”——纽曼所钟爱的一项教育制度。他曾告诫学生：“你不仅为听讲与读书而来，还要为问答教学而来，而这种教学存在于你与教师之间的对话与提问中。”导师制源自 14 世纪剑桥大学新学院，17 世纪被英国高校普遍用于研究生教育，19 世纪被推广到本科生培养。当时，作为施行学院制的一种具体形式，牛津大学与剑桥大学均开设导师课：每 1～6 名学生结为小组完成导师前一周布置的任务，在课上阅读、讨论，并获悉下一周的工作。今天，臻于成熟的导师制成为“镶嵌在牛津皇冠上的那颗耀眼的宝石”，除了英国，许多国家的高等学府也沐浴其光芒之中。

牛津大学将本科生导师称为“Tutor”，将研究生导师唤作“Supervisor”，而“Tutor”一词具有家庭教师监护人的意味。也就是说，本科生导师制强调面对面的个别辅导。

以学院制为基础，学院为每名一年级学生配备一位导师，他会协助 6～12 名学生制定并实施学习计划，答疑解惑，督促他们准备考试。导师必须德、智并重，在提供道德与生活指导的同时以身作则。这意味着学校需要投入大量心血选定导师，将业务素质与道德修养均列入考察范畴。如果学生所学专业需要其他学院导师协助，或者与导师间个性不和，经过学院审查之后可以更换导师。

作为导师制的一项基本内容，一对一的导师课成为学生每周的必修课。课前，导师会为学生布置论文题目，有时关于学术研究，有时关于读书体会，同时还会列出参考书目。为了写好论文，学生必须查找资料、阅读文献，经过慎重思考形成独立框架，最后完成写作，交给导师进行批注。课上，前一半时间由学生介绍论文内容，就遇到的问题、方法或者论点进行发问、讨论和点评；后一半时间将用来关注生活与考试。导师从不直接灌输答案，从不鼓励学生堆砌已有观点，从不权威性地做出对错评价。他们希望学生通过思考与讨论给出个人见解，运用所学知识解决新的问题，通过追问与互动的形式不断成长。导师本人有时也会从中受益，或者纠正错位的思维定式，或者获得新鲜的解读方法。另外，导师课上的上课时间、地点以及人数灵活变动。特别是近些年来，由于牛津大学扩大招生规模，导师经常邀请 2～4 名同学一同上课，从实验室、咖啡厅到草坪上，到处都留下了他们的身影。由此看来，导师制的发明者或许可以追溯到苏格拉底。

19 世纪与 20 世纪交汇之际，哈佛大学也建立了本科生导师制，并在牛津与剑桥的经验上略做调整。一方面，哈佛大学给予一年级本科生特殊关照，因为他们面临由家庭到校园、由高中到大学的双重过渡。而另一方面，导师课论文的角色在哈佛大学被淡化，导师团的低级成员与研究生的导师戏份被加强。

（2）国内部分

1929 年到 1931 年期间，浙江大学教授费巩（1905—1945）曾留学牛津大学，他感叹“英国牛津、剑桥等大学之学制，与吾国现行大学学制完全不同。”最后将本科生导师制带回祖国。1938 年，在隆隆的抗日炮火中，浙江大学辗转迁徙，时任校长、地理与气象学家竺可桢（1890—1974，见图 5.28）推行本科生导师制，以“养成公忠坚毅，能担当大任，主持风气，转移国运的领导人才。”而后，浙江大学拟定五点办法：各位导师每周需到学生食堂就餐一次；全体导师每月开会一次；每位导师领导的学生不超过 12 名；三、四年级学生需以本系教师作为导师；导师应随时与学生谈话，解答启导。结合了中国古代书院“教训合一”的理念，本科生导师制在浙江大学开展得有声有色，卓有建树，可惜未能坚持下来。

图 5.28　气象学家竺可桢

受竺可桢校长的影响，浙江大学（见图 5.29）一向以培养拔尖创新人才为己任，并于 2000 年在混合班等系列改革试点的基础上成立竺可桢学院，宣告本科生导师制正式回归。究其原因，一是呼应时代背景与人才需求，引导学生涉足科研并完善人格；二是学分制在我国盛行，而学生如何把握则需要导师协助。竺可桢学院将课程体系设置为通识课程、大类课程、专业课程、个性课程四个部分。其中，大类课程包括文、理、工三个平台，个性课程需要在导师指导下量体裁衣进而完成修读。进入这所致力于“精英教育”的荣誉学院需要经过层层遴选，对象包括保送生与高分考生，而通过选拔的学生也非一劳永逸，他们在一年级期间还会面临每学期期末的分流递补。一、二年级学生不分专业，而是被放置在大类平台上完成“宽”的基础学习。二年级末，学生将会依据自己对各个专业的了解、兴趣与特长确定专业，同时结合导师研究方向与其进行“双向选择”。三、四年级，学生面临“交”与“专”的挑战。这一阶段，学生会在导师的指导下制定个性化的选课计划，参与课题研究、学术活动以及社会实践。同时，学生需要定期联系导师，沟通近况，既谈工作与生活，也谈未来与理想，在导师的帮助与鼓励下茁壮成长。通过将通识与专业、广度与深度、理论与实践天衣无缝地结合起来，竺可桢学院使学生的综合素质得以充分发展，他们可以迅速适应时代变化，成为集“宽、交、专”于一身的拔尖创新人才。

图 5.29　浙江大学校园

2002 年以来，在竺可桢学院的示范与引领下，浙江大学全面施行本科生导师制，北京大学、清华大学、哈尔滨工业大学、厦门大学等纷纷效仿，虽然在具体操作上略有差异，但都卓见成效。因侧重于不同的群体，竺可桢学院的本科生导师制属于英才学生导师制，其余类型还包括全程本科生导师制以及高、低年级导师制等。

透过国内本科生导师制，我们可以看到 2500 年前的孔子在向我们点头微笑。首先，本科生导师制一对一或一对多的模式为导师与学生的沟通提供了广阔空间，使因材施教成为可能。导师可以将其精力集中放在学生身上，了解学生的性格、兴趣与特长，特别是学习情况、心理诉求与思想动态，为其量身打造培养方案，最大限度地发掘学生多元能力。其次，这一制度体现了启发引导的理念，学生将由被动学习转向主动学习，因为导师并不传递信息，而是扮演引路之人，他使学生通过探索明白如何独立思考，而非替代学生做出选择。虽然启发与引导的过程错综复杂，但这正是导师制的魅力所在。另外，师生间往往会逐步建立起彼此信任的合作关系，为学生受导师人格魅力熏陶打下基础。当然，2500 年前的孔子也会为今天叹为观止，现在电话、电子邮件与聊天工具使学生与导师的交流更加畅通无阻。

与西方高校相比，我国本科生导师制有所差异，也存在着提升空间：没有与书院制互相配合，师生比例低于理想状态，导师需要加强培训……经岁月洗礼，本科生导师制历久弥新，不论苏格拉底还是孔子，不论 Tutor 还是导师，本科生导师制都毋庸置疑是教育史上最伟大的“发明”之一。

5.3.4 小班化研究型教学

1. 国外部分

细细思量探讨过的教育改革模式，我们不难发现有一种微妙的教育思想渗透其中。可以借用 19 世纪“德国教师的教师”第斯多惠（Friedrich Adolph Wilhelm Diesterweg，1790—1866）的一个比喻加以表述：“一个真正的教师指点给他的学生的，不是已投入了千百年劳动的现成的大厦，而是促使他去做砌砖的工作，同他一起来建造大厦，教他建筑。”第斯多惠之前，有苏格拉底的对话教学法——教师以问答与辩论等方式引导学生完成讽刺、助产、归纳与定义等步骤，因而这种方法又被形象地称为“产婆术”。

第斯多惠之后，是美国心理学家布鲁纳（Jerome S. Bruner，1915—2016）的发现式学习法——学生应像科学家发现真理一样，在教师指导下寻找答案、分析验证、得出结论，自行发现事物的因果关系或内在联系。

洪堡在创建德国柏林洪堡大学时，还建立了一座“科学研究的苗圃”——习明纳，意为“学生为研究某问题而与教师共同讨论之班级”。习明纳的参与者包括 8～12 名学生与 1 位教师，大家在安静而舒适的环境下围成环形，以平等的姿态进行讨论，时间一般控制在一个半小时左右。为了尽量避免在课上对学生形成压力，习明纳通常只配备 1 位老师，他们很少讲话，只负责学生拟题分组并做最后总结，这有别于传统课堂教学形式与导师制。习明纳的主题一般在前一次课上就已确定，这给学生预留出充足的时间用于拟定题目、搜罗资料，为讨论的畅所欲言提供保障。

随着柏林洪堡大学之风吹遍欧美大陆，习明纳发挥出了“轮中之轴”的作用，在介绍学院制时提及的小班教学与课堂讨论，也是习明纳的一类。而源自芝加哥大学的通识教育，保存了“名著教育计划”的精髓，并将习明纳作为课堂教学的补充。例如，20 世纪 90 年代，“财富、权利与美德”这门课程要求学生阅读古希腊时期的著作，以及《国富论》、《共产党宣言》与

《论道德的体系》等鸿篇巨制，并在习明纳上进行探讨。当时的本科生院长博耶（John W. Boyer）是芝加哥大学第一位连任5届的院长，他曾指出："通识课程教师组成讨论小组，继续芝加哥大学的经典风格任教小班教学，强调对原有文本和伟大著作的研究。"所谓"小班"包括20名学生，而上课地点往往是可以容纳80余人的、布满沙发座椅的大教室，除了教师担任主持人外，还有一位博士生担任助教。

在大洋彼岸的澳大利亚，另一种教育理念此时正悄然成长。1978年，澳大利亚课程学者布莫（Garth Boomer）提出了协商课程的概念。随着有关著作与实践的相继问世，美国也听到了他的呼喊。1992年，布莫、库克（Jon Cook）联合美国课程学者莱斯特（Nancy Lester）出版论文合集《协商课程：为了21世纪的教育》，以书中的反思与批判博得了世界目光。究竟什么是协商课程呢？在协商课程中，学生将会参与课程方案的设计与修改，通过探索与反省由被动学习转向协商学习，同时教师也从"技术熟练者"转向"反思实践者"。作为后现代课程实践的一种途径，协商课程显然更加民主而且高效，当前大学教育改革毫无疑问将会从中获益。

2．国内部分

在正式展开国内部分的论述之前，我们先将上文中的新鲜概念罗列出来：产婆术、发现式学习法、习明纳、协商课程……同时再让我们回顾中国古代教育理念："不愤不启，不悱不发"的启发式教学，"处无为之事，行不言之教"的道家思想……对比下来不难发现，这些方法以及理念殊途同归，仿佛孔子等人留洋凯旋。在小班化研究型教学方面，近年来我国究竟做出了哪些尝试与探索？

北京航空航天大学是新中国创办的第一所航空航天高等学府，自1952年建校至今，北航秉承校训"德才兼备，知行合一"，迅速晋位国内一流大学行列。从"北京一号"、"北京二号"、"北京五号"与"蜜蜂"系列相继驰骋空天，到荣膺11项国家级科技奖励一等奖，北航正一步一步为"空天信融合特色的世界一流大学"装上翅膀。而在"得天下英才而教育之"方面，北航建立高等工程学院与中法工程师学院等教育示范区，探索学分制与书院制，推行"卓越工程师"等系列计划。2012年，北航将"一制三化"——本科生导师制、个性化、小班化、国际化提上日程，这里以小班化研究型教学为圆心展开说明。

（1）专业基础课程

电子信息工程学院本科生B和其他同学一样感到匪夷所思，因为他们发现自己熟悉的课堂似乎"洗心革面"了：原来300名同学排排而坐的阶梯教室，如今被容量为30人的小教室取代，而同学们还要分成5组，围坐在自己小组的圆桌旁边（见图5.30）。怀着好奇之心，B很快坐下准备上课。

图5.30　专业基础课程课堂

这节课是"电子电路"，按照教材来看，老师先要介绍PN结与半导体二极管等基础知识。然而 B 发现自己再次判断失误：老师带来的幻灯片中是形形色色的图片，收音机、电视机乃至 LED 节能灯等，应有尽有，最后一张图片有些另类——半导体直流稳压电源。B 的好奇心实在有些按捺不住：这与电子电路有什么关系呢？原来这些图片都与二极管有关，例如收音机利用二极管检波，而半导体直流稳压电源由二极管整流电路以及其他模块共同组成。这时，老师带领大家回归历史，从单向导电性的发现切入，依托二极管的发展带出工作原理、结构特性、主要参数与等效电路等内容，这一过程并非平铺直叙，而是融入了提问与讨论。譬如，当老师问道"N 型与 P 型半导体制作在同一块硅片上会发生什么"时，每个小组便七嘴八舌地讨论开来，成员之间通过分析、判断、补充与完善发现并创造出新的东西，而这"新的东西"其实就是 PN 结。有时同学们也会在老师的启发下提出问题，比如"在 PN 结上加反向电压是否真的不会产生电流"。临下课时老师抛下悬念："等到本章结束，大家就能读懂组成半导体直流稳压电源的各个模块，从而明白该电源的工作机制。"好奇心使 B 不仅听讲时一直兴致盎然，而且对下一节课满怀期待。

令 B 更加兴奋的是，课堂教学后老师安排了有趣的练习、讨论与开放实验。练习不仅包括课后习题，还有研究问题，有时需要通过电路设计与软件仿真得到结果。而讨论则与习明纳类似，B 和同学们需要根据实际问题搜集资料进行讨论，或是展开理论分析，或是设计解决方案，或是畅想未来发展。从学习、实践到创新，知识便从书本中跳了出来。开放实验作为补充，不仅能够使同学们建立感性认识，也是理论向实践过渡的一个步骤，毕竟单凭公式或者定理很难把握其背后的价值。另外，学院自行研发了小班化教学辅助系统供学生们下载课件，同时收集问题与建议并给出回答与调整，在一定程度上折射出协商课程的影子。

一个学期下来，B 不仅学到了电子电路的相关知识，而且感觉自己在思维能力、实践能力、创新意识与团队交流等方面均有所长进。更妙的是，B 成了科学历史的狂热粉丝，因为历史复现出了每项发现与发明的来龙去脉，而历史人物折射出孜孜不倦的科学精神。B 自信，通过数理与专业基础课程学习以及自我学习，他的眼睛与心灵将变得更加宽敞明亮。

（2）经典论文导读

这个学期，本科生 U 兴致勃勃地参与了经典论文导读课程。这门课程包括多个方向，例如无线通信、电磁场、编码理论、自旋电子等，而今天 U 要与其他同学探讨的正是"编码理论"。坐在教室里的 U 忐忑不安，因为课前准备做得不尽人意：香农 1948 年发表的里程碑式论文《A Mathematical Theory of Communication》看得 U 如堕五里雾中，怎么交差？对于 U 的担心，老师似乎不以为然，他并未让大家默写信道容量公式或者证明香农定理，而是抛出一系列的问题引导大家讨论：香农是谁？当时通信技术发展如何？你能用通俗的语言阐述信息理论吗？研究使用的工具是什么？熵的概念怎样引入？信息论的意义何在？你是否能想到一些不足或者创意？在与同学的讨论中，U 渐渐地进入了状态，他感觉到香农就坐在旁边陪伴自己一同冥思苦想，信息论萌芽的伟大时刻重现眼前。U 可以透过香农服帖的头发，看到信息论在他的大脑中以一种思维方式逐渐成形，甚至还有瑕疵遗留——原来香农并非无所不能。

不知不觉，U 课前的紧张感早已烟消云散，内心取而代之的是快乐、自由、满足以及自信，头脑之中装满的是知识、方法、感悟甚至论文写作规范。"下次课还要来。"

U 若有所思，"不过下次预习我的重点应该不是理论推导，而是理解基础概念、搜集背景资料与相关评论，之后形成个人见解。"另一方面，老师讲问题设计得环环相扣，偶尔点评起来也是一语中的，从不喧宾夺主。下课之前，老师将后续课程要探讨的论文主题提前告知——卷积码、维特比译码、Turbo 码、LDPC 码与网络编码，这些内容被放到《A Mathematical Theory of Communication》阐释的信息论后，由历史到前沿，不仅将无线通信的画卷化零为整，也将学生的视角从欣赏引至创造。匠心独运的经典论文导读课程让探索之心永不落幕。

（3）商业案例分析

本科生A1在对着课表发呆：商业案例分析，这门课程要怎么上？

上课前的一周，A1所在小组被告知这次课将要讨论的商业案例是摄影界的新宠——光场相机LYTRO，他们需要提前整合资料，调查其产品创意、理论支持、设计理念、市场营销、创业精神等情况，形成幻灯片以进行展示。经过信息筛选与头脑风暴，A1带着一只U盘与满载热情的心来到教室，案例分析正式拉开序幕。

相较传统相机而言，“光场相机”可以先拍照后对焦，原因是这款相机置有光场感应器，可以通过微透镜阵列技术捕捉并记录所有光线的颜色、强度与方向，而后上传至计算机进行对焦处理。不仅如此，这款相机的外形同样十分新潮，像一只靓丽的万花筒，随时准备着成为万众瞩目的焦点，由图5.31可略见一二。2012年2月28日，早已开始接受预订的LYTRO在美国上市，但只通过官方网站售卖。同年10月9日，LYTRO终于宣布通过百思买等公司启动全球销售。然而，对LYTRO的质疑之声也始终存在，譬如像素过低、屏幕太小、无闪光灯、上传缓慢等，这些用户体验上的美中不足为LYTRO的更新换代指明方向。最后需要补充的是，“光场相机”的发明者是斯坦福大学的吴义仁（Yi-Ren NG，1979—）博士。2006年，吴义仁在美国硅谷创办了名不见经传的LYTRO公司。而时隔五年，乔布斯竟已然开始与吴义仁探讨将这一技术移植到iPhone的可能了。

图5.31　LYTRO的对焦处理与“万花筒”造型

通过A1与同伴生动活泼的设问与解说，配合有声有色的幻灯片展示，其他同学在迅速领会以上信息的同时，很快便提出了新的问题：“光场相机”与传统CCD或CMOS镜头相比有何不同？设计者是怎样抓住灵感与机遇的？LYTRO为什么先进行预售而非在出货后直接上市？自然，质疑之声同在：LYTRO不适合“菜鸟”摄影师，它永远是数码或单反照相机的备胎；LYTRO的缺点如此突出，并不适合创业，技术出售在劫难逃；LYTRO的市场营销模式乏善可陈。当然，有反对的地方就一定会有拥护，接下来的课堂变得更加热闹，以至于只偶尔提问或点评的老师不得不提醒同学们时间到了。

LYTRO的商业案例代表的是市场前沿，此外，这门课程也会引入经典案例作为讨论内容，例如集成电路、通信技术标准、智能手机、搜索引擎等，与同学们的生活以及工作息息相关。有时老师还会邀请企业管理层或研发工程师与同学们一同上课，他们带来真实而新鲜的声音，使课堂情境更加贴近工程实际。一节课完毕，同学们均有所收获。专业学习方面，他们了解到了前沿技术，通过将所学知识与工程实践联系起来增加兴趣；能力素质方面，小组成员在准备过程中相互配合，在课上展示时与同学们讨论，提高了分析问题、解决问题的能力，同时也培养了团队合作与交流能力。重中之重在于，当同学们走近LYTRO的时候，也接触到诸如用户体验与产品设计等市场营销相关知识，初步建立起创业意识与系统工程意识。此外，通过分析其他商业案例，同学们的成本意识、专利意识，特别是人文与科技融合的新思路，都会在一定程度上明晰起来，其重要性对未来工程师不言而喻。

（4）技术创业管理与ERP沙盘模拟

“技术创业管理”这门课程包含了海量的信息，譬如技术创业机会的发现与把握、创业行动具体策划、团队组织与资源整合、知识产权、市场营销、新创企业运营以及成长管理等。如果说专业基础课程是知识的前奏，经典论文导读是方法的旋律，商业案例分析是训练的节拍，那么技术创业管理便是创作的小试牛刀了。当然，技术创业管理仍然是走小班化研究型教学路线，老师往往来自企业。课程最后，小组成员将会共同起草创业计划书，并在小组之间进行交换、评价和讨论。

技术创业只是第一步，拥有自己的公司后又要怎样进行管理与运营呢？接下来的实践环节——ERP 沙盘模拟，是本科生 A2 翘首期待的重头大戏。

企业资源管理（ERP，Enterprise Resource Planning）建立在信息技术之上，以系统化的管理思想为企业内外人员提供相关事务处理控制和决策支持手段。而 ERP 沙盘模拟，就是以 ERP 为蓝本设计的角色体验平台。A2 与其他 35 位同学被分成了 6 个小组，每个小组拥有一张沙盘，上面详细划分出了营销与规划中心、生产中心、物流中心和财务中心。小组成员各司其职，分别担任 CEO、营销总监、运营总监、采购总监与财务总监，甚至还有商业间谍。A2 兴奋极了，因为在他看来，这门实践课程和他喜欢的“三国杀”有些类似：沙盘将企业运营的关键环节纳入其中，相当于道具：六个沙盘之间相互竞争，这是游戏规则。此外，成员分工相当于角色扮演。

游戏开始，每位小组成员需要明确企业运营现状与运作流程，而后依据所学知识分析市场环境并进行战略决策，对产品研发、市场营销、物资采购、设备投资与财务核算亲力亲为。此外，团队合作与部门管理的重要地位同样不容小觑，大家携手并济，共同面对企业间的激烈竞争。企业运营情况由扮演者记录在沙盘的相应位置，譬如项目完成之后，CEO 在任务方格中打钩，而财务总监则需在财务中心录入收支。“两年”之后，企业内部人员调整，这对每位成员而言，既是对适应能力的挑战，也是换位思考的机会。

“六年”时间，ERP 模拟沙盘的参与者犹如亲临“到乡翻似烂柯人”的奇境。结果似乎已经不再重要，重要的是通过模拟竞争，同学们的能力素质得到了全方位锻炼。除了企业管理与市场营销等相关知识的掌握与应用，还有分析问题与解决问题、交流与合作、领导与管理等能力的提升，而伦理道德同样位列其中。不仅如此，对工程与商业差异的体验与反思显得尤为重要。衷心希望诸位同学通过 ERP 模拟沙盘建立起因境而变的应对能力，感悟到定性分析与定量分析不分伯仲的平等地位。

ERP 沙盘模拟结束，A2 扮演的 CEO 带领他的企业吃了败仗，但 A2 并不沮丧。通过老师点评，A2 明白了自己的缺点所在，也听到了振奋人心的肯定声音，他将所有总结与感悟一一记录下来——“前事不忘，后事之师”。

虽然北航四位本科生的故事至此告一段落，但是北航教育改革的故事才刚刚讲到引子。在 2012 届本科生毕业典礼上，北京航空航天大学校长怀进鹏（1962—）院士邀请大家思考：“国家经济社会发展的优秀建设者和领导领军人才应该具备什么素质？”答案由两组七个单词组成：一组是信念（Belief）、执行（Execution）和洞察力（Insight），一组是协调（Harmony）、主动（Active）、机智（Nimble）和大气（Generous），缩写——Beihang。

5.3.5 工程实践能力培养

1. 国外部分

说起大学里的工程实践能力培养，想必大家会不约而同地想起一个场所——实验室。其实，在德文中，“Laboratorium”原意是“化学实验室”，究其原因，联系前面介绍的吉森实验室便不难理解。19 世纪 20 年代，创始人李比希将学生请入实验室，希望他们能够通过系统训练转入独立研究。他认为："学习化学的真正中心，不在于讲课，而在于实际工作。"吉森实验室源源不断地输出了优秀的研究成果，还有大批首屈一指的化学家，例如霍夫曼（August Wilhelm von Hofmann，1818—1892），他发展了以煤焦油为原料的德国染料工业，并将李比希的教学方法传入英国、带到柏林。19 世纪 80 年代，德国的实验室教学，亦即所谓大学"研究学派"，已经风靡全球，德国的大学实验室成为各国学生的朝圣地。

苏联于 1957 年 10 月 4 日发射了世界上第一枚人造卫星；11 月 3 日，第二枚人造卫星升空，上面搭载了一只名叫"莱卡"的小狗。作为冷战另一方的美国有些心慌，同时意识到在大学教育方面存在不足，本科生科研随着通识教育被提上日程。1969 年，MIT 开展"本科生科研机会计划（Undergraduate Research Opportunity Program，UROP）"，并设立 UROP 办公室，这是美国本科生科研的开端。 UROP 的大致内容是，本科生与教师确定研究项目进而上报学校，获得批准后要在规定时间内提交成果。除了提供项目资金以外，学校还会给予学生奖金或学分。令人扼腕的是，当时，美国大学将教学与科研看成不共戴天的仇敌，一方代表通识教育，一方代表专业教育。直至 1987 年，美国当代教育家博耶（Ernest L. Boyer，1928—1995）发表报告——《学术的反思：教授工作的重点领域》，这才见证了二者的和解。随后华盛顿大学、斯坦福大学、加州大学伯克利分校等著名高校纷纷加入本科生科研的大军。1998 年，"博耶报告"——《重建本科教育，美国研究型大学发展蓝图》，在其 10 条改革建议的第一条中便明确指出"建立以研究为基础的大学"，使本科生科研彻底普及。

时至今日，本科生科研已经蔚然成风。在 MIT，UROP 之前的基础上增设"独立活动学期（Independent Activities Period，IAP）"作为辅助，以讲座、讨论与高年级引导低年级学生等方式，帮助一、二年级学生了解 UROP、勾勒知识背景并获取相关经验。另外，MIT 还有"学生技术顾问（Student Technology Consultants，STC）"，STC 根据项目需要为本科生提供短期工作，如设计网页与调试仪器，使学生在掌握基本技能的同时能更好地了解自己的兴趣与特长。因此，STC 虽然有一些"勤工俭学"的意味，但仍可看作 UROP 的"学前班"。而加州大学伯克利分校开展的"本科生科研学徒计划（The Undergraduate Research Apprentice Program，URAP）"则是邀请学生到老师的课题组中担任助理，跟随老师徜徉科研海洋。此外，还有类似于 UROP 的"哈斯学者计划"与"伯克利贝克曼学者计划"。值得一提的是，除了资金支持以外，加州大学伯克利分校还常组织学术讲座或论文报告会，并专门创办了七种刊物供学生发表成果，例如《伯克利本科生》、《思想者》与《加州工程师》兼有衡量科研质量与鼓舞学生士气的双重作用。

对工程教育而言，本科生科研的重要意义自然不在话下，科学知识、研究方法、科学精神、实践能力、工程经验等方面的锻炼，是本科生进入研究生，或投身职业生涯的奠基石。

2．国内部分

或许是因地制宜的缘故，与美国高校的各类"计划"相比，我国最初的本科生科研活动更倾向于"竞赛"。

1983 年，清华大学成立"学生科学技术协会"，成功举办首届学术讨论会和学生科技作品展览，并于 1988 年首次筹办校内"挑战杯"（见图 5.32）学生课外科技作品展览暨技术交流会，力图将知识由书本挪移到实践中来。1989 年，清华大学力邀 33 所高校、全国学联、中国科协及光明日报等媒体，将"挑战杯"的号角吹响全国，李鹏、聂荣臻与薄一波等领导均为竞赛题词，396 项参赛作品中有 154 项获奖。时至今日，"挑战杯"历经十五届风雨历程，成为我国大学生科技创新的"奥林匹克"，昵称"大挑"。而与"大挑"相映成趣的是"小挑"，即

“挑战杯”中国大学生创业计划竞赛。创业计划竞赛效仿美国，同样诞生于清华园中，并于1999年成长为举国同享的重大赛事，大学生的创业热潮由此一发不可收拾。“大挑”与“小挑”交替进行，均是隔年举办一次。

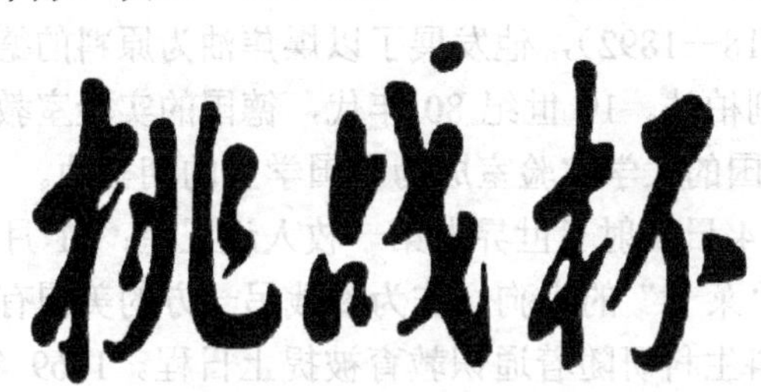

图 5.32 “挑战杯”全国大学生课外学术科技作品竞赛

如今，“大挑”已然将其宗旨“崇尚科学、追求真知、勤奋学习、锐意创新、迎接挑战”发挥到了极致。每届“大挑”开始，参赛学校会将优秀学生作品，包括自然科学类学术论文、哲学社会科学类社会调查报告和学术论文、科技发明制作三类，直接或间接申报到全国组委会。经过复赛预审，取得决赛资格的参赛队将在主办学校云集一堂，参加学术交流、作品展览以及成果转让活动，最终获取名次。一届比赛下来，参赛者的实践能力（特别是创造能力的提升）往往使人喜出望外；同时，作品的成果转化以及拔尖人才的涌现也为社会与经济发展注入了源自校园的新鲜活力。

在对“大挑”的评论中，出现频率最高的三个词语分别是“平台”“开放性”与“成果转化”。在风景独好的“平台”之上，有风卷云起的各大院校，有求贤若渴的先进企业，还有朝气蓬勃的学生和老师。高校之间通过展示相互过招、见贤思齐，形成良性竞争；高校与企业间的会晤有利于二者消除隔阂，在互通有无的同时促进成果转化；而学生则可以通过欣赏各校作品打开眼界，走近真实企业倾听工程之声，抑或借此机会崭露头角，体验团队成员间的鼎力合作。而“开放性”之说，是指“大挑”鼓励学生自主选题，不做任何专业与题材方面的限制。竞赛中有“竹草木漂白系列新工艺的研究”，有“人体生物智能传感及应用系统”，也有《湖南煤矿工人心理安全感的影响因素及提升策略》调查报告。无论理工、人文还是社科，无论源自业界需求、科技前沿、社会现状还是生活点滴，即使与工程实践存在距离，只要作品有所创新，开放的“大挑”便欢迎开放的你。“大挑”结束以后，参赛作品将有机会实现“成果转化”。首届“大挑”中有10%的作品申请专利；第二届时，“成果转化洽谈”被作为惯例保留下来；而到了第七届，重庆大学参赛作品“可穿戴式计算机——Netdaily”签约初期便拿下了1800万人民币。更进一步，从第六届开始，作者的招聘权也可以被“转化”。科技是第一生产力，而生产力创造出的价值又会促进科技进步，建立这一良性循环虽然并非易事，但是毫无疑问值得尝试。

另一方面，“小挑”的出现为“大挑”补充能量。这一竞赛以“培养创新意识、启迪创意思维、提升创造能力、造就创业人才”为宗旨，要求参赛者发掘一项具有市场前景的技术、产品或者服务，以获得风险投资为目标完成创业计划。“小挑”不负众望，第一届就揽下了高技术公司孵化器的重任。例如，首届竞赛的金奖获得者视美乐科技发展有限公司，在上海第一百货公司的扶持下挂牌开张。“视美乐”的团队成员横跨清华大学材料学院、自动化系与经济管理学院，而核心技术“多媒体超大屏幕投影电视”则是“大挑”的一等奖作品，姑且不论后话如何，这家公司已将跨专业合作与成果转化演绎得淋漓尽致。到第七届时，“小挑”启动网络虚拟运营竞赛，为创业的美梦成真添砖加瓦。可以看到，“小挑”与“大挑”一样看重过程，学生通过竞赛在一定程度上完成由校园到职场、由就业到创业的思想转变，这一点与斯坦福大学及其创业教育十分类似。同时，“小挑”填充了大学创业类课程在实践领域的空白，契合国家发展与教育改革的需要。

除“挑战杯”以外，还有全国大学生电子设计竞赛、嵌入式系统专题邀请赛、信息安全技术邀请赛，以及各高校自行组织的竞赛，这些竞赛虽然在选题上有所差异，但都提供了不可多得的实践机会。

2014 年由共青团中央、教育部、人力资源和社会保障部、中国科协、全国学联等发起共同组织开展“创青春”全国大学生创业大赛（见图 5.33），以“中国梦，创业梦，我的梦”为主题，以增强大学生创新、创意、创造、创业的意识和能力为重点，以深化大学生创业实践为导向，着力打造权威性高、影响面广、带动力大的全国大学生创业大赛。由此，将大学生的创业梦与中国梦有机结合，打造深入持久开展“我的中国梦”主题教育实践活动的有效载体；将激发创业与促进就业有机结合，打造整合资源、服务大学生创业就业的工作体系和特色阵地；将创业引导与立德树人有机结合，打造增强大学生社会责任感、创新精神、实践能力的有形工作平台。

图 5.33 “创青春”全国大学生创业大赛会徽

2015 年响应国家“大众创业，万众创新”的号召，为贯彻落实党中央、国务院重大决策部署，加快培养创新创业人才，展示高校创新创业教育成果，搭建大学生创新创业项目与社会投资对接平台，教育部会同多个部门启动了“中国“互联网+”大学生创新创业大赛”。根据参赛项目所处的创业阶段、已获投资情况和项目特点，大赛将参赛对象分为创意组、初创组、成长组和就业型创业组四个组别。参赛项目类型：“互联网+”现代农业、“互联网+”制造业、“互联网+”信息技术服务、“互联网+”文化创意服务、“互联网+”商务服务、“互联网+”公共服务和“互联网+”公益创业；大赛采用校级初赛、省级复赛、全国总决赛三级赛制；全国共产生 600 个项目入围全国总决赛。通过网上评审，产生 120 个项目进入全国总决赛现场比赛。2017 年 9 月圆满落幕的第三届中国“互联网+”大学生创新创业大赛（见图 5.34），最终评出大赛全国总决赛冠、亚、季军 4 名，金奖项目 35 个，银奖项目 110 个，铜奖项目 481 个，单项奖项目 5 个；国际赛道金奖项目 4 个、银奖项目 13 个、铜奖项目 41 项。习近平总书记在给参赛大学生的回信中激励青年学生把青春梦、创新创业梦融入伟大的中国梦，推动高校创新创业教育迈上新台阶。

图 5.34 第三届中国“互联网+”大学生创新创业大赛现场

看到这里，读者可能会觉得“竞赛”与“计划”难度较大，有没有容易些的方式呢？这一问题把我们引回了起点——原汁原味的实验室。其实，本科生可以直接进入实验室参加老师的科研项目，这一机会一般在三、四年级时由学校来统一安排，也可自行争取，一、二年级的学生若想尝试也未尝不可。本科生以实验室为大本营，不仅可以体验真实的科研项目，也可以与教师或研究生保持沟通，在获得指导的同时体验氛围，于亦步亦趋中取得进步。

近年以来，众多高校与企业联合建立了“教学实践基地”，这好比是在校园与企业之间开通了城际列车。首先，本科生可以搭乘列车到企业中去，以参观、实习等方式感受工作氛围，参与工程实践，增强解决问题与交流沟通等能力素质。其次，教师也是列车上的乘客之一，他们将工程实践经验带回校园，让理论知识有了灵魂。最后，企业管理层面或工程师也会乘坐列车到校一游，他们要做的事情主要有三件：一是“播新闻”，将工程领域的前沿资讯广而告之，从而为学生开启通往世界的窗户；二是“讲故事”，通过与学生分享创业感悟与奋斗历史，使学生获得鼓舞与启迪，并从侧面了解技术创业与管理运营等非专业知识；三是“挑毛病”，他们出现在各类“竞赛”与“计划”的评委席上，或者走进课堂，从企业与用户的角度给出评论，引导学生建立创新、实践、竞争、法律与管理等工程意识。当然，在返程时，企业常常也会带上大学中的先进成果，作为产学研一体化的风向标。

本科生科研活动一般不在教学计划之内，因而可被视为“自选动作”；作为呼应，列入教学计划的课程实验、毕业设计等内容，便可以被称作“规定动作”。“自选动作”侧重课外拓展，“规定动作”重在课内巩固，虽然内涵迥然有异，但在目标上却不谋而合。因此，学生需要恰当处理二者关系，切忌顾此失彼，引发木桶效应。

第6章 大学怎么读

每逢毕业时节，“遗憾体”便在网络里迅速蔓延，成为毕业生青春纪念册上极为凝重的一笔。

“大学最遗憾的事就是逃了太多课。”

“大学最遗憾的事就是一直宅在寝室打游戏。”

“大学最遗憾的事就是参加社会工作太少，缺乏实践经验。”

“大学最遗憾的事就是没有好好谈一场恋爱。”

……

谐谑的调侃与缅怀背后，是严肃的反思与追问：“究竟怎么读大学，才能实现零遗憾？”

有人说过“好的开始是成功的一半”，但也有人说“万事开头难”。英语中将大学新生称作“Freshman”，直译“新鲜的人”，因为与相对单纯的中学相比，大学是迥然不同的多元方程，众多的未知变量在等待新生前去求解答案。在明晰问题所在的前提下，本章将从大学一年级学生的视角，对其所面临的观念转变、目标制定、课程学习、科技实践、校园生活等逐一做出诠释。

6.1 若你在思考这些

晚风吹弯的月色下，寝室已不再是“唯我独尊”的小天地，大学第一夜的百感交集令你辗转反侧，活泼的男孩子索性起床聊天，娇柔的女孩子不禁哭了起来。以往，有无微不至的父母伴你左右，有精讲多练的老师提供指导，有熟识多年的朋友一起玩笑，那时的你安逸秀雅快乐。而现在呢？父母远在千里之外，老师早已退居幕后，朋友眼下暂且没有，恐惧、压力、孤独如同一泓黝黑的潭水汹涌而来，恨不得就这样将你吞噬。

确确实实，在迈入大学校园的那一瞬间，你便需要独立应对学习与生活上全方位的变化，包括学习适应、人际交往、生活自理、环境认同与身心状态等方方面面。这些转变或大或小，将初入大学的你一把推入错综复杂的环境之中，简直变身成为一本活生生的《十万个为什么》。就在这里，你将走近所学专业及未来职业，也将打开透视灵魂的 X 射线去审视自己并了解自己，用四年光阴为未来寻找答案：怎么学习大学课程？好的分数就够了吗？如何学以致用？我的爱好在哪儿？怎样确定我的志向所在？我将来想做什么？我将来能做什么？我要成为怎样的人？毫不客气地说，在当前中学应试教育的“魔掌”之下，进入大学于你而言如同心灵上的揠苗助长。从前的你也许就像“大头儿子”，任由一切围绕高考进行的学习与考试将课本与知识填充到头脑中。但与“大头”极不相称的是，长期营养失衡导致你的身心如孩子般脆弱蒙昧，难以去供给整个人生的血液循环。特别是进入大学后，你将从“小头爸爸”与“围裙妈妈”手心中接过生命的全部重量，去尝试独立生活并做出抉择，这意味着你必须在短时间内让自己的身心成长发育。因此，一年级的开端往往伴随着成长的痛楚与矛盾，然而由于大学丰富、立体而开阔的种种特质，你也一定能享受到挑战的速度与激情，这取决于你将怎样面对。

铺垫了这么多，一年级的学生究竟可能会遇到哪些问题？下面的文字或许会给你启发。然而抱歉的是，本书无法给出标准答案将你武装成刀枪不入的大学通，因为“上大学”终归为主动形式，有一半的答案藏在你的心里，需要你去自行发现。

1．大学生辍学何其多——我为什么要上大学？

或许在阅读过“大学是什么”一章后，你会认可大学的确是一件美丽的事物，学者、老师与学生在这里追逐真理，自由、智慧与希望在这里登峰造极。但大学好归好，另一个问题随即扑面而来——我为什么要上大学？

对啊，谁规定我们就一定要上大学？回想起来，从幼儿园开始家长就已将“上大学”放在儿女枕边，每天醒来后要穿在身上，久而久之，“上大学”似乎便顺理成章变成你的全部追求。所以，在被追问上大学的原因时，难免不知如何作答——“我从来没想过这个问题”。在接下来的时间里，你会格外认真地去思考答案，却发现事情更棘手了，你看见了“哈佛最成功的辍学生”盖茨，他只在大学度过了两年时光，而“苹果教父”乔布斯竟短短半年就对大学变了心。而接下来，你又搜索到了 Facebook 的创始人扎克伯格（Mark EllioZuckerberg，1984—，见图 6.1），执掌《泰坦尼克号》与《阿凡达》等影片的加拿大著名导演卡梅隆（James Francis Cameron，1954—），历史上最优秀的高尔夫球手之一“老虎”泰格·伍兹（Tiger Woods，1975—）等，他们都是辍学后取得的成就。此时，你感觉就像被泼了一盆冷水——是不是不去上大学反而更好？

当然不是，绝对不是！

首先你需要看清这个问题——“辍学”与“成功”间的关系不过是蛊惑人心的逻辑游戏而已。盖茨他们的确在大学期间选择了辍学，但是，没有任何证据可以表明是辍学使他们获得成功。盖茨 13 岁开始设计程序，17 岁便将首个作品售予高中母校，甚至还编写程序将自己分到了全是女孩儿的班级，在以近乎完美的成绩进入哈佛后，盖茨不仅提交了后来被发表在 SCI 期刊《Discrete Mathematics》上的数学作业，听了大量麻省理工学院公开课程，更为第一款在商业上取得成功的个人电脑“Altair”设计出解释器，已然修满了毕业所需的全部学分。这一切的努力不仅为微软公司的早期成功埋下伏笔，更力证了盖茨在大学期间并没有虚度光阴，而是主动而贪婪地汲取了大学提供的丰富养分，他是十分合格的大学生。正如盖茨自己所说：“大学完全是为我设计的，我的离开并非出于环境不适，而是因为我想抓住让微软迅速发展的机会。”因此，我们可以得出这样一个结论，盖茨等人的成功可以归因于汗水、能力、机遇、勇气，或许还有几分运气，大学不仅没有增加他们起航的负载，反而成为一枚不可或缺的助推剂。更直白些，即使他们没有放弃大学学业，成功的脚步也不会就此停滞，剩下的只是时间问题罢了。

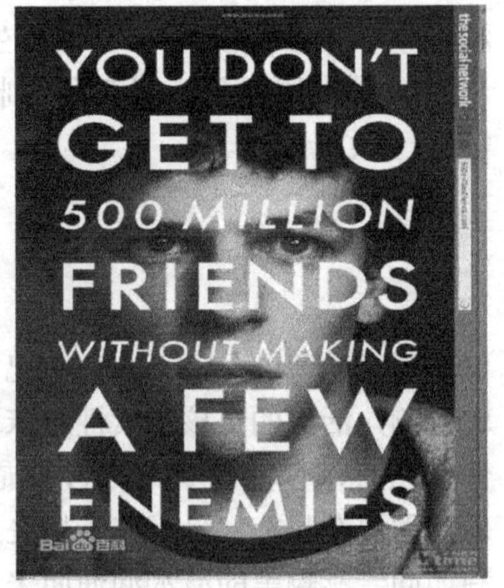

图 6.1　电影《社交网络》

如果你仍心存疑虑，不妨去回顾一下他们的故事：好学生葛洛夫，以第一名的成绩毕业于纽约城市大学，又在加州大学伯克利分校取得硕士与博士学位；家族中首个大学生摩尔，获加州大学伯克利分校学士学位，又在加州理工大学成为“双料博士”；叛逆的诺伊斯，他在格林尼尔学院度过本科阶段，而后攻读麻省理工学院博士学位。他们所取得的辉煌会将你的顾虑抛到九霄云外。而不可胜数的文学家、科学家与工程师等更是不在话下，比如我国现代著名作家钱钟书（1910—1998）、“两弹一星功勋奖章”获得者周光召（1929—）、“杂交水稻之父”袁隆平（1930—），他们均按部就班地从大学中走出来。其实，好学生的成功事迹比辍学生的多得多，而哈佛大学调查则显示，辍学生中的绝大部分一生都默默无闻。

其次，或许我们更应该谈一谈什么叫作“成功”。不知从何时起，人们开始把“财富排行榜”默认为“成功排行榜”，而忽略将伦理道德等方面纳入评价规则，这一点本身就难逃质询。虽然盖茨在正式退休后全力以赴慈善大业，乔布斯生前也低调从事慈善工作 20 余年，但德“财”兼备的成功阵营仍然远远不够强大，现代社会呼吁更多像现代护理先驱南丁格尔（Florence Nightingale，1820—1910）一样的“提灯女神”。

最后，让我们回归最初的问题——我为什么要上大学？大学并不承诺培养企业家或学者。但是，若论及为你提供一切资源与平台，助你通过自身努力不断向自己定义的成功靠拢，大学当之无愧可作为上上之选。那些卓越的辍学生，与生俱来的天赋、不同寻常的经历或催生成长的环境使他们比常人更早地成熟起来，他们要么迅速领会到大学的精髓所在，要么早已超越了大学的循序渐进，所以有能力不走寻常路。因此，作为一名主流的大学生，你可能仍需乘上大学这班快车，主动获取有利资源追赶队列之首的超速度。这里需要澄清一点，我们并不是要熄灭你的创业热情，迫使你一门心思只读圣贤书。我们鼓励深思熟虑、时机恰当而准备充分的创业尝试，一切叮咛只为预防你被成功的辍学生“带坏”，错失在大学中接受教育并完善自我的良机。在创业意向产生初期，你要做的恐怕不是左右为难是否需要辍学，而是追问自己是否已然万事俱备，是否足够强大去撑起艰巨的目标。如果答案是否定的，那么选择大学作为韬光养晦之地无疑会是一个明智之举。

2．成功是失败之母——我该怎样面对变化？

“我笃信‘只有偏执狂才能生存’这句格言。”葛洛夫——我们刚提到过他的名字——在 1996 年出版的同名书籍中写道：“企业繁荣之中孕育着毁灭自身的种子，作为一名管理者，最重要的职责就是常常提防他人的袭击，并把这种防范意识传播给手下的工作人员。”

1983 年，英特尔通过自主研制的半导体内存缔造了 11.3 亿美元营业额的奇迹，在走向市场风口浪尖的同时，使内存产业成为公司赖以生存的金钟罩、铁布衫。然而，成功也是失败之母。1985 年，已蠢蠢欲动多时的日本内存厂商通过削价倾销侵占全球市场，一举将英特尔九成的市场份额拿下七成。然而，元气大伤的英特尔仍然选择孤注一掷，将 80%以上的研发资金花费在内存上，丝毫不顾作为副业的处理器已悄然成为公司的中坚力量。其实，所有人都明白，此时的英特尔如同一只受困壁虎，唯有忍痛断尾才能自救。然而让昔日的内存霸主脱下皇帝的新装并不容易，经过一年的煎熬与徘徊，英特尔终于下决心放弃内存产业，同时锁定将处理器业务作为新的战略目标，“英特尔·处理器公司”由此涅槃重生。1992 年，通过处理器力挽狂澜，英特尔一跃成为全球最大的半导体企业。

以上便是葛洛夫的“战略转移”理念，这一理念提醒我们，成功的经验能抬高你的自信，却也在无意中束缚你的脚步，与“所知障”颇为类似。审视自己，你是否也身临与英特尔相类似的境遇？面对成功，又如何取其利而避其害？这里我们仅做点拨，其中滋味仍留待你自行体会。

在刚刚结束的中学时代，教育好像考试的奴隶，而学习几乎是教育的全部，以至于其他一切活动被无情地贴上了封条。身经百战过后，你将高分秘籍了然于胸、笑傲考场，最终以大学录取通知印证了你的成功。而大学则是另一番景象，接过指挥棒的你翻身做了主人，这在你驯服的人生当中尚属首次，如何是好？出于本能，你继续沿用中学的方法，然而好景不长，你发现原本驾轻就熟的策略如今并没帮你解决问题，反而令你举步维艰。于是，你的阵脚大乱，上课懵懵懂懂、作业马马虎虎，不知向谁请教。除此之外，性格迥异的室友、暂时空白的朋友清单与疲于应付的社团活动让你头疼不已，雪上加霜的是连吃饭、洗衣及购物这类琐事也需要你事必躬亲，这不是落井下石吗？冷静，冷静，回顾前文，不难从大学的理念中找到缘由。更进一步，由轻车熟路到不知所措恰恰说明，与英特尔一样，你的战略转移时刻已经来到。

战略转移之初，请你认真告诉自己：来到大学不是为了获得更优异的考试成绩。大学具有多元评价标准，除了学习能力，还有解决问题的能力、交流能力、创造能力……过去的应试技巧已然让出了生杀大权，而簇拥者如“题海战术”等同样濒临垮塌。或许你会困惑，这话倒是在理，可是抛弃早已习惯的拐杖，又怎样独立行走呢？其实，大学的每一隅都有教育的分子在忽隐忽现，不仅是教室，图书馆、实验室、宿舍、田径场甚至校外，许多地方都蕴含着受教育的机会，而你需要主动获取它们进而将之内化成为自身的一部分。因此，在中学阶段被故意淡化的一系列事物，如听讲座、担任社会工作、结识朋友与锻炼身体，将重新被提上日程以促进你全面成长，这绝不是不务正业或者浪费时间，而是补课。在巅峰上重新做出战略部署着实不易，因为对经验的不舍与对未知的恐惧拽住了你的衣角，但是在保留自信的前提下，你必须对原有经验做出恰当取舍，外界无法停下脚步与你一同留恋过往，如果不能及时调整策略，则势必被未来遗弃在昨日的街角。

3．请给我三天光明——我究竟想要些什么？

提起美国作家海伦·凯勒（Helen Keller，1880—1968），你绝不会感到陌生，她在著作《假如给我三天光明》中畅想恢复三天视觉时写下了一张愿望清单：“第一天，我奉献给了我有生命和无生命的朋友。第二天，向我展示了人与自然的历史。今天，我将在当前的日常世界中度过，到为生活奔忙的人们经常去的地方去……”即便作为为盲人福利与教育事业毕生奋斗的英雄偶像，海伦依然是一位被黑暗与悄寂囚禁终生的柔弱女子，她十分清楚自己失去了什么，因而也就更加了解自己究竟想要什么。相比之下，我们作为“习惯周围事物常规”的“有视觉的人”，又真正了解深藏于内心的渴望吗？更进一步，有多少人曾经追问过自己真实的诉求？难怪梅特林克夫人——诺贝尔文学奖获得者梅特林克（Maurice Maeterlinck，1862—1949）之妻曾这样评价道：“海伦·凯勒是一个让我们自豪与羞愧的名字，它应得到永世流传，以给予我们的生命最必要的提醒。”有一类典型的中国式家长，他们早在儿女出生之前便已为其摆布好了人生大剧：幼儿园，小学，中学，大学，工作，婚姻，为人父母……另一方面，子女好似也默许了成长环境所赋予的既定台词：应该努力学习，应该考上大学，应该认真工作，应该……并不是说家长未雨绸缪不对，也不是说子女需对“应该”置之不理，我们只想点出，我国教育体制或许没有给予学生探寻自我价值以足够的重视。特别是在青少年时，你原本须作答两份试卷，结果却是一份在万众瞩目下反复斟酌，一份被遗忘在角落布满尘埃。在成功提交高考的试卷之后，你不经意间发现另一份试卷，问题的墨迹已失去了光泽：“你是否满意现在的生活？你为什么会决定上大学？亲朋好友交口称赞你‘优秀’时，你感觉满足吗？如果明天就是末日，你是不是会对人生倍感遗憾？”面对诸多问号，不免会有人对自己倍感陌生，恍如隔世，更为恐怖的是，不了解自己想要些什么，又怎能获悉在何处安放青春？于是，你的内心被质疑、彷徨与焦虑团团包围，成了逃避的鸵鸟。

近些年，欧美发达国家悄然兴起一种叫作“间隔年（The Gap Year）”的方式，亦即在完成高中或者大学后的一年时间内，毕业生可通过旅行与志愿工作等方式去体验人生并了解自我，而后再继续学业或工作。这种方式目前在我国尚停留在概念阶段，但势如破竹的拥护声音已然不可抗拒。我究竟想要什么？一千个人给出的一千个回答或许全部正确，即使暂时没有想好也很正常，因为认识自己的过程本来就不能一蹴而就。在大学里，你有充足的时间、机会与自由去尝试、体验并反思，最终找寻到灵魂深处的真正渴求。当你不再迷信他人言语而是笃定坚持真我心愿，当你认识到未来不能被预言而只能由自己塑造，当你勇敢做出“想都不敢想”的抉择并不惜一切代价去追逐时，生命才能鲜活起来。需要注意的是，在认识自我的过程中须杜绝我行我素，因为后者更多强调以我为中心的为所欲为。

曾几何时，我们为那些一心用在放羊、赚钱、盖房与娶媳妇的放羊娃扼腕叹息，他们打不破周而复始的循环，也就逃不脱单调苍白的命运。思考图 6.2，若将钢筋水泥换为黄土高坡，将书本代以羊群，大学生与放羊娃还会有多少不同？希望你的答案会令自己满意。

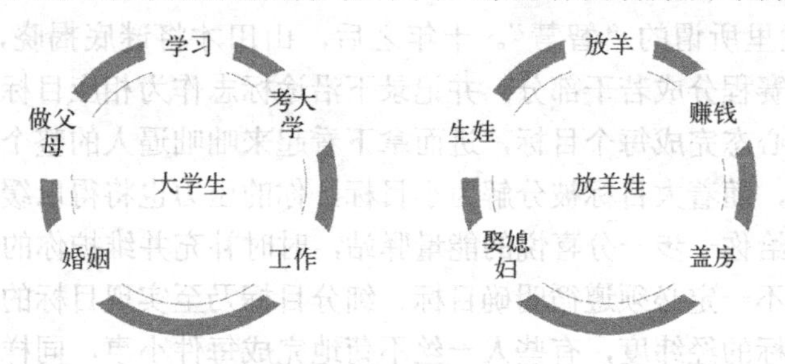

图 6.2　大学生与放羊娃

4. 三位石匠的故事——我必须确定目标吗？

在企业管理会议上，现代管理学的开山之作《管理的实践》经常被津津乐道，书中“三位石匠”的故事堪称经典，而讲故事的人正是美国“社会生态学家”德鲁克（Peter Drunker，1909—2005，见图 6.3）。故事开篇，有人询问三位石匠在做什么。第一位石匠头也不抬地答道：“我在养家糊口。”第二位石匠边敲边回答：“我在做全国最好的石匠活。”第三位石匠仰望星空，目光炯炯有神地说道：“我在建造一座大教堂。”请问哪位石匠是真正的管理者呢？答案是第三位，因为他深谙“目标管理”的功用：高效能的企业管理层必须激励每位管理者在正确的方向上投入最大的心力。而如果将上大学与管理企业关联起来，那么，制定高瞻远瞩、令人心驰神往而又脚踏实地的目标便显得尤为重要。

图 6.3　德鲁克

此前，我们详细阐述了未来工程师的能力素质，也启发你去思考究竟想要什么。如果在此基础上能确立心之所向，那便再好不过，因为目标可以将你的一切潜能调动到极致。瑞士儿童心理学家皮亚杰（Jean Piaget，1896—1980）举过两个男孩与算术课程的例子，一个男孩喜欢算术，他快乐学习并不断进步，另外一个男孩因不善数学而自卑，只是勉强为之。最终，两个男孩都记住了“2+2=4”，从表面上看来并无二致，但是主动的男孩将会把所学知识运用到新情景中，而不太积极的男孩在看待问题时则会有意无意地绕着数学走，因此难免遗忘。由此可见，设立你真正想要的目标多么重要。注意，是真正想要的目标，不是别人认为“好”的目标。有很多人不敢立下雄心壮志，他们担心大的目标难以企及，也害怕自己会畏缩不前。1984年日本选手山田本一问鼎国际马拉松邀请赛冠军，当被媒体问及成功的奥秘时，他只答“凭智慧战胜对手”，人们不禁唏嘘不已。两年后的比赛，相同一幕再次上演，人们虽然认可了山田的实力，却仍不明就里所谓的“智慧”。十年之后，山田才将谜底揭晓，他在赛前乘车“预习”路线，将漫长的赛程分成若干部分，并记录下沿途标志作为相应目标；比赛开始以后，他以百米冲刺的速度与心态完成每个目标，进而拿下看起来咄咄逼人的整个赛程。山田的做法可以被借鉴到许多领域，随着大目标被分解为小目标，你的压力也将得以缓释，而一步一个台阶的攀登过程，也提供给你一步一分喜悦的能量驿站，时时补充并维护你的动力以防透支。

需要指出的是，不一定必须遵循明确目标、细分目标乃至实现目标的理想顺序，有些人在多番尝试之后确定目标的经纬度，有些人一丝不苟地完成每件小事，同样可以写出量变引起质变的精彩结局。不论哪种路径，目标的确定都是一个自我认识、自我磨砺的过程，“踏遍青山人未老，这边风景独好”——每人的窗外都有自己得天独厚的晓风残月，每人的晓风残月中都酝酿着属于自己的万种风情。

5. 英雄莫须问出身——我是否能做出选择？

大学中存在着这样一个群体，他们自认为与理想的大学或喜爱的专业失之交臂，于是便放纵自己与多愁善感相依为命：前途堪忧，无力回天，郁郁寡欢，随遇而安。毕业时，他们没带走一片云彩，并理直气壮地以“谁让我没考上清华北大”与“这个专业就是没有前途”直抒胸臆。四年光阴，他们真的别无选择？无须急着做答，请你继续阅读以下案例。

他向来与名校无缘，打架缝过13针，数学得过1分，历经两次中考，三次高考，最后凭借英语专长勉强混入大学校园。

他曾满怀天文理想，常常夜观天象，却在填报高考志愿时出于对就业前景的考虑，务实地改选计算机专业。

他幼年时家境贫寒，穷无立锥，16岁到名不见经传的海事专科学习，依靠在橡胶厂与制药厂打工赚取学费。

他们是谁？不知道答案是否会惊讶到你，上述三个不靠谱的“他”竟然依次是阿里巴巴创始人马云、“QQ教父”马化腾与全球“代工之王”郭台铭（见图6.4）。现在你又做何感想？

图6.4　马云、马化腾与郭台铭

马云说过：“敢创敢闯，命运自己把握。”中学时期，马云骑着自行车在西子湖畔为老外做导游，由此练就了炉火纯青的地道英语。大学期间，“独孤求败”的他渴望继续突破，每天都去宾馆门口与老外交流，因此专业成绩始终名列前茅。除此之外，马云凭一身侠气与热忱，从校学生会主席做到杭州市学联主席，依靠150元经费与借来的设备将校园活动经营得有声有色。接下来的事情显得顺理成章，马云本科毕业便到高校任教，之后成功创立“中国黄页”及“阿里巴巴”。而马化腾在天文学梦化作泡影时，还未对计算机产生兴趣，但俗话说“干一行，爱一行”，他在大学里找到很多朋友来互通有无，经历了头脑风暴与技术攻关，他爱上了计算机，也预热了企鹅宝宝的孵化器。

由此可见，虽然可能无法按照个人意愿选择大学或专业，但你可以选择以怎样的心态去面对，也可以选择如何使坏的境况靠拢好的结果。大学具有教学与科研的职能，但却不只有教学与科研的职能，即便不是“211”或“985”，也不妨碍大学为学生的主动成长提供基本辅助，老师、教室、图书馆、实验室、健全的人际圈子与开放的就业环境等，虽不敢说十全十美，但你是否做到物尽其用了呢？大学教育固然重要，然而大学并不是包办一切的封建家长，只有主动探索进而获取大学的“米”，才能做好“巧妇之炊”。马云等人的经历是鼓舞也是警醒——如果没能够主动寻找并获取教育资源。如果不脚踏实地且执着追求，即使身在知名学府王牌专业，一切也只能是浮云而已。

奥地利心理学家维克多·弗兰克（Victor Frank，1905—1997）认为，面对种种限制，人始终都保有选择顺服或抵抗的自由，他们可以领悟自己生命的意义从而积极乐观地生活下去。以你的诞生为原点建立笛卡儿坐标系，时间、地点与人物分别对应 X 轴、Y 轴、Z 轴，如图 6.5 所示。沿着 X 轴看去，如果生命的长度是 80 年，那么本科作为一段占据总体 1/20 的线段，并不见得有一锤定音的魄力；至于在 Y 轴上，大学排位与专业类别是只有位置而没有大小的点，只要不被“一点障目”，取之不尽而用之不竭的资源便可任你调用；Z 轴的学名叫作主观能动性，一旦缺失，人生就被压制在了呆板而乏味的 XY 平面内，丝毫无立体感可言。可见，人生有不止一个自由度，而合理选择人生的坐标又是何其重要。当然，学会做好选择并非朝夕之事，松开父母与老师的双手，你很可能不敢选择甚至不会选择，即使勉强为之结果也或许不尽如人意。但你必须做出尝试，从失败中学习，为成功积攒正能量，与躲在心中的小朋友说再见。

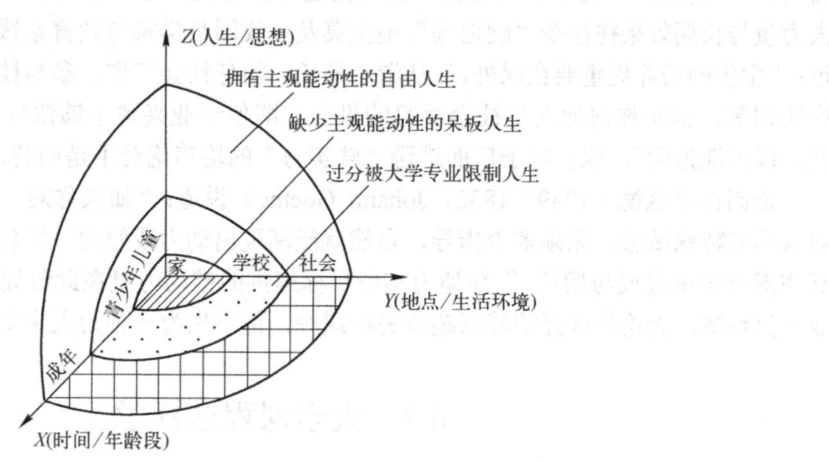

图 6.5　人生坐标图

从白手起家，到率领麾下鸿海精密集团与富士康科技集团全球征战，郭台铭用亲身经历诠释了“英雄不问出身”的内涵。不论你的出身多么草根，不论你的现状多么困窘，不论你的内心多么失落，你都可以通过选择使自己成为未来的英雄，然后淡淡地说一声“英雄莫问出身”，飒爽飘逸。

6．若未能一见钟情——我应怎样对待兴趣？

在阐述“选择”时，“兴趣”便已露尖尖角，没有与所学专业一见钟情的学生不在少数，他们有多种多样的原因：因为素未谋面无从培养感情，嫌弃专业前景不佳进而心生怨念，经由父母包办导致乱点鸳鸯。不论原因哪般，都请你不要忽略时间与人的关键作用，将自己绑架在 *Y* 轴的一点上。伴随着通识教育在我国落地生根，大学一年级的基础课程正在逐步缩小差异，这意味着，没有必要因不愿接纳所学专业而抗拒学习，你大可以边认真学习边建立兴趣。往远处想，岁月无情、红颜易老，热门专业轮转成为冷门专业的可能性并不能被完全排除。除此以外，专业不能与职业画等号，将来我们所从事的工作并不一定与现在的专业完全对口。

李开复，创新工场董事长兼首席执行官，他在《给中国学生的第三封信——成功、自信、快乐》中记述了自己为实现人生目标苦练演讲的经历。起初，“开复老师”完全凭借勤奋、向上与毅力等精神苦苦支撑，随着时间一分一秒走过，他开始为演讲的激情澎湃与听众的广泛共鸣感到快乐，进而真正与演讲坠入爱河。发掘专业兴趣也是这个道理。经由书籍、导论与互联网等途径了解学科历史、发展前景及现实价值，通过课程实验、科技实践与生产实习等方式消除隔膜、建立感性认识并获取成就感，在与老师和同学的交往中获得关注、指导与鼓励，都有可能增进你与专业间的感情，使你们再见钟情或日久生情。退一步讲，即使“慢热型”知识在短时间内体现不出价值所在，也请你千万不要任性地将其打入冷宫。究其原因，我国哲学家苗力田（1917—2000）在晚年总结了东西方哲学与文化特点，认为中国“重现世、尚事功、学以致用”，而西方则“重超越、尚思辨、学以致知”。实用主义让人渴望立竿见影，不以长远目光审时度势，难免小家子气。伴随时过境迁，职业需求乃至个人兴趣都可能会发生变化，大学期间一段不经意的过往，或许将在蓦然回首时成为灯火阑珊处的那人。比如，你或许并不向往成为工程师，但你可以将电子信息专业作为背景，在其他职业领域中施展拳脚。

正如本书一直所强调的，通过在大学学习的过程，你要掌握的不仅是知识本身，也有通过非结构化学习练就的“软实力”。相对于由教学大纲、教学计划与教科书促成的“结构化学习”，“非结构化学习”行踪不定，需要你在学习与实践中细心捕捉、耐心寻味进而有所积累。而所谓“软实力”，涵盖为人处世、解决问题与应对挫折等一系列能力素质，其以柔克刚的强大力量与长期效果往往令“硬道理”望尘莫及。我国科学家与教育家钱伟长（1912—2010）说过：“学生的培养更重要在课外。”从游于师长、担任社会工作、参与校园活动、聆听讲座与生产实习等，都是你向他人与社会学习的机会。即使专业兴趣不够浓厚，你依然可以“以人为师，以天地为师”，躲在幌子后面逃避“软实力”的培养绝对不是明智之举。

德国作家歌德（1749—1832，Johann Goethe）说道：“如果你对一方面感兴趣，你便天生对其具有特殊敏感，无须多少指导，自然就能涌现出动力或倾向。即便暂时停顿，也无法阻挡其在潜意识里进展与增长。”兴趣为实现目标提供的推动力量在此毋庸多言，若未能与所学专业一见钟情，无论你选择培养兴趣或另辟蹊径，都不失为一种为人生负责的姿态。

6.2　大学课程这样学

考虑到“大学”一词的重心终究还要落在“学”字之上，澄清你所熟悉的美丽谎言便显得至关重要：“坚持一下，考上大学就轻松了。”大学虽然不是高四、高五，但也绝不是休息的温床。而作为提升自我的主要途径之一，大学课程从未获取刻苦学习的豁免权，更未得到可以偷懒的许可证。另一方面，相对中学课程而言，大学课程具有新的形式及新的内容，原大连理工大学副校长李志义（1959—）打了这样一个比方：“大学就像一个高级超市，这里货物琳琅满目、应有尽有，关键看你能否用有限的钱购得尽可能多的好货。”面临变化，你之前赖以为生的学习模式或许不再奏效，怎么办呢?与其妄自菲薄或者坐以待毙，不如尽早在策略上做出相应调整，也就是葛洛夫的“战略转移”。为更好地诠释如何“应变”，以下我们不妨从“变”开始说起。

6.2.1 不识庐山真面目

你知道吗？从学习的视角望去，在大学的庐山上方时常有三朵中学的乌云飘荡，一朵是老师的捆绑教学，一朵是学生的死记硬背，还有一朵是分数的只手遮天，只有唤来四片清风，才能在云开之际尽观其伟岸身姿。

1．三朵乌云

此前我们谈论过第一朵乌云的种种，例如老师手把手地教你做题，严格规划你的作息，定期对你进行考核。由于被设计得井然有序，你渐渐习惯了衣来伸手饭来张口的日子，担心太多反而显得多余。而被动学习看起来也没什么不妥，因为你在每门考试中都取得了理想的分数，并最终考入了梦寐以求的大学。然而，事情到了大学却一反常态。上课了，你还以为老师会细致入微地剖析教材，可他们却决定系统化地传授知识，常常不拘课本甚至天马行空，而卓越的老师往往以“通识知识”为教学环境，鼓励跨越学科解决问题。除此之外，曾经铺天盖地的作业不见了踪影，连逃课都至多是签到簿上的一个“叉”——老师再不会给你的家长打电话了。讲题了，你本认为老师会详尽给出答案并严格规范步骤，可他们偏偏想借助发问驱动并激励你自行解答，甚至用这一个问题引出更多问题。下课了，你仍等着老师催你按照既定计划展开学习，却等来了一天又一天的无所事事，很久之后才意识到要自己去图书馆查资料、自己去教室上自习。于是，有人抱怨大学老师不负责任，甚至逃离课堂一走了之，但事实上，只是他们负责任的方式变了。理解到这一点，也就不难接受在大学中，自主学习必须代替被动学习占据主导地位了。自主学习要求你最大限度地发挥主观能动作用，自己根据实际情况制定学习目标，自己查寻资料思考问题，自己督促自己遵循计划完成学习过程，自己指导自己在遭遇困窘时做出调整。当然，自主学习并不等于闭门造车，大学学习需要老师导航，而你在困难面前也要有向老师求助的意识，他们或许能用走过的桥帮你摆平凹凸的路。

至于第二朵乌云，想必你也深有体会，回忆中学，你记住了在分析比喻时用“生动形象”来概括，背下公式填入数字计算结果，也懂得依据定理条件默写相应结论，却理解得很少。这样做那时看似也没有问题，古诗词不就是要背诵下来吗？反复练习不就为熟记套路吗？越贴近标准答案不就分数越高吗？步入大学，你与其他人聆听相同的课程，完成相同的作业，参与相同的实验，但学习效果却有了不同。究其原因，大学学习重在理解，是死记硬背的学习方法出了问题。假若遇到公式，如果你脑海里浮现的第一个念头是“我该怎么来算题”，那么请你摇一摇头，把这个幼稚的想法赶走。你要关注前提条件与推导思路等深层内容，联系本学科与跨学科的其他知识，想象可以解决哪些实际问题。总而言之，你要不断提醒自己在把所学知识融会贯通之后服务新的情境，与离散的知识相比，连续的知识能教给我们更多东西。

从小学到中学，你或许已习惯被第三朵乌云主宰：只有分数提高了，你才能在师长的夸奖中被贴上“优秀”的标签，有资格哈哈笑；一旦分数低了，你就沦为失败者，只剩下呜呜大哭。来到大学校园，你下意识地将新的环境与旧的体验对应起来：分数依然是评价一切的标准，奖学金与期末考试挂钩，而研究生免试推荐则像又一次高考……第三朵乌云跟随你进入大学，继续用压抑的阴影驱逐阳光，让你看不清自己真正的价值所在。而事实上，优秀的大学绝不会以分数来区分学生，在多元化的评价体系中，你需要重新定位自己的价值。那么，多元化的评价体系做何解释？

IBM创始人托马斯·沃森（1874—1956，Thomas. J. Watson）之子小沃森（1914—1993）年少时被称为“坏小子汤姆”，他的学习成绩十分糟糕，险些未能从布朗大学毕业。但小沃森擅长驾驶飞机，二战爆发之际，他“像冲出笼子的鸟儿”一般摆脱家族企业并成为一名空军少尉，沉睡的交流能力、管理能力与领袖魅力随之觉醒。1949 年，小沃森成为 IBM 执行副总裁，在协助老沃森的同时率领 IBM 向电子技术领域进军，并将之打造成商界巨擘（见图 6.6）。

图 6.6　老沃森正式将 IBM 交给小沃森（1956 年）

若只关注分数，小沃森绝对是合格的坏学生，但若以其他标准来评价，如加德纳的七种多元智能，小沃森的优秀毋庸多言。而实际上，小沃森也确实被认为是伟大的企业家，他的叛逆反而为其平添了几分英雄色彩。大学致力寻找并欣赏每名学生别具一格的价值，分数不是一切，即便分数漂亮，也只能体现 2/7 的智能，其余 5/7 呢？也许你能做精彩的课上展示，也许你从不把实验当作问题，也许你把社团做得风生水起，也许你博古通今但深藏不露……这些可能没有分数来得直白，但大学多元化的评价体系就在这里，你需要建立多元化的成功概念，从更多角度欣赏自己，使分数无力再左右你的喜怒哀乐。终有一天，不论在校园中，抑或在职场上，多元化的成功将被多元化的评价佐证，届时你会理解曾让你痛不欲生的分数不过是渺小苍白的数字而已。

既然三朵乌云追随你从中学来，那么不妨将其留在曾经的回忆中，由此你的大学也将迎来光明。因为你害怕打破苦心经营的平衡，适应自主学习、放弃死记硬背与接受多元评价的过程或许将伴随着矛盾。其实，所谓的平衡早已破灭，只有坦然接受现实并勇于尝试突破，才能迅速建立新的平衡。时间将会证实——你从大学课程中学到的不仅仅是知识。

2. 四片清风

上海大学教授戴世强（1941—）曾写过一篇科技博文，指出：“学分不难修满，学问则永无止境，在大学里的一项要务，就是追求学问。”这篇博文题为《学分归学分，学问归学问》，虽然两个名词只差一字，内涵却相隔万里：学分是收敛的，有很大局限性，而发散的学问永无止境。有的学生只求修满学分，甚至有“没有挂过科的大学就不完整”的说法，可你是否想过，有多少资源将因此白白糟蹋？单凭学分不能安身立命，只有学问才是看家本领。由此可见，只有在驱散三朵乌云时摆正态度，清风的莅临才能拂去庐山的朦胧。

第一片清风从主课吹向副课。在中学时，课程被高考分出了三六九等，语文、数学与物理等位于考核范畴，赐姓为“主”，集万千宠爱于一身，而流离失所的美术与体育等只能姓

“副”。在乌云的笼罩之下，你在看待课程时戴上了有色眼镜，并不知不觉将这副眼镜带进大学——专攻核心或必修课程，而对通识或选修课程视而不见。既然说大学像超市，那么主课就像食品，因为没有食物人类无法存活，然而人类毕竟超越动物，所以超市还有电器、图书与玩具等百货，而副课便可被视作百货。由此可见，主课与副课在大学中的地位同样重要，甚至这样区分本身就不恰当，因为究竟哪门课程有用不是现在能决定的。例如，得益于在大学旁听“美术学”这门艺术类课程，乔布斯为第一台 MAC 电脑设计出美观的印刷字体。不论通识教育或“欧林三角”，都在强调自然、社会与人文科学间息息相关，不分伯仲，没有副课这口大锅，饺子也只能煮在茶壶里倒不出来。为让所谓副课重见天日，首先需要做到不以“是否有用”权衡大学课程，尝试在所谓的无用与有用间建立联系。例如，你或许会怨声载道：“我学的是测控技术与仪器专业，与‘机械工程引论’有什么关系？”但事实上，机械并非机械工程师的专利，对测控工程师而言，大到建立感性认识、培养思维能力乃至模糊学科界限，小到读懂图纸，了解设计理念，机械都能派上用场。例如，智能手机的外形、结构，散热设计与内部芯片，都与机械不无干系。因此，“机械工程引论”，虽然可能不会立竿见影，但也必须认真对待。第二，结合自身知识结构与社会需要选修大学课程，不看重是否好过，不图凑够学分。有的课程能够查缺补漏进而帮你完善专业，有的课程水平很高有助于你充实能力，有的课程高山流水培养你的高贵人格，错过这些课程，便错过了更完美的自己。第三，在学习过程中，保证所有课程平起平坐，在打消“60 分万岁”等念头的同时，用更广的视角与更高的站位把握整体学科。需要补充的是，把所有课程都学到 90 分以上没有必要，也不现实，你可以视自身情况掌握、熟悉或者了解课程，并且不要忘记腾出时间给科技与生活实践。

第二片清风从理论吹向实验。大学之前，你已做过了太多的试卷，涂写了太多的草稿，学习似乎就是这个样子，一纸一笔便可以让理论天花乱坠，鲜有的物理与化学实验也不过是陪衬罢了。而大学里的很多课程都匹配实验，甚至有单独开设的实验课程，大有“纸上得来终觉浅”的味道。究其原因，伟大领袖毛泽东（1893—1976）的教导需要铭记：“通过实践而发现真理，又通过实践而证实真理和发展真理。”大学中也设置有实物实验，比如，基础物理实验要求学会掌握分光仪与迈克耳孙干涉仪的调节，经由观察现象、测量数据与分析结果等步骤得出结论。除此以外，大学还增设了仿真、虚拟实验，包括电子电路的 Multistory 仿真，等等。为什么要用仿真代替实物呢？因为仿真比实物更迅捷，也更节省，例如，计算机辅助工程使汽车的设计周期由 5～6 年减为 1～2 年，而抗冲击测试也不必再动辄报废真的汽车。可惜的是，出于中学时的惯件，有的学生对待大学实验也是敷衍了事，翻开指导书照猫画虎或把别人的代码拷贝过来“run”一下，甚至直接复制实验报告，将实验变成了无用武之地的摆设。但事实上，验证性的实验不仅可以检验理论，也可以帮助你建立感性认识；而设计性的实验则为你搭建起创新的桥梁，让你从纸上谈兵过渡到真打实战。至于培养科学严谨的研究态度等，更是不在话下。因此，对待大学实验还是亲力亲为的好，不妨提前做足功课，动手写写代码，遇到问题及时询问指导教师，哪怕调试不通也是一次不错的体验，作为仿真实验的工具，C++和 MATLAB 等程序设计语言的重要性毋庸置疑，而你在打基础的同时，也要深入理解教材中的原理，让理论与实践相辅相成。

第三片清风从教材吹向经典。勤奋的你一定明白，课堂之于学习毕竟势单力薄，还需要请书籍来充当外援。我国当代作家周国平（1945—）将读书的目的分为三种：为了实际用途，为了消磨时光，为了获得精神上的启迪与享受。对于工科学生而言，教材等一系列实用书籍令人目不暇接，工程师整日写写算算，读读背背，一脸黯然疯狂 Coding 的社会形象由此诞生。为了防止教材的垄断囚禁清风的徐行，不妨读一些科学史话从源头了解所学专业，读一些学术前沿以现状推测未来发展，一旧一新，且守且进，在兴趣的同时看清方向。有的同学喜欢用网络文学的轻松去中和实用书籍的严肃，如时下流行的宫斗与穿越小说，这便滑到了另一个极端。因为既然事关“消磨”，还是慎重为好，阅读此类书籍需要适可而止，切莫因靡靡之音而走火入魔。清风的终点正所谓是真金不怕火炼，历经岁月洗礼的经典之所以存在，自然有其道理。不论是为博闻强识、陶冶性情抑或追求异性，经典作品都绝对是上上之选，因其“对读过并喜爱它们的人构成一种宝贵经验”，“背后拖着经过文化甚至多种文化留下的足迹”，甚至“将时下的兴趣所在降格为背景噪声”——意大利新闻工作者伊塔洛·卡尔维诺（talon Calvino. 1923—1985）在《为什么读经典》中向经典表达了溢于言表的爱慕之情。

第四片清风从应试吹向成长。大学考试前一周的景象别有滋味，学霸面无血色，背着书包在教室、食堂与宿舍之间行也匆匆，生怕一个闪失没上 90 分；喜欢玩游戏的男生慌里慌张，平时逃课太多，课本还是新的，只好依依不舍地小别电脑去临阵磨枪，实在不行就打个小抄吧；中庸一派忙而有序地浏览复习提纲与历年试卷，大概不会挂科，偶尔分数超越学霸也见怪不怪，这样考试究竟意义何在？目送三朵乌云的离去，你要做的不是小觑考试，而是重审考试——考试是评价思维的标准与帮助提高的手段，并非排名工具。如果平日里一步一个脚印地走来，那么考试前便不必，也不会为突击所累而倍感窒息。最重要的是，你将真正地学有所得，而不是单纯的押题与背试卷求过，然后忘得一干二净。等到考试结束，你可以通过反馈追问自己有哪些可取之处，在哪方面尚有不足。概念理解不清？没有抓住重点？考试粗心大意？学习方法与时间管理不当？思维方式需要调整？……因此面对差强人意的分数你务必要擦亮眼睛：是不是遇到问题了？真正理解所学知识了吗？不会是运气使然吧？有没有忽略掉其他能力？……在发现问题后着手解决，甚至有所创新，走过这一过程，你便已经不知不觉地取得了进步。不得不提的是，对老师的考试也隐藏在你的试卷当中，因为根据所反映的情况，老师将对教学方法、授课内容做出改良。由此可见，考试并不可怕，与其将时间白白浪费在应试之上，不如利用考试使自己有所成长，在如履薄冰与随遇而安之间找到折中。

从主课到副课，从理论到实验，从教材到经典，从应试到成长，在四片清风的吹拂之下，大学风景尽收眼底。大学的第一课到此结束，如果你已经建立起了正确的心态，那么只要方法得当，相信“会当凌绝顶”便不再遥远。

6.2.2 绝知此事要躬行

北宋思想家王安石（1021—1086）在辞官返乡途中写下千古名篇《游褒禅山记》，当中说道：“有志与力，而又不随以怠，至于幽暗昏惑而无物以相之，亦不能至也。”这句话揭示了志、力、物三者间的关系，也就是说，在缺乏外界辅助的情况下，单凭志向与体力难以欣赏到奇伟瑰丽之观，大学课程也不例外。一年级时，学习经验交流会成为家常便饭，高年级学霸将自己的学习与实践心得平铺直叙，低年级同学则往往趋之若鹜。但事实上，每个人都有适合自己的学习方法，盲目模仿榜样难免东施效颦。本节将按预习、听课、复习、作业与考试的顺序在方向上引导你为自己度身定制学习方法，并在最后漫谈科学与人文等其他方面，一瞥课程间的内在联系。虽然文中也会枚举一些方法作为参考，却未必适合你的情况，姑且“择其善者而从之”。

正式开始之前，我们引入雅斯贝尔斯关于教学的三重层次作为序曲，同时向孔子治学的三种境界致敬：第一重是学习哲学知识，第二重是参加哲学思考，第三重是将哲学思考转化为日常生活。你的学习可能止步于前两重层次，甚至是第一重层次，将结果机械地收集起来并原封不动地保存在脑海里，如同英国哲学家培根（Francis Bacon，1561—1626）所说的蚂蚁。而达到第二重层次的人像蜜蜂，“从花园和田野采集材料，并且用自己的力量改变这种材料。”如此一来，你便可以在学术研究中有所创造。至于说第三重层次，则是“从游论”的实践，是“默会知识”的觉醒，在遇到新的问题时，因为知识与想法已经融入了你的生命，你能下意识地决定以怎样的心态面对，用哪一种方法解决。正如英国教育理论家怀特海（Alfred North 1861—1947）在《教育的目的》中指出的那样：“大学使行动的探险与思想的探险相融合。”言至于此，我们希望你能有所启迪，在接下来的阅读中找到适当的方法真正将大学读懂，拥抱属于你的鲜活而完整的生命。

1．预习——写在上课之前

不知道你是否还保持着课前预习的习惯？

《现代汉语词典》将“预习”定义为“学生预先自学将要听讲的功课。”通过预习，学生可以初步感知教学内容，辨别出重点、难点与疑点，使得课堂学习更有针对性，从而事半功倍。有些同学喜欢在预习过程中用不同符号进行标注，如重点内容标记以下画线、难点是叹号而疑点是问号，上课时便可以将精力统筹分配，强化重点、关注叹号并破除问号。这种预习方法可以参考，其他自成一体的方法，如以色彩区分或列写提纲，只要能够达到预习效果，都是值得鼓励与提倡的。

此外，预习有助于你关注自己预习与教师授课的异同，包括教师在表述重点时是如何诠释的，在讲解难点时是怎样引导的，在遇到疑问时其思考过程与解决途径又是如何的，等等。通过预习拓展书本中的内容，是开启第二乃至第三重学习境界的法宝，这意味着你已经着手知识的加工、内化与为我所用，而非单纯地听懂、接受与记忆。有的同学对预习可能并不“感冒”，他们认为预习会削弱学习内容的神秘感与新鲜度，基于学生各自的学习特点，这种观念无可厚非。但是务必注意，通过与不爱预习的优秀学生进行访谈，我们发现他们会将更多精力投入复习，由此可见，达到同样学习效果遵循“能量守恒定律”。另外，预习时应着眼于全局，树立整体认识，不要过分追究细枝末节、丢了西瓜捡芝麻，因为有些细节问题在课上或者在课后自然会迎刃而解，此时不妨做好标记暂时放下，防止形成错误的初步印象扰乱后续的学习。

2．听课这件大事

之前，我们不仅一次提到大学与中学教师在教学方面存在的差异，想必你也已经有所了解。在此基础上，如果之前已经进行了系统的预习，那么上课听什么的问题似乎是显而易见的。需要强调的是，大学老师偏爱对理解过程的引导而非标准答案的灌输，因此问号常会在课堂的催化作用下让更多问号纷至沓来。这时，你需要保持头脑冷静，谨防思维被新的问号绑架，浮想联翩进而一去不返。为避免错过更多内容，不妨把想到的问题进行简要记录，留待课后思考或与教师、同学讨论。更进一步，这些记录下来的问题便是课堂笔记的一部分，而其他部分可以是教师醍醐灌顶的只言片语，也可以是思路、方法或感悟。另外，切忌将单纯抄 PPT 或书上划公式作为课堂笔记，我们姑且称为“蚂蚁笔记”——徘徊在第一境界的笔记。蚂蚁笔记充其量是拾人牙慧、帮助懒惰的学生集中注意力的工具，面对于真正想要学习的学生而言，蚂蚁笔记更有可能成为漏听重点的帮凶。任教于新奥尔良大学的李晓榕（1959—）教授言之有理：“成绩不好或者不爱动脑的学生得做笔记，中不溜秋的学生做笔记利大于弊，有抱负的学生不宜做通常意义的课堂笔记。”

除此之外，各式各样的“默会知识”作为弦外之音隐藏在课堂的每个角落，等待被有心人发觉。例如，大学老师常常结合科研体会解读知识体系，展现的不仅是知识体系，也是思维方式，若将之与自身比较，必会起到扬长避短的作用。又例如，老师的授课技巧，包括讲演口才、温情语言与妙语诠释等，都可以促使学生练就良好的表达能力，这也是作为未来工程师的必备素质之一；再例如，面对不同教师迥然不同的教学风格，你最好都试着去听，在保障听课效果的同时培养倾听能力，后者的重要性在职业生涯中，特别是领导、同事、客户等不同人群需求时，将会有所体现。

说起教学风格，有些老师习惯细细道来，不越大纲半步，必须承认这种贴近中学的“怀旧”风格受到学生热烈赞扬，同时也带来了不错的考试成绩。然而教学毕竟不是受欢迎程度的角逐，照本宣科不能完善学生的思想、行为与感觉方式，更不用说求知欲了。有些老师重视阐述思想与引发思考，鼓励学生做出尝试，风格粗犷、涉猎广泛，利于学生发挥主观能动性进而学会解决问题，使他们的课程体系趋于完整。美中不足的是，“粗线条”教学常使学生如坠云里雾中，以至于在考试之前如临大敌、手忙脚乱。由此可见，学会欣赏不同教学风格对于课程学习大有裨益，至于每种风格当中蕴含的隐性瑕疵，不妨抱着“无则加勉，有则改之”的态度——找到其他途径弥补矫正。进一步讲，正所谓良药苦口利于病，有时不敢苟同的教学风格恰恰可以帮助我们打破自身局限，使思维方式趋于完善。

同时，听课方法需要根据教学模式的不同做出相应调整。例如，参与课程实验前的预习必不可少，在实验进行时需要注意要领、体会方法、举一反三，培养动手能力与严谨求实的科学态度，为日后以创新为目标的科技实践夯实基础。又如，核心课程的小班化教学强调启发、探究、讨论与参与，学生在听的同时，还需做到认真预习、踊跃发言、积极互动，从而将专业知识、思维能力与科学精神一网打尽。

由此看来，听课不是一件小事儿，仅“听什么”与“怎么听”两个问题，便足以成就其“大”。

3. 复习——写在下课之后

写到这里，耳边响起的是欢快的下课钟声，身未行，心先远；清晨的操场，活泼的朋友，多姿多彩的校园生活……然而，稍事休息之后，复习便应提上日程，为听课这件大事画一个完美的句号。

记得那些由听讲衍生出的问号吗？现在你有充分的时间来消灭他们，尝试自行解决是一个不错的选择。这种方式可以培养查阅资料、整合信息、独立思考等一系列能力，如仍然百思不得其解，便可与老师、助教和同学进行商讨，万万不要“忍气吞声”“掩耳盗铃”。

爱尔兰剧作家、诺贝尔文学奖获得者萧伯纳（George Bernard Shaw，1856—1950）有这样一句至理名言：“你有一个苹果，我有一个苹果，我们交换一下，一人还是一个苹果：你有一个思想，我有一个思想，我们交换一下，一人就有两个思想。”交流与协作的作用是伟大的，不仅在工作、竞赛当中可见一斑，而且可将学习化腐朽为神奇。

记得那些匆忙记下的思路与方法吗？老师不将定理推导的思路与方法在课上详细展开，而是作为复习的一项任务留给学生，但这并不意味着不重要。自行完善证明过程不仅可以帮助印证猜测、深化印象，而且可以查漏补缺、升华思想，将学习带入第二境界并叩响第三境界的大门。此外，需要关注的不仅是推导步骤，也有前提条件，因为作为问题背景的描述，看似无用的前提条件往往具有牵一发而动全身的影响力。让我们共同回顾现代物理学史上这样一个事件：假设光是一种波，双缝干涉实验与夫琅禾费衍射实验印证了光的波动性；假设光是一种粒子，光电效应与康普顿效应则揭示了光的另一重身份——粒子性；究竟谁是谁非？量子物理最终做出了大团圆的仲裁——光具有波粒二象性。明确前提条件的重要意义由此可见一斑。

记得那些课上呼啸而过的感悟吗？或许你该庆幸抓住了它的尾巴。这些感悟可能是思维方式的启发，可能是学科之间的握手，更可能是创新的种子。感悟可以视作“经验与理性之间更密切、更纯粹的结合”，是蜜蜂接受自然之手的给予，通过自身力量酿制的蜜糖。在听懂、记录的基础上有所感悟，意味着知识内化之后的重新表达，做到这点，学习的第三重境界已经悄然而至。若你继续为感悟的幼苗浇水施肥，让萌生于笔尖或脑海的它们在探索与实践当中茁壮成长，知识的果园必将果实累累。

这里分享国际数学大师华罗庚（1910—1985）院士别具一格的“冥想法”，又称“猜书法”。华罗庚对待新书并不是“从头至尾一句一字”阅读，而是对着书冥思苦想。猜测布局谋篇，之后打开书本，如果思路与自己不谋而合，就不读了。“冥想法”不仅可以节约时间提高效率，而且能够训练思维能力与想象能力。其实，“冥想法”对于复习或许同样适用——课后不要着急一头扎进教材当中刻苦研读，不妨闭目静思，将所学知识在脑海里过一遍，尽量使之井井有条、自圆其说，若遇到漏洞则及时补救，这样不仅能够巩固所学内容，也可以使之与已有知识、与其他学科、与工程实践融会贯通，逐句构建知识体系。

如何建立新学知识与已有知识之间的联系呢？这里通过大学一年级线性代数当中的一个例子进行说明。首先给出二次型的定义与定理：

n个变量x_1，…，x_n的二次齐次多项式

$$Q(x_1,x_2,\cdots,x_n)=\sum_{1<i<j<n} a_{ij}x_iy_j \qquad (6\text{-}1)$$

称为n元二次型（Quadratic form）。

任意数域F上的二次型都可以通过配平方法找到可逆线性代换$Y=PX$，化成标准型

$$Q(x_1,\cdots,x_n)=Q(y_1,\cdots,y_n)=b_1y_1^2+\cdots+b_ny_n^2 \qquad (6\text{-}2)$$

一眼望去，两个公式十分陌生，复杂的符号仿佛给出了一个信号——别惹我！别慌，稳住，姑且先令$n=2$，得到二元二次型，见微知著一番。于是，我们得到

$$Q(x_1,x_2)=a_{11}x_1x_1+a_{12}x_1x_2+a_{22}x_2x_2 \qquad (6\text{-}3)$$

$$Q(y_1,y_2)=b_1y_1+b_2y_2 \qquad (6\text{-}4)$$

这个公式是不是有几分熟悉？经过高考洗礼的你是否见过相同问题而形成稍有不同？由式（6-4），你或许可以联想到式

$$Ax^2+Bxy+Cy^2+Dx+Ey+F=0$$

不错，这是中学平面解析几何当中的圆锥曲线，是笛卡儿坐标系下二元二次方程的图像。例如当$B^2-4AC<0$时，圆锥曲线表示椭圆，利用坐标旋转和配平方法，中心位于(h,k)的椭圆可以化作$\frac{(x-h)^2}{a^2}+\frac{(y-k)^2}{b^2}=1$的形式，进而通过平移得到标准形式：

$$\frac{x^2}{a^2}+\frac{y^2}{b^2}=1$$

是不是和式（6-4）如出一辙？

因此，在某种程度上，用配方法化二元二次型为标准型的问题，可以重述为求解圆锥曲线标准方程的问题。照猫画虎，把2换成n，多元二次型的标准化问题不仅明朗起来，而且可能经久不忘——二次型原来是熟悉的陌生人。回过头来，你能把这种联系已有知识的方法用于解决其他问题吗？例如，把解二元一次方程组的问题推广到解多元一次方程组，把线性代数推广到线性系统，这些都是寻找学科内在联系做出的有效尝试。

讲到这里，似乎复习工作已经告一段落，然而并非如此——还记得我们之前介绍的课外阅读吗？学习教材之余，如果能够通过阅读参考书籍升华知识深度，以科学历史与技术前沿来拓展宽度，便再好不过。复习并不是一劳永逸的，人类记忆曲线单调递减的规律终究难以违抗，

因此，结合自身特点与实际情况科学安排复习频率与节点，也是学习方法当中值得探讨的一个方面。

4. 作业武林争霸

之前我们一再强调大学教育不仅要求学生理解知识本身，更要学会运用所学知识解决问题，于是，作业可以被视作一个开始。

首先回答这样一个问题：你会做作业吗？

或许换一种表达更加准确：你知道怎样才能算作“会做作业”吗？

大一入学，很多高校工科院系开设工科高等数学（简称“高数”）作为基础课程，其难度之高使很多学生头痛不已，我们就从这里开始说起。一段时间下来，“数分”作业的武林三足鼎立：一派发扬“黄牛精神”，依靠自己解答题目，无怨无悔；一派知难而退，上课抄，下课交，好不洒脱；最后一派介于两者之间，喜欢参照标准答案完成作业，查阅参考书《吉米多维奇》得心应手。经过考试的较量，“黄牛派”成为当之无愧的武林盟主，然而你真的心悦诚服吗？

“老师为学生所能做的最大的好事是通过比较自然的帮助，促使他自己想出一个好念头”——1944 年，匈牙利数学家波利亚（George Polya，1887—1985）出版《怎样解题》一书，将人类解决数学问题的一般规律与程序总结在“怎样解题表”中，以图 6.7 中问题与建议的形式呈现出来，分为弄清问题、拟订计划、实现计划与回顾四个步骤。

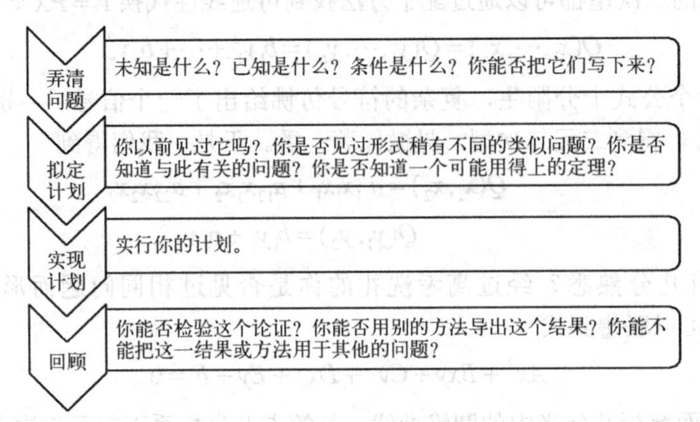

图 6.7　波利亚的“怎样解题表”

其中，“拟订计划”要求在已知数与未知数间建立直接或间接的联系，包括公式与定理、相同或相似数据、分解或转换问题与引入辅助元素等，猜想、发现与尝试在学习当中的重要地位由此可见一斑。之前在阐述通过学习复习寻找学科之间内在联系的时候，我们不断追问多元二次型、二元二次型、圆锥曲线方程间的关系，便是其具体操作的一种体现。而“回顾”不仅是一般意义上的检验，也覆盖一题多解、方法简化以及触类旁通等，是体现远见卓识的一个环节。例如上文提到的由多元回归二元，而由二元推广至多元，以及由线性代数联想到线性系统。

以弄清问题为前提，以拟定计划为核心，以实现计划为主题，以回顾为总结，整个解题过程便可一气呵成，学生不仅能够解决手边问题，也能通过独立性、能动性与创造力的养成攻克其他问题，这折射出波利亚数学教育的宗旨。类似地，我国著名数学家苏步青（1902—2003）院士认为“练习很有必要”：首先能够深化对书本内容的理解，其次可以训练运算技巧和逻辑思维。由此可见，“黄牛派”是《怎样解题》的忠实粉丝，“洒脱派”彻底倒戈，“吉米多维奇派”把时间浪费在了被动解题上，意识不到依赖参考资料与习题解答也有弊端，尽管他们的作业看起来可能是“完美无缺”的。

李晓榕院士将工程与应用科学研究抽象为四个要素，顺次为问题、描述、求解与评价，是不是感觉似曾相识呢？不错，从猜想到验证，从分析问题到解决问题，解题与研究在方法上一脉相通，通过完成作业便可管窥蠡测到科学研究的一点精髓。此外，哪怕绞尽脑汁后仍需求助于参考资料、同学与老师，或者作业直接被打上错号，你也不用气馁，因为“黄牛派”依旧比其他两派生龙活虎——他们的作业隐含着复习与回顾、猜想与尝试、模仿与创新、比对与进步等珍稀元素，这是依靠复制答案完成任务的“洒脱派”与“吉米多维奇派”难以体会与企及的。

5. 大学考试咨询

关于心态的陈述中已经埋下伏笔，在正确看待考试与分数的前提下，究竟该怎样应对考试呢？不妨让我们以下面这场师生间的对话作引详尽道来。

亲爱的老师：

您好！其实，我感觉现在的考试很“水”，不是历年试题就是特别简单。平时我学习比较努力，因此每逢期末，一些同学会来问我问题。经过交流，我发现他们连基础都没有掌握，可是经过突击背题，最后考试却常一鸣惊人。打个比方，人家考 90，我也不过得了 95 而已。分数相近的背后是学习过程的千差万别，对此我感到既困惑又失落。

郁闷的学神

郁闷的学神：

你好！你说得对，考试的确呈现出简单化的趋势，特别是对于像你这样认真学习的学生来说。为什么呢？因为过于严格的评估机制可能将学生同质化，大学希望学生做出不同尝试，以包括课程学习在内的多种方式完成学业。此外，考试免不了要涉及应试技巧，而降低考试难度可以作为调和智力目标与应试目标的方法，弱化后者喧宾夺主的可能。至于如何准备考试，相信每个学生都有一套自己的看家本领，可以借鉴，更要做好自己、宽容看待。你所看到的取巧方法恐怕不能治本，这些学生或许会在实践当中逐步调整。

希望你变回快乐的学神。

你的老师

考前复习开始，最好能先依据“目标细分”原理制订一份计划，整体把握复习进度。研究表明，人类每天有四个记忆最佳时段，依次是 6:00～7:00、8:00～10:00、18:00～20:00 与 21:00～睡前，分别具有最佳推理、严谨周密、思维敏捷与深层记忆的特点，不妨结合自身与考试的具体情况统筹规划。其次是战略战术的选择与实施，方法因人而异，这里隆重推出华罗庚继“冥想法”之后的又一妙招——厚薄法。第一步，由薄变厚，亦即在读书时深入探讨各个章节并查阅资料添加注释，书本仿佛变厚了；第二步，由厚变薄，指在透彻了解书中内容之后抓住要点、提炼精华，书本便似乎越来越薄。理想的话，学生通过安排得当的日常学习已经完成了“薄厚法”的第一步，期末复习更多是要完成将书本由厚变薄的任务。有人抱怨，一些教材本来就厚得吓人，例如美国著名教授奥本海姆（Alan V. Oppenheim）的经典论著《离散时间信号处理》，像块板砖不说，还看不懂。此时教学大纲或复习提纲或许是很好的武器，提纲罗列出的重点如同树干，由此入手展开复习，在深化重点的同时联系更多知识，如同萌生的枝丫与树叶。于是，“板砖”已成长为一棵丰满的参天大树，象征着完整无缺的知识体系。而随着复习循序渐进地开展，这棵大树又会被简化成一张剪影被你揣在心里，这得益于知识的凝练与贯通。友情提示，“冥想法”或许会助你一臂之力。

随后是考试前的热身——习题。习题在选择上很有学问，最好能出自平时作业或往年试卷，因为这些题目由老师精心挑选，是重点知识与考试风格的折射。试卷中 80%左右的题目属于基本题型，难度不会逾越平时作业，因而热衷钻研难题的同学需要合理分配精力，一丝不苟做好练习，按照答案逐一订正，查漏补缺并规范解答过程，知彼知己、百战不殆。有人会问：“练习往年试题不就是“郁闷的学神”控诉的取巧方法吗？”非也，两种方法前提条件不同，实施手段不同，相信聪明的你一定明白个中差异。经过系统准备，扣人心弦的时刻终于到了。考试之前切忌熬夜，养精蓄锐才是王道。面对试卷沉着冷静，集中精神，坚定信念——经过之前的充分准备，你不用太担心结果。

最后，再次重申，考试的目的是反馈学习效果与督促学生提高，并强调在大学多元评价体系之下考试的局限性，希望能够对你有所帮助、有所启迪。

6. 课程学习漫谈

看到课程学习方法跃然纸上，你或许会倍感压力，也有些许疲倦。下面不妨让我们暂时跳出学习的圈子，在科学与人文的海洋中徜徉恣肆，感受数学与物理的源远流长与科学方法的博大精深，而人文学科的画龙点睛也可能有助于你出奇制胜。

（1）数学与物理，数学与其他

美国细菌学家汉斯・秦瑟（Hans Zinsser，I878—1940）在所著的《我记得他：R.S.传记》中说过：“在科学上，一个成年人心智的成长，超不过他青年时打的基础所能承受的高度。”作为测控技术与仪器专业的基础学科，数学与物理是课程学习的前奏，只有悉心演练才能到达专业学习的高潮，操之过急只会破坏旋律的整体和谐。此前，我们一直在强调构建学科内在联系、完善知识体系极其重要，却未给出正面例子，希望下面通过讲述数学与物理罗曼史可以引发你的兴趣与启示。

重返遥远的古希腊时代，数学家、哲学家毕达哥拉斯（Pythagoras，公元前 572—公元前 497）“发明”了数学——万物皆数，柏拉图学院规定：“不懂几何者，不得入内。”数学家欧几里得（Euclid，公元前 330—公元前 275）“发明”了几何学。由此，古天文学、牛顿力学等自然科学乃至社会科学在数学的照耀下大放异彩，让原本混沌的科学世界有了秩序。

人类认识太阳系的历程十分艰辛。16 世纪以前，亚里士多德和托勒密的地心说被视为“真理”，直到哥白尼建立数学体系对天体运行做出解释，日心说才登上历史舞台。随后，开普勒利用数学工具获得三大定律为天空立法，而伽利略巩固了日心说，他通过读懂数学语言撰写的“自然大书”研究自由落体、单摆与抛物运动，为经典物理描绘蓝本。纵观其上不难发现，以欧氏几何为代表的初等数学成全了人类与宇宙的相识相知。1637 年，法国哲学家、科学家、数学家笛卡儿（Rene Descartes，1596—1650）创立坐标系并“发明”了解析几何，将“数”与“形”结合起来，经典物理奇迹般地诞生在 1665—1667 年间短短的 18 个月内，牛顿开创了微积分学，日光七色光谱、反射式望远镜以及统领宏观世界的万有引力理论相继问世。英国诗人波普（Alexander Pope，1688—1744）由衷赞美：“自然和自然规律隐匿在一片黑暗之中。上帝说‘让牛顿出世’，于是一切都变得光明了。”

然而，19 世纪后期，数学与物理这对天作之合却展开了冷战。虽然爱因斯坦在童年便已经掌握了欧几里得几何与微积分学的精髓，但在提出广义相对论时仍不得不求助于擅长黎曼几何与张量分析的老友——德国数学家格拉斯曼（Hermann Gflnther GraBmann，1809—1877），在无心插柳的状态下推动了黎曼几何的发展。但无论如何，1905 年是爱因斯坦的奇迹年，光量子假说与狭义相对论昭示了现代物理的开端。20 世纪末期数学与物理握手言和，在相互激励的同时继续携手献身人类文明发展的伟大事业。2013 年 3 月 14 同，欧洲核子研究组织宣布：被誉为“上帝粒子”的希格斯玻色子（见图 6.8）被验证存在。其实，希格斯玻色子已经姗姗来迟 50 年之久，它是让基本粒子获得质量的宇宙物质，不仅让当代最伟大的科学家霍金（Stephen William Hawking，1942—）输掉 100 美元赌注，更验证了数学对真实世界的窥探能力——英国物理学家希格斯（Peter Higgs，1929—）早在 1964 年便通过粒子物理标准模型预言了“上帝粒子”的存在。

数学与物理肩负着偌大的家庭责任，信息论、控制论与计算机等均是这个家族的子子孙孙。此外，数学不是物理等自然科学的专属，它在经济、统计、金融等社会科学研究领域同样扮演着重要角色，甚至有历史学家尝试使用数学模型讨论王朝盛衰。以测控技术与仪器专业通识课程“企业管理”为例，市场均衡价格分析、经济批量计算、生产周期曲线等由一元微积分贯穿始终，风险决策、投资收益安全等则是概率与图论的天下，或许“原来你也在这里”的欣喜会油然而生，数学作为科学的工具、思维的艺术，为各个学科出谋划策、穿针引线。

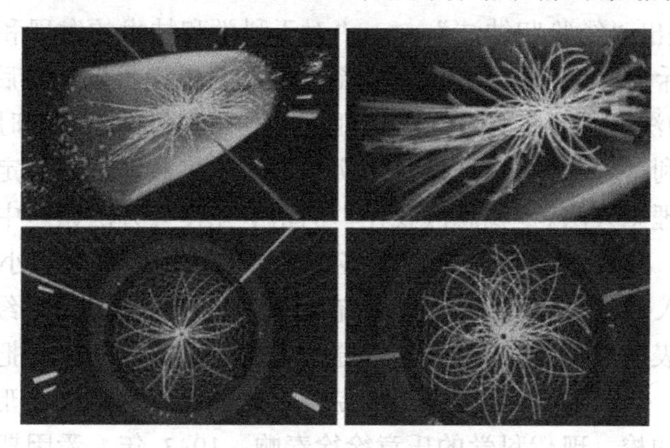

图 6.8　上帝粒子——希格斯玻色子

现在，你在大学校园里邂逅了“高等数学”这位熟悉而又陌生的朋友，他很聪明，也很麻烦，如何与他打交道可能已经成为你心头挥之不去的一个问号。关于学习方法，可以参考上文内容，请如“冥想法”、“薄厚法”与“如何解题表”，以勤补拙，不断提升。需要补充的是，面对极限、导数、积分与级数等概念，不能只停留在定义的外表，还要深入理解其内在的物理意义。以极限为例，课本给出如下定义：

设 $\{a_n\}$ 是一个数列，a 是一个实数。如果对于任意给定的 $\varepsilon>0$，存在一个 $N\in N^+$，使得凡是 $n>N$ 时都有

$$|a_n-a|<\varepsilon$$

就说数列 $\{a_n\}$ 当 n 趋向无穷大时以 a 为极限，记成

$$\lim_{n\to\infty}a_n=a$$

对于一年级新生而言，能够理解定义使用的数学语言实属不易。但你是否了解极限是一种无穷的思维方式，用极限值代替过程值可以将问题化繁为简？其实，这是一种通过排除过程次要因素进而抓住问题本质的方法，在工程领域屡见不鲜，如果足够用心体会，发现其余概念同样暗藏玄机。

工程应用对数学素养要求颇高，因为面对浩瀚无际的数学海洋，如何根据实际问题选择合适的数学工具与思维方式犹如海边拾贝。与此同时，工程应用亦离不开专业思想，因为解决工程问题时，往往需要根据物理背景做出近似，而数学再神通广大，也唱不了独角戏。更进一步，作为工程思想的体现，通过数学模型获得的计算结果终将回归工程，在接受检验后为之服

务。当然，毕竟大学校园有别于工程实践，练习不可少，但要求新生由关注“解法”一跃过渡到“应用”不免强人所难。可以先建立基本意识，然后通过切实可行的途径逐步带动。比如数学建模，小到“鸡兔同笼”问题，大到通信网络中的信道模型，都借助了数学建模思想。又如拓展阅读，我国数学家李大潜（1937—）院士编著的《数学文化小丛书》、龚异（1930—2011）教授主编的《简明微积分发展史》等，都是挖掘数学本质、培养学习兴趣的好书。

数学与物理水乳交融的深厚感情及其对其他学科的辅助提携，贯穿于整个科学发展史的字里行间，并无时无刻不在续写着新的篇章，正如无产阶级伟大导师马克思（Karl Heinrich Marx. 1818—1883）所言：“一种科学只有在成功运用数学时，才算达到了真正完善的地步。”

（2）科学方法的前世今生

从孔子曰“学而不思则罔，思而不学则殆”与“格物致知”，到明末清初思想家王夫之（1619—1692）所倡“质测之学”，从亚里士多德的《工具论》与《方法论》，到其创建逻辑体系，科学方法虽未自成一体，却已崭露头角。

1562 年，培根提出“经验归纳法”——“对于科学和技术的发现和证明的有用归纳法必须用适当的拒绝和排斥的方法来分析自然，得到足够数目的消极例证之后，再根据积极例证来做出结论。”经验归纳法以《新工具》之名对亚里士多德发起挑战，同时为近代科学方法画上高音谱号。随后，伽利略首次完整提出数学-实验方法，将数学验证与定量实验结合起来，至今仍旧是精密科学的理想方法。“我思故我在”的笛卡儿在《方法论》中指出了研究问题的四个步骤：①怀疑一切；②将复杂问题分解为多个简单的小问题；③将小问题由简单到复杂排列，从最容易的问题入手逐一解决；④综合所有问题，检验问题是否已经全部解决。后来，牛顿在《原理》一书中表述了分析-综合方法，通过经验归纳、科学解释把观察实验、普遍定律及事实验证串联起来，分析在前，综合在后，完备的科学研究体系终于形成。

时光荏苒，岁月如梭，现代科学的乐章徐徐奏响。1933 年，爱因斯坦在牛津大学发表题为《关于理论物理学的方法》的演讲，当中系统归纳的科学方法而后被总结为“唯理论的实在论”。抛开这个艰深晦涩的名词，让我们先看看爱因斯坦是怎样理解的：

“我们能够用纯粹数学的构造来发现概念和把这些概念联系起来的定律，这些概念和定律是理解自然现象的钥匙。”也就是说，科学研究可以越过经验归纳，那么理论模型就可能正确——“适用于科学幼年时代的以归纳法为主的方法，正在让位给探索性的演绎法。”

20 世纪，不论是相对论，抑或量子力学，均已探索演绎作为支点。

如果将这一部分与“数学与物理，数学与其他”做个对比，不难发现二者在时间、人物与事件上的诸多“巧合”——科学研究与科学方法亦步亦趋、难舍难分。因此，在科学研究中，不仅要求可以游刃有余地使用数学工具，而且需要采取正确合理的科学方法。老生常谈的是，社会科学的指导与启发，实践中的总结与反思，以及自科学史提供的借鉴与引导，都是掌握科学方法的有效途径，何乐而不为？

（3）“寂寞芳心，小王子与玫瑰花”

不知道当你结束阅读《科学方法的前世今生》时，是兴趣盎然、回味无穷，还是依然恹恹欲睡、不知所云？但愿回答是前者。其实，上文所论正是科学哲学研究中的核心——科学方法论，是所谓大学副课中涉及的内容，是通识课程的一部分。如此一来，相信你便理解缘何出现“唯理论的实在论”这等奇观的名词了吧。

关于学习副课的重要性，以及通识教育的必要性，前面已经不厌其烦地说了又说，这里又从历史角度做了补充。然而，思想道德修养与法律基础、中国近现代史纲要、马克思主义基本原理概论、大学语文以及经济管理等人文课程的教室仍然门可罗雀，即使按时出勤的学生，恐怕也大都心不在焉。他们或者奋笔疾书完成主课作业，或者闭目养神，专心致志听讲的学生少之又少。我们理解，可能繁重的课程学习已然压弯了你的肩膀，或许见缝插针的课表安排让你睡眼惺忪，也许还有其他理由。但是，从开始读到这里的你是否明了：遥望未来，这种做法牺牲的价值远远大于知识本身，又岂是徒增几分成绩与休闲所能弥补的呢？

钱伟长校长曾这样劝导过理工科大学生："除了学习自然科学和技术知识以外，还要学点文史知识，学点经济知识，学点管理知识，也要参加生产劳动和社会实践。"当前大学改革既然强调通识教育，自然没有将人文课程剔除到队列之外。例如，为了迎合学生胃口，思想道德修养与法律基础将案例分析、课上展示、辩论与情景模拟等互动与实践方式纳入常规教学，希望凭借十八般变换温暖学生的"寂寞芳心"，诚意可嘉，方式亦是可取的。但是，毕竟一个巴掌拍不响，"寂寞芳心"也要放下专业课本，打起精神，认真聆听并积极配合。经过了解与尝试，很可能你会喜欢这门旨在"提高思想政治素质和观察分析社会现象的能力"的课程。此外，戴世强教授认为获得文科知识的"主要途径是自学"，不论是《红楼梦》、《国史纲要》、《梦的解析》还是《麦田里的守望者》、《明朝那些事儿》、《每天懂一点心理学》，都能帮你更好地了解自己、了解他人、了解科学、了解世界。

话到这里，我们还需要谈谈学习英语的问题。为了四、六级与 GRE 等考试达标，源自中学的应试英语甚嚣尘上，特别是在一些应试教育机构的助长之下，死记硬背与一些诸如"三长选一短，三短选一长"的伎俩，已然使英语考试成为记忆与逻辑的游戏。通过考试的愿望总是好的，因为证书目前仍然是证明英语水平的黄金令牌，然而作为一门语言，英语终究要回归其本质属性——交流的工具。也就是说英语必须能被听进去、说出来。现在，许多城市与大学的国际化程度与日俱增，搜集资料时你会发现多数文献用英文撰写，很多讲座与交流让英语一统天下，走在路上会有高鼻子蓝眼睛的朋友用英语向你问路，感觉如何？毕业之后走上工作岗位，面对面试、国际会议、出国培训，又将如何？

学习的方法一脉相通，而英语作为一门语言又独树一帜，就像《小王子》里那朵娇滴滴的玫瑰花一般，时刻渴望着你的关注与照顾。在参与相关课程之余，你需要将对英语的热忱渗透到方方面面：看美剧、英文电影时留意发音与日常用语，阅读英语论文时留意表达方式与科技词汇，像马云一样创造机会与人用英语交谈……不少同学羞于开口，生怕蹩脚的英语会吓到别人——谦虚的我们总是低估外国朋友的理解能力与承受能力，难道你没有发现他们已将中国制造的"Long time no see"收入英语词典了？

不如换位思考一下，如果一个美国朋友指着楼梯说了一声"下流（下楼）"，想必你会觉得他十分可爱，并且愿意主动帮助他纠正发音；国籍不同，人心无异。在你的细致培养与精心呵护之下，玫瑰花终将缓缓地绽放，犹如"条件反射"一般不受语法等条条框框的束缚。这里不妨简单回顾我们学习母语的情境：是先学习语法吗？只有上课时才练习听说吗？说错了大人会把我们扔进垃圾桶吗？必须不是。像幼儿一样学习英语，像小王子思索爱情一样反复练习，有一天你会发现，不知何时，英语已经悄悄向你打开心扉。

"寂寞芳心"之所以寂寞，缘于故步自封，草率拒人于千里之外。小王子为玫瑰花费了时间，才使得她如此重要——"如果你爱上了一朵生长在一颗星星上的花，那么夜间，你看着天空就会感到甜蜜愉快，所有的星星上都好像开着花。"是在谈论"通识课程"吗？好像是，也好像不是。

6.3 科技实践大揭秘

实践是理论的归宿，对于测控技术与仪器专业的学生而言，科技实践是专业学习的归宿。在大学中，实践无处不在，从暗藏玄机的实验室，到让你小试身手的科研训练，再到大显拳脚的科技竞赛，都为你提供“实践出真知，万事要躬行”的机会。那么，临渊羡鱼的你如何退而结网？期待以下文字将会对你有所帮助。话说回来，本节不过是科技实践的理论而已，若想知道这只“梨子”的滋味，你恐怕只有亲口一尝了。

6.3.1 实验室里暗藏玄机

切实而言，实验室究竟暗藏哪些玄机呢？

在实验室里你将有机会接触真刀实枪的工程项目，不仅可以为课上所学在实际中找到用武之地，提升实践能力，更能够让实打实的工程神经早日萌芽。你也许会在实验室见识到陌生的仪器与设备，即使无法亲自体验，混个眼熟也是好的。工程思维的培养是重中之重，除了需要开始考虑生产成本与客户需求等非技术因素外，你还将面临观念上的转变。例如，随机过程理论规定，判定随机过程不相关的条件是相关系数等于 0；而在工程领域，相关系数小于 0.05 即可认为不相关，拼命追求完美的 0 只是徒劳。更进一步，进入实验室前“三人行必有我师”的“三人”或许都是你的同学，伴随地点转变，你的“三人”将扩展到老师及师兄范畴，多元化的人物必将带领你进入新的世界。你可以与老师和师兄平等地畅所欲言，在同甘共苦中接受熏陶，除像上文那样从历史中理解科学方法，也可以在实践中逐渐寻味。不论是研究态度，还是源自工程的真实情境与新鲜声音，都是你从教室、书本及与同学相处难以问及或学到的。

在很多初来乍到的学生看来，实验室是如此高高在上，只有将不计其数的论文与电路板铺在脚下，才能触及门缝中溜出的一缕微光。甚至更多时候，进入实验室的念头还未浮现便已夭折。其实，实验室远没有那么遥不可及，只要方法得当，叩开实验室的大门一般并非难事。联系实验室一般从选择老师开始、最直接的方法是在课上多加留心，如果你很喜欢一位任课老师，不妨在下课时和他聊聊，从读书时的困惑到研究中的疑问，都可作为你的谈资。这种互动能够拉近彼此距离，也可以给对方留下初步印象。除此之外，你可以通过学校网站与搜索引擎获得关于老师的第一手资料，包括其个人经历与研究方向，然后综合自身喜好与专业契合等方面进行初选。接下来你可以与班主任或师兄取得联系，向他们了解所关注的老师，根据科研情况与指导风格等信息再做选择。如果你具有较强的自我管理能力，则可挑选“放养型”的老师，使你有时间与精力自由发挥：反之，“圈养型”的老师或许更适合你。深入了解老师研究领域的一种方法是浏览他近期的专著或论文，这样做不仅能较准确地网罗所需信息，也可以为接下来可能发生的谈话积攒素材。

上述步骤之后，你的名单上大概还剩下两三位候选者，而你所面临的问题更加细节化——我该怎样去找老师？思前想后，似乎你感觉每种方式都不乏唐突甚至忸怩。“空降”自然是下下策，出其不意的登门造访可能会使老师摸不到头脑，你也有可能由于不走运而吃闭门羹。可以先以一封电子邮件说明来龙去脉，或通过电话先声夺人，预约时间进行面谈。有时邮件会石沉大海，而电话“正在通话中”，此时你需要对何去何从做出定夺——转战他处、锲而不舍，还是鼓起勇气长驱直入?如果得到机会可以赴约，你便需要着手准备工作，因为老师也会参照一定标准判定是否接纳你为实验室的一员。

比如，有的老师倾向于吸纳基本功扎实的学生，而有的则钟情于持之以恒的态度，由此你可以定下基调，在见面过程中有重点地表现自己进而打动老师。除此以外，你大可不必徒增压力或自寻烦恼，只需要放平心态大方应对，而先前阅读的文献也会让你有话可说。

历尽千辛万苦，你终于在实验室获得了一席之地，那么，怎样才能不虚此行？初入实验室的你或许会倍感落差，原以为能即刻介入工程项目，却发现自己竟成了龙套演员，今天帮师兄画张原理图，明天为实验室报报账，后天则整理千篇一律的仿真结果，“怀才不遇”虽不敢当，

“虚度光阴”之感总会有八九分。其实，这样想你就大错特错了，因为看似无谓的琐屑之事才是真正的奥妙所在。首先，不妨耐心地从每件小事开始做起，在不知不觉中，实验室的零星碎片便拼凑起来：谁在做什么、怎么做，取得了哪些成果，又遇到了哪些困难。其次，真实的攻关过程、机动的工程思维与大门常开的学术交流，你都要洞若观火并虚心学习，看似与你无关的陌生领域往往蕴含着新的机会，画地为牢便会错过。第三，协助老师与师兄的过程也是与之熟识并获得认可的过程，老师将青睐你，放心将更多工作托付给你，师兄会“罩着你”，愿意与你分享他的成果。日子久了，你小试身手的时刻也不远了，没准什么时候，实验室就会对你委以重任。

默默奉献是一方面，而积极获取是另一方面。你应该已经意识到，老师与师兄绝对不会追在你的身后催促你做这做那，只有在平日里自主学习，在瓶颈时主动求助，才能让实验室成为你起飞的地方。实验室的研究工作与以往的实验课程有所差异。没有现成的《实验室指导》，你需要自行探索、大胆想象并勇于创新，在尝试中开辟道路进而解决问题。在遭遇困难时，与其把时间浪费在较劲或流泪上，不如尝试着与师兄交流，或请老师出谋划策，他们不同于你的经验和视角往往能够带来新的契机。反过来看，你的追问也可能带给他们新的启迪。此前，我们谈到雅斯贝尔斯等人均强调交流的重要性，而实验室淋漓尽致地实践了他的理念：“在共同的思想基础之上所形成的交流气氛，可以催生出适宜于学术和科学工作的条件，尽管这些工作在本质上总是被独立完成的。”

6.3.2 科研训练的小热身

科研训练的理念及其形式从学生的角度来看，究竟怎样才能让科研训练不留遗憾？就让我们以“大学生科研训练计划（SRTP）”为例，从选题、立项与过程等环节逐一说明，掀起它的盖头来。

俄国哲学家车尔尼雪夫斯基（Nikolay Chemyshevsky，1828—1889）有句名言：“艺术源于生活，而又高于生活。”论及美与创造，科学可以毫不牵强地被视作艺术，因而灵感也往往从生活中来。每件事物，或大或小，或熟悉或生疏，或其乐无穷或趣味寡淡，都一定有其存在的意义。法国雕塑家罗丹（Auguste Rodin，1840-1917）又说道：“生活中从不缺少美，而是缺少发现美的眼睛。”也就是说，我们要留心观察身边各式各样的事物，透过细枝末节去发掘创造的源泉。至于具体渠道，可以是帮助我们剥开科学坚果的“科学松鼠会”等系列网站，可以是从科技前沿归来的讲座或展览会，可以是“有朋自远方来”的一次秉烛夜谈，甚至可以是一声叹息或一片梦境。有时我们需要带上批判的目光，思考怎样解决问题或如何进行优化，有时应该换上欣赏的视角，考虑一个好的办法是否能够解决其他问题。例如，一年级学生在千回百转的教学楼中迷路已被多数人司空见惯，而北京航空航天大学的学生注意到了问题所在，他们设计出帮助用户规划最佳路线的应用软件，而快速获取起始点采用的是时下热门的“二维码”技术（见图 6.9）。选题时切忌“随大流”，因为令人趋之若鹜的地方往往已没有宝藏可寻，只有凌寒独开，才可一枝独秀。例如，伴随触摸屏的大热，相关题目鱼贯而入并取得了一定成绩，于是在接下来的两年、三年甚至四年里，类似题目纷至沓来，几乎令人患上“审美疲劳”。综上可见，选题在一定程度上就是创新。

图 6.9 二维码

需要指出的是，由于 SRTP 将过程作为核心，你在立项之前便要拟定题目，这样才有利于后续工作顺利展开。

而以作品论成败的“挑战杯”等科技竞赛在选题上则并没有如此绝对，一锤定音当然可以，边做边想边完善也未尝不可。不排除这样的可能，最初你认为水平有限，只打算用单片机设计一款简易的闹铃，但经过夜以继日的精心准备与剥茧抽丝的不懈攻坚，最终你提交的竟然是霸气十足的“智能车载系统”。又或者是，你在动手做时发现所选题目“表里不一”，只得改头换面，推翻重来。综上可见，科技实践让你理清的不仅仅是题目，也是自我，积累的不止有经验，也有自信。

将话题引回 SRTP，众里寻“题”千百度后，你需要提交一份立项申请书，而撰写申请书又是门学问。考虑到 SRTP 注重过程，你一定要在申请书中将题目阐述清楚，包括创新之处、应用价值与关键技术等。记住，你的目标是将题目推销给评审者，也就是让他们相信你的题目独特、应景而又可行，从而心甘情愿地将机会交到你的手中。举例而言，在论述创新之处时，不妨列举当前研究现状作为靶子，通过比对说明你的题目有何超越：前无古人地解决了问题？提高速度？优化性能？让奢侈品获得了白菜价？更为环保？……总之你的题目至少要有一个“标签”用以渲染你的舍我其谁。

另外，你需要做出进度安排与经费预算，关键词有两个：一是“合理”，保证你能脚踏实地实现计划，在规定时间内保质完成；二是“详细”，说明你的申请绝非心血来潮，而是经过深思熟虑后统筹规划的结果。至于指导老师则可以参考前文的方法依据项目需要进行选择。正所谓“细节决定成败”，申请书的格式绝对不容小觑，严格遵守既定撰写规范可以使你的申请书赏心悦目，更进一步，一丝不苟的态度也一同呼之欲出。

定了题目，交了申请，便迎来了过程环节，怎样才能让 SRTP 堪称“主动”？

一般为期一年的 SRTP 是一场持久战，除了心态，你还需对时间做好掌控，立项成功不代表着一劳永逸，遵循进度安排是驱赶惰性的有效方法。明确分工之后，你与合作伙伴将经历一个漫长的过程，随着你们从学习到尝试，从磨合到默契，项目也将从一筹莫展扭转成循序渐进，从幼稚发展为成熟。不容忽视的一点是，你要及时与老师沟通或商洽进展情况，尤其是在进退维谷之际，因为老师可能凭借经验、角度与高度为你的涸辙之鱼注入一泓清泉，别让怯抑或羞涩成为你的障碍。大学每个角落都摆放着“主动”的提示牌，科技竞赛也不例外，老师退居幕后留下余地，他们只有收到你的求救信号，才能依据具体情形做出反馈。即便项目已经顺利完成，你也可以拜访多位老师寻求专家意见，一方面从评委角度为你消除盲区，一方面锻炼你展示的基本技巧。

另外，我们由衷地为你推荐一位助手——工作日志，每天留出一点时间记录下探索的迂回、思维的逾越、问题的纠结与灵感的火花，不仅为中期与结题积累素材，也为日后反思提供依据。

最后，让我们以爱因斯坦的论述重申 SRTP 精髓所在：“提出问题往往比解决问题更重要，因为解决问题也许只是数学上或实验上的技能而已，而提出新的问题、新的可能和从新的角度看旧的问题，需要有创造性的想象力，标志着科学的真正进步。”

6.3.3 科技竞赛的大比拼

读到这里，或许你已摩拳擦掌，渴望去到科技竞赛的舞台上试比高下。经过实验室的练习与科研训练的热身之后，相信你已取得了突飞猛进的进步，请允许我们再奉上竞赛选择、团队合作与结果应对等锦囊妙计，希望助你一臂之力。

“挑战杯”、“冯如杯”、全国大学生电子设计竞赛（简称“电设”，见图 6.10）、全国大学生光电设计竞赛（简称“光设”）……此前，我们罗列过五花八门的科技竞赛，是否让你挑花了眼？其实，“挑战杯”与“冯如杯”等可被纳入自主命题范畴，做什么都可以，怎么“折腾”都没问题。而“电设”、“光设”等则排在限定命题之列，让你做什么你就得做什么，做不出来也没办法。这么看来，自主命题竞赛有相对较大的回旋空间，如“冯如杯”，学生学术科技作品竞赛给出科技发明制作类、自然科学类学术论文、哲学社会科学类社会调查报告和学术论文三个大项，几乎包罗万象，你可结合自身情况在所选类别下确定题目，扬长避短。而要求在正式申报前一年内取得成果为你留出了充足的准备时间。因此，如果你有参赛愿望，不妨提早动手准备。另外，“冯如杯”是专为一年级学生设计的学生创意大赛，侧重提出新的想法，因而你需要将焦点集中在论述上，尝试换位思考，让你的“Idea”在他人眼中同样能散发创新点与可行性的魅力。而“冯如杯”学生创业计划竞赛更侧重于商业领域，如果你具备了一门技术，不论是自己的发明创造或他人的新鲜成果，你是否考虑过通过自身努力将其推广出去？你是否具备了经商头脑？你是否有从工程师转型为领导者的打算……这些都是你需要思考的问题。至于限定命题竞赛，以 2009 年的“电设”为例，竞赛点名道姓地指定了“宽带直流放大器”等题目，要求参赛者任选其一，并在四天三夜后提交结果。这意味着在参加“电设”时，你有可能要不眠不休地奋战到底，若是具备扎实的基本功底、较强的突击能力与良好的身体素质，则不妨以此来挑战自己。言而总之，选择适合你的竞赛类型准不会错。

图 6.10 “电设”现场

或许你会小心翼翼地问：“刚进入大学的我还什么都没学，能参加竞赛吗？”当然可以。你应该也已经发现，科技竞赛并没有忘记一年级学生，你完全有机会参与进来。

在面对新的领域时，多数人都将面临从无到有的难题，然而话又说回来，如果一应俱全，又能剩下多少空间供你发挥？因此，你完全不必因畏惧而对竞赛敬而远之，如果机会只留给有准备的人，那么于你而言，30%源自对目标的预估，70%留给对过程的坚持。知识上一无所有怎么办？去图书馆查阅资料，到数据库搜集论文，向老师与同学取经。技术上一无所知又如何？在实验室常驻，先将理论付诸实践，再用实践校对理论。面对时不时杀出的程咬金，你不得不辗转在反复调试与修改方案之间，甚至颇费周折联系“牛人”指点迷津，调度所有能调度的资源为你所用。在逾越屏障的同时，你的能力将会增长，你的目标将会清晰，随之而来的成就感与自信心会让过程明媚起来，这一切往往比结果来得珍贵。

在科技竞赛中，你可以选择“自由行”——自己管理好自己就万事大吉，而“团队游”时，多元化的成员将使境况更为丰富。为最大化团队优势，项目负责人在吹响集结号时，需综合考虑人员能力与性格，旨在实现互补均衡。举例而言，你想吸纳技术牛人坐镇项目实现，然而他们往往不善言辞，于是你便需要招募伶牙俐齿之人掌管答辩事宜，尽管他的技术可能相对薄弱。寻找同道中人乃是常情所在，因为差异往往导致分歧，然而当差异彻底消失时，你们反而变得不堪一击——由谁去答辩呢？由此可见，必须要理智地引入差异，只有在短板被接长的前提下，长板才能发挥功用。更大胆些，你可以根据需要从其他学院召集成员，博采众家之所长。

团队往往会不定期经历磨合，难免令人头痛不已，这个时候，项目负责人的选择“领导”能力将起决定性作用。之所以为“领导”打上引号，是希望你能杜绝以“领导”自居，能够做到用心聆听成员建议与意见，乐于采纳并虚心修正。如果你的能力凌驾他人之上，那么在等待成员学习与进步的过程中，你要多些包容、肯定与引导，而成员的成就感与自信心一旦增加，便会更积极地投入心血。但如果在任务分配时开不了口，在处理危机时感情用事，在校准进度时缺乏魄力，你便有必要以“领导”自省，当仁不让地对成员做出规范。成员的配合同样不容忽视，无论好主意还是坏心情，都要主动与项目负责人进行协商，因为自行其是很可能会好心办坏事。另一方面，请笃信竞赛的真正价值，用平和与包容驱散功利与妒忌的雾霭。毕竟，有什么比你的成长更重要呢？

参与科技竞赛最令人难忘的部分，当属获悉结果的那一刻，不论甜蜜、清醇抑或酸涩，都请你尽情欢呼吧。雀跃之后是静静的沉淀，你要明白竞赛所以评出结果，是为让参赛者获得短期激励，感受自我价值进而明确求索动机。而当短期激励叠加成自我激励时，即使没有信号枪与秒表，你也能够快乐而积极地奔跑下去。因此，如果结果是甜蜜的，不妨将灼灼其华的奖杯陈列，把熠熠生辉的赞扬收起，及时反思经验教训并重新来过。你还需要穿越“所知障”的迷城，在“有则改之，无则加勉”与“总结过度，迷信成功”之间寻找平衡，谨防自己绊倒自己。另外，如果结果是清醇或酸涩的，你也不必气馁，因为失败往往能比成功教你更多，在脑海中重播竞赛全程，仔细分析自身存在哪些问题：创新不足？技术硬伤？团队管理松散？未主动与老师沟通？没有抓住竞赛特点？欠缺展示技巧？……你可以将答案记录下来，使之成为你翻身的筹码。

优秀的结果往往遇到争议的声音，甚至会引发“告状”的风波，看到苦心经营出的结果蒙受不白之冤，你难免会火冒三丈。其实，在这样的情况之下，愤怒只能火上浇油，只有平和才能帮你化解危机。你不妨先告诉自己：“质疑说明我引起了他人关注，质疑给我机会重新展现自己，质疑将使我比以往更加强大。”心情平复之后，你方能冷静地进行交涉，用逻辑与证据说服对方，而非用怒火和不满点燃战争。作为原创者，你需要有一份自信，那就是项目的点点滴滴，从程序中的一行代码到线路板的一个功放，从调查报告的一例实据到学术论文的一项数据，你都能说出其来龙去脉，因为是你创造或发现了一切，当中奥妙绝非信手拈来之人所能说清道明。在公正的天平之上，谣言终将不攻自破，而经历了洗礼的你将会笑到最后，笑得最美。

6.4 生活中也做达人

有了课程学习，也有科技实践，大学似乎迎来了“Happy Ending”。有这样想法的学生比比皆是，在他们的眼中，其他实践只能用玩物丧志来形容。还会耽误时间。但事实上，没有生活实践，大学将缺乏色彩与灵动，而你也完全有能力将三者间的关系协调得井井有条。大学的生活由社团、书院、读书与讲座等构成，你还可以走得更远，以其他更新颖的方式历练自己的能力并实现自己的价值。下面就让我们来看一看，教室之外以及校园之外，又有哪些地方是你要留意的。

6.4.1 不必把教室坐穿

1. 万变不离其社团

没有社团，大学就不完整。每所大学都有其独具特色的社团，长春理工大学也不例外。校级与院级学生会自然不用多说，另外还有心怀天下的青年志愿者联合会、为竞赛服务的大学生科学技术协会、别开生面的大学生艺术团，以及以攀登来挑战极限的攀岩协会等。这些社团有各自的主题，涵盖事务类、学术类与兴趣类，它们或大或小，或官方或民间，在自成一体的同时还可能建立起合作关系，齐心协力完成一件事情。以“挑战杯”为例，竞赛由科学技术协会承办，校团委和学生会宣传部跟进宣传事宜，志愿者协会需提供赛程服务，院级学生会等则参与到更具体的任务中去，偌大的“挑战杯”就这样被有条不紊地筹备起来。到竞赛正式开始时，各个社团恪尽职守，通力合作，很多成员放弃了学习与休息时间，全身心地投入紧张工作，站好最后一班岗。不难看出，社团仿佛是一部通往职业的《能力大全》，组织能力、合作能力与交流能力等应有尽有。与此同时，加入社团将使你的交际范围得以扩大，院级、校级乃至与社会的交往不仅帮你认识世界，也将丰富你的人脉。即使是笛箫协会等艺术社团，也能使你提高技艺的同时带来欢乐，因为与朋友共同欣赏的音乐将更动听。每年年初，社团的招新工作便会如火如荼地开展起来，铺天盖地的横幅、易拉宝与传单等令人猝不及防，而关于破解“广告”一面之词的办法，既可以向高年级同学与辅导员等索取信息，也可以到论坛上问询情况：哪些社团有口皆碑？他们是否名副其实？日常的工作压力大不大……知彼之后更要知己，不妨以兴趣与能力的角度出发，结合自身情况做出选择。例如，若你喜欢执笔却又受到专业羁绊，则可以加入宣传部拾起未完成的梦想，通过采访、撰稿与编辑等工作进一步完善包括写作在内的诸多素质。时常有这样的情况发生，可能你在中学是精英骨干，而现在却只是普通干事，不仅受制于人，还要与鸡毛蒜皮的小事为伍，于是三天两头便委屈地撂了担子。但事实上，不论在当下的社团还是未来的工作中，你都要从底层开始做起，经由经验的云梯拾级而上，如果你期待更有价值的职务，接受更全方位的锻炼，不妨让细心和用心为你代言，静候机会在二、三年级时大驾光临。除此以外，你务必要量力而行，只有平衡学习、生活与社团的关系，才能真正有所收获。有一类“社团控”身兼数职，每天马不停蹄地辗转于各大活动之间，让学习与生活在夹缝中求生乃至衰败，岂不是本末倒置？

2. 书院这个好地方

新亚书院院长钱穆（1895—1990）在《新亚学规》中讲道：“一个活得完整的人，应该具有多方面的知识，但多方面的知识，不能成为一个活的完整的人。你须在寻求知识中来完成你自己的人格，你莫要忘失了自己的人格来专为知识而求知识。”我们在第 5 章已经对书院有所介绍，于其而言，如果以教室、图书馆与实验室承载学习，那么宿舍便寄托你大部分的生活，只有将客观事实与主观意愿结合起来，才能够成为“活得完整的人。”

书院中有你的同学，鉴于所学专业不尽相同，你要拿出更多耐心进行沟通，体会其有别于你的思维方式。例如，经过与法学院同学探讨苹果状告三星一案，你能够学到专利知识并建立产权意识，或许你都不会意识到这省去了你多少麻烦。而对于来自不同地域的同学，你要学会换位思考，遇到习惯、语言乃至观念上的差别，不妨一笑置之，大家礼尚往来。时间将会证明，用各方见闻拓宽视野是一个方面，以谈天说地制造欢乐是一个方面，若干年后有遍布大江南北的同学与你并肩作战又是一个方面。人的性格千差万别，你在尝试理解与包容的同时，不妨向不拘小节者学习放下，跟横冲直撞者学习勇气，与锱铢必较者学习严谨，和多愁善感者学习敏锐，从而塑造更完美的自己。长此坚持，你将在大学里交到新的朋友，快乐时有人陪你大笑，与你一同庆祝，沮丧时有人给你拥抱，帮你渡过难关。

书院中有你的老师，他们时刻陪伴你的左右，你可以毫无保留地向其倾诉，包括学习上的挫折、生活中的烦恼与择业时的迷茫等，因为老师就像父母，比起你的问题，他们更担心你有问题却藏在心里。有时，老师会以邀请你喝茶的方式来了解你的近况，你不妨知无不言、言无不尽，因为老师又像朋友，平等且不拘束。同时，透过与老师的交往，你可以全面感受他们的人格，尤其是看待事物的角度与处理问题的思路。总之，请试着去信任你的老师，他们曾经走过你的阶段，即使在今天也免不了被烦恼与迷茫敲打身心，难道你不想知道他们怎样应对吗？

书院中有你的活动，讲座、论坛、读书沙龙与兴趣小组等，不妨结合自身需求选择参与，个性化地获得发展。有的同学感觉课程吃紧，便全心全意地投入到了学习中去，虽然分数可能有所上扬，然而他们并不清楚，埋头读书让自己与书本外的知识失之交臂。以联欢会为例，负责筹办锻炼组织能力，当主持人施展口才，唱一首歌练习乐感，即便是看，也能联络同学感情甚至强化艺术修养。这些隐形的素养，即使读一百本教材、做一千道习题也未必能被参悟，不要等将来再追悔莫及。因此，趁着青春年少，不如疯狂一把，尽享活动带来的收获与乐趣。

3. 读书是永恒乐趣

不论教材、经典抑或其他，我们已经无法再想出新的辞藻来渲染读书的重要性了，索性集中探讨一下你可能会遇到的问题吧。

虽说心动不如行动，但浩瀚的书海却令人难以取舍甚至望而却步。其实，不仅哈佛大学与清华大学等高等学府有各自的必读书单，也有专门书籍提供此类引导，比如在《西方正典——伟大作家和不朽作品》中，美国文学理论批评家布鲁姆（Harold Bloom，1930—）解析了西方的 26 位著名作家及其作品，而这本书本身也是一个看点。当然，出于对每人特点的考虑，你也要主动出击锁定自己需要的书籍，因为圈出来的未必是最好的。举个例子，你在刚开始学 C++程序设计时大概会产生“应该找一本好教材”的念头，可介绍 C++的书籍这么多，而你的了解又这么浅，选择哪一本才不会错呢？向老师和同学询问自然可行，经由网络让全世界的人帮你出主意也挺不错，“科学网”上的博文书评和“知道”中的提问讨教等是全面而真实的读后感，自然会使你明白初学者与进阶者该如何选择。另外，跟着感觉挑选书籍未尝不可，散文小说能够调剂心情，人物传记可以激励斗志，科普读物使你见识广博，鸿篇巨制让你思想深邃，让心境随书籍翩翩起舞。

至于拿到一本书该怎么读，机灵的你或许会回答“厚薄法”，不错，这一方法对于攻克新的书籍十拿九稳。梁启超也总结过与华罗庚类似的读书法，即鸟瞰、剖析与汇通，他还指出抄书是“促醒注意及继续保存注意的最好方法”，提倡将好的作品与格言“熟读称颂”。然而，我们又不得不考虑特例，假设实验室的项目为期 1 个月，还没等你“由薄到厚”，早就已经火烧眉毛。在这种情况下，你必须把书籍当作字典来查，需要解决什么问题就跳到什么章节，临时先抱佛脚，等有时间再“抱”其他部分。有的学生在读书时十分精心，遇到陌生的概念便去查资料，不巧资料里也有陌生的概念，于是再去查资料，结果长出了“二叉树”。但事实上，如果所谓盲点不在前进的路途上，扫盲反而可能减慢速度，可见难得糊涂也很必要。当然，我们并非在为马马虎虎说情，等忙完了额定任务，有必要返回夯实基础，而很多老师也正是利用假期来潜心补课的。

读不同的书要用不同的方法，打个比方，如果以科学家的眼光来研究拇指姑娘，就像把安徒生童话读成了凡尔纳科幻，很难体会到烂漫的童真，可见读故事书要带上孩子气。再比如说，讲到佛家的“空杯心态”，这意味着在参悟公案时，要摒弃一切的个人色彩。大部分的书籍晦涩难懂，你可以先置之不理，换用“外打进”的方法选浅显易懂的书籍逐层深入，待时机成熟则疑窦自解。有的书籍看似无用，令人昏昏欲睡，你不妨先照单收下，等待契机出现点石成金。有可能你担心半途而废，试着与人结伴而行，或许起初督促多过分享，但你终将看到结局何其欢乐。最后还想强调一点，好的书籍值得反复阅读，伴随阅历增加，你将在每一次的重读中听到不一样的述说。

4. 不容错过的讲座

大学里有一种资源千金难买，却常落得沧海遗珠，那就是精彩卓绝的讲座。办一次讲座不容易，场地、人员与经费等必须面面俱到，哪里容得随便请一位嘉宾来肆意挥霍，只凭这点，或许就有了不妨一听的理由。通常情况，学校网站上、教学楼的宣传栏中会预告讲座的日程安排，偶尔还有海报和易拉宝，你只需要稍加留意便能找到此类信息，结合自己的专业、兴趣与实践进行选择。

在你的列表上，大概学术类讲座的出现频率最高。国内外的专家与学者将血汗带来与你分享，包括突破的理论、革新的技术与创新的发明等，形式上也不拘一格，可以是具体的专题，可以是系统的综述。对低年级学生而言，学术类讲座相对有难度，如果嘉宾擅长科普倒也无妨，怕就怕闻所未闻的术语与高深莫测的定理呼啸而至，令你头晕目眩。遇此情况，首先尝试放平心态，能听多少就听多少，力求将关键字记录下来，使日后的整理分析有据可循。看到周围的人昏昏欲睡，或者频频短信，尽管扼腕叹息便是，因为他们将永远不会知道错失了什么。其次学会适当舍弃，如果嘉宾已经开始分析仿真结果，而你却还在纠结什么是“隐藏终端”，难免把西瓜丢了，芝麻也没捡到。再次不要畏惧发问，相对于单方向的听，反问的问无疑让沟通更完整，因为在你的提示下，疏漏之处才能得以弥补。或许你很委屈：“我什么都没有听懂，又从何问起呢？”没有条例规定问题必须高端，所以不懂什么就问什么，也许看到你的疑惑偏向底层，嘉宾会适当地降低讲座难度。最后务必聚焦思想，有的嘉宾倾向于介绍站位更高的科学方法，例如前面多次提及的戴世强与彭思龙，在借鉴他们观点的同时，你要领会经验背后的过程与感悟，以此来构建完整的人格。

另一方面，非学术类讲座非同小可。简单来说，这类讲座可以怡情养性，例如历史培养大局观念，音乐注入想象，单反入门是凝固时光的魔法，职业规划是行走人生的地图。他山之石，可以攻玉，非学术类与学术类方法常常“天涯共此时”。看到弟子所画对虾模仿自己如出一辙，中国绘画大师齐白石（1864—1957）曾以“学我者生，似我者亡”提醒弟子不能一味追随别人，而要找寻个人风格。这一道理之于学术领域依然成立，起步时以重现他人成果抑或援引外来技术作为基础无可厚非，但若止步于此，创新恐怕将永远是痴人说梦。

与讲座有异曲同工之妙的是博物馆、科学馆、展览会，不会说话的实物开诚布公地把历史与现状等陈设出来，让你看得明明白白。博物馆着重体现事物的演变过程，除去众所周知的历史与自然博物馆，也有五脏俱全的航空航天博物馆（见图 6.11）与专业性强的科学馆，漫步其中，你便化身为时间旅行者，亲眼见证奇迹的环环相生。展览会的主题更加千变万化，也更贴近生活，从汽车、电话到钢琴、棉花，都有着说不完道不尽的故事，在为大开眼界而叹为观止的同时，你也不要忘记挖掘其潜藏的独运匠心，如产品的设计理念与企业的营销模式。看得多了，便能够拓展知识范围并建立感性认识，甚至在不知不觉中也提高了鉴赏能力，变成了小半个“专家”。

图 6.11　北京航空航天博物馆的“黑寡妇”

6.4.2　外面的世界很精彩

1. 到企业去探探路

逐渐适应了大学的方方面面，你似乎又不安分起来，或许是想自食其力，或许是想积累经验，总之你开始好奇工作的模样。低年级学生往往从兼职开始，有的去快餐店打工，有的当起了促销员，有的在巷尾发传单，虽然辛苦，但终归踏入了工作的大门，而微薄的收入也增添了劳动的欢愉。除了直接到现场投递简历，如“团购”“饿了么”等快餐配送，还有很多途径可以帮你找到兼职，其中以网络与海报较为常见，但此类消息的发布者常常是中介公司，因此务必要当心生命与财产安全。可别小看兼职，这一经历使你有机会在真实的社会中尝试不同事物，进而逐步明晰职业规划；与此同时，碰壁教会你放下面子，奔忙则会磨砺你的身心。

对低年级学生而言，不论浅尝辄止抑或不懈坚持，兼职都是值得嘉奖的一步棋，但若你已经升入高年级，则需要将实习提上日程，凭借大学所学创造更多价值。相较兼职，实习与正式工作更贴近，在真实的企业当中，你可以将专业知识付诸实际，进一步为未来职业夯实基础。对测控技术与仪器专业的学生来说，实习内容一般以机械制造、光学制造、电子学加工等为主，只有佼佼者才有机会触及研发，但是无论如何，工程的时间将检验并修正理论的构想，让一切都真实起来、灵动起来。虽然实验室也具有上述作用，但环境却相对单纯，在企业中，你能接触到形形色色的群体，如测试工程师、研发工程师、售前工程师与项目经理，不仅能培养软实力，也可以学习他们看问题的视角。除此以外，企业比实验室工作压力更大，规则也更严明，遇紧急任务不但要加班加点，还须保质保量，这对你来说或许是个挑战。而与工作不同的是，在实习时发现自己不能胜任也没有关系，你完全有余地去尝试其他以发现自己的真正需求。你可以像挑选衣服一样选择工作，直到发现适合自己的那一件为止，如从技术转向行政，又或者是你看到了提升空间，于是决定留在学校继续深造。值得一提的是，毕业前的实习尤为关键，如果你有上佳表现，企业可能会直接向你抛出橄榄枝，如此机会你要把握。

作为实践的一部分，很多高校会为学生创造实习机会，这是寻找途径之一。时下，求职网站非常流行，借由这一平台，你能看到用人单位的招聘需求与企业概况，也可以将个人简历发布出来，一方面向心仪单位毛遂自荐，一方面姜太公钓鱼等愿者上钩。另外，你还可以请老师、父母或同学，甚至以往实习单位的朋友助你一臂之力，向他们熟络的单位作出举荐。

2. 周游列国也无妨

有一句话十年前便红遍大江南北：“心有多大，舞台就有多大。”平日有“经济全球化”与“世界公民”等字眼在鼓膜上跳跃，或许你的心也会随之舞动，开始渴望一成不变的生活有新的内容——到国外去看看。目前，多数高校都建立了各自的国际交流合作处，积极开展与多国大学与研究机构间的交流合作，包括交换项目、暑期学校与夏令营，形式多种多样，内容精彩纷呈。因此，若你有志向到国外一游，有信心能适应变化，不妨时常刷新学校网站，或者留意辅导员所发通知，一旦有机会便牢牢抓住。当然，天底下没有免费的午餐，只有满足申请条件才能走出国门，除品德端正等基础指标以外，以英语作为代表的外语便成了最重要的一道关卡。可以见得，之前我们强调英语并非空穴来风，不要让迟迟不来的英语成绩成为压弯你的那根稻草。至于经费，你可以尝试申请奖学金，也要为自理的部分做好准备，当然也还存在其他途径，具体方案需视个人状况而定。临行之前，一定要先了解当地风土人情，这不仅能避免文化差异引起的尴尬，更有助于你和当地人打成一片，进而迅速融入新的环境。

在踏上异国之旅的一刻，发现之门也将随即打开，新闻联播中的美国、历史课本上的英国、美术馆陈列的意大利、电视剧里的韩国……你道听途说的动人描述都将化作触手可及的真实情景，使你切身感受到美国的自由、英国的严肃、意大利的闲适、韩国的精致……紧随其后，多元文化之间将会发生微妙碰撞，启发你从前所未有的角度重新打量世界与自己，甚至悄悄发生蜕变。例如在新加坡，由于法律规定年满 18 周岁的男性公民必须服兵役两年，多数同学比你年长也就不再反常，而成长路线的差异或将引你思考；另一方面，作为中国的发言人，不要忘记将灿烂的华夏文明传递出去，同时让现代的国际形象（见图 6.12）竖立起来，要让世界看到，我们不仅有兵马俑与功夫，也有宇宙飞船和胰岛素。做到这点谈何容易，美国加州大学伯克利分校华裔校长田长霖（1935—2002）曾建议要学习并精通中国的历史与文化，进而在适当场合能恰到好处地表达与传播。我国神经科学家鲁白（1957—）则表示："我们在西方社会的价值，很大程度上取决于我们的中国北京和对东方文化的修养。对东西方文化的融会贯通，使我们对很多问题有与众不同的见解，而且处理事务的方式也有独到之处。"因此不要忘记，只有对祖国满怀信任与热爱，才能更客观地扬弃多元文化，才能更有力地赢得世界尊重。

图 6.12　纽约时报广场播出《中国国家形象片》

3. 于无声处听惊雷

到企业去，到外国去，都是刻意而为之的计划，我们常说："远在天边，近在眼前。"其实，只要贴近身边的每个人与每件事，都可以听到振奋人心的春雷。

大学里的老师与同学在你的生活中占有一席之位，大学之外又是怎样？高考过后，你与你的中国同学纷纷奔赴祖国乃至世界各地继续求学，但即使万水千山也割不断汪伦之情，恰逢空闲免不了要相互拜访，寒暑假期的大团聚已成习惯。见面时的谈资永远水到渠成，一句"近来可好？"便足够打开合不拢的话匣子：

"伯克利的课程特别繁重，一到考期图书馆彻夜都灯火通明。"

"开始不太适应，上海是大都市，做饭喜欢放糖，外国人倒挺多。"

"最近实在太忙，学校成立自旋电子研究中心。"

"大学选的经济专业，最近房价起伏，想申请 SRTP 研究一下趋势。"

……

在分享不同国家、城市、大学或专业的不同信息时，你们的轨迹便重新交叠在了一起，而当挥手告别之际，你已经拥有了多样人生。与长辈的交往也是类似道理，只是角度有所差异罢了，你可以了解他们的职业进而理清自己想做什么，也可以探讨地区发展趋势并从中发现机遇，甚至可以在闲谈时学习他们怎样与领导及同事和谐相处。表面上看，与人交往学问颇深，必须眼观六路耳听八方，但事实上，这一过程极为自然，往往耳濡目染就会形成，前提是你稍加留心。

当翘首以待的假期到来之际，你可以背上行囊去看世界，任青山秀水轻抚疲惫的心灵，让车水马龙汹涌唤醒沉睡的斗志。旅行途中，你将遇到形形色色的人与事，听他们讲没听过的轶事，也将看到不一样的风景，发现没见过的问题。例如在 2010 年的夏天，北京航空航天大学的七名同学从北京出发，凭借两个车轮横跨六省，骑行 1484 千米后到达上海。计划之初，团队口号里只提到"后奥运"与"低碳"，但结束时，队长洋洋洒洒写出了 4000 多字的报告记录路途艰辛，对大学生社会实践的反思是一部分，城乡发展不均、交通拥堵与土地资源浪费等也位列其中。由此可见，换一种方式旅行是对自我的挑战，困难带给你的砥砺，合作流露出的真情，目标达成后的喜悦，都将使你趋于成熟。与此同时，旅行也是对温室的破除，只有当你站在现实的瓢泼大雨下，才能真正理解世界上并不只有艳阳天，从而把责任感担在肩上。在美国电影《美食、祈祷与恋爱》（见图 6.13）中，女主人公用一年的时间旅居意大利、印度与巴厘岛，旨在寻找自我。在旅途将结束时，她旁白道："如果你真心愿意把旅途中的一切看成暗示，如果你从心底接受遇到的人作为老师，如果你准备好去面对并原谅自己不完美的一面，真理便离你不再遥远。"

图 6.13　电影《美食、祈祷与恋爱》

4. 但，请勿忘回家

《论语》有曰："父母在，不远游，游必有方。"所谓"有方"，是说如果不得已要远走他乡，就一定要向父母说明理由与去向，为他们安排好衣食住行。今时今日，如且不谈四方云游，只说入住大学，你能偶尔想起给家里打个电话吗？有句话："小时候觉得父亲不简单，后来觉得自己不简单，再后来觉得孩子不简单。"现在你大概认为自己比父母聪明，他们则越来越意识到你的强大，而实际上，父母的经验之谈在很多时候依旧奏效，但他们的年迈却成了不争的事实。

你或许认为父母与自己之间有"代沟"，老掉牙的观念不能解决你的问题，但结果又偏偏弃你而去，佐证了父母的正确——姜还是老的辣。因此不妨辩证地看待进而批判地接受，绝对不要一意孤行。你可能觉得父母很唠叨，总把一件小事翻来覆去地讲，却忘记了这出于他们对你的关爱，所以，请耐心去欣赏这些建议，这一过程本身便使他们感到满足。外面的世界固然很精彩，但歌曲还有另一半——外面的世界很无奈。懂事的你或许已经学会掩饰情绪，故作坚强，对自己的烦忧只字不提，为的是让父母宽心。做到这点真的很不容易，但不论你陷入了怎样的困境，又收到了怎样的误解，家门的吱呀作响已经让一切烟消云散。

很多时候，尽管你明白父母无法抵挡岁月的流逝，但潜意识里却仍然拒绝接受，因此父亲坚实的臂膀、母亲柔软的双手，至今历历在目。掩耳盗铃只是徒劳，不管你的羽翼是否已经丰满，父母正在变得越来越需要你，越来越依赖你。他们发短信告诉你家里的牡丹花开了，打电话询问你晚饭吃了什么，吵闹着让你对他们的 QQ 隐身可见，让你恢复从微信中删除的朋友圈，其实是在说："我想你了。"父母不会向你索取什么，他们只想知道你在哪里、过得怎样，心愿如此简单以至于经常被你忽略。2013 年 7 月 1 日，新修订的《中华人民共和国老年人权益保护法》规定："与老年人分开居住的家庭成员，应当经常看望或者老人。"用冰冷的法律规范亲情引人深思，但面对"孝道"的热议，一位父亲却说："不回家看我们能有什么，30 岁还不结婚才是违法。"哭笑不得之后，有的人却红了眼圈，因为当社会在关心父母的幸福时，父母只是关心儿女的幸福。

既然你离不开父母，父母也需要你，那么，请勿忘记回家。

6.5 那些未解之谜

本章我们首先罗列出你进入大学后可能想到的六个问题并尝试着给出解答，而后又从课程学习、科技实践与校园生活等三个角度详细剖析了大学的方方面面。然而，总有几条"漏网之鱼"，将其收录如下。

1. 为网络装上滤波器——怎样与互联网打交道？

在大学里，互联网是一个令人头疼不已的老问题，它就像吗啡一样亦正亦邪，因而也就备受争议。但实际上，互联网只不过是信息的载体而已，如何利用在很大程度上取决于你的鼠标点击哪里、点击多久。一旦互联网能为我所用，福利也将随之而来，你的学习、工作与生活被装扮得有滋有味，也更富有效率。例如，在搜索引擎中键入关键词并按下回车，海量信息就会源源不断地出现在你的显示屏上。然而过犹不及，若你为互联网所用，任凭现实在虚拟中迷失，一切则需从长计议。更有特例，一早醒来就开始逛论坛、"织围脖"或看视频，全然不顾光阴正从手心一寸寸地流逝，而为把虚度时日的愧疚抛开，又只得躲到游戏中去杀个痛快……日复一日，直到成绩单上全线飘红，起航的大学梦无奈夭折，呜呼哀哉。

可以理解，大学承载着成长的阵痛，为了填补现实与梦想的落差，为了确定自己究竟是谁或者将成为谁，你不断地走走停停，期间免不了碰壁、失望与迷惘。这些负面情绪囤积起来，便需要找一个出口宣泄。于是，有的学生决定成为虚拟世界中的英雄，在杀戮敌人的同时发泄不满，重构久违的成就感。然而一时之快过后，现实世界中的怪兽依旧满血，而虚无缥缈的空寂与铺天盖地的内疚反而令你感觉更加糟糕。此刻你有两个选择：一是躲回到虚拟的保护伞下继续逃避，在恶性循环的漩涡中消失殆尽；二是立即惊醒自己，尝试在现实中揭竿而起，找到行之有效的方法拯救自己于水深火热。何去何从，相信理智的你自有定夺。鉴于外界干预往往效果不佳甚至适得其反，不妨请自制力为你保驾护航，伴你共同抵制互联网的诱惑。同时，你可以寻求一种方式取代互联网来释放压力，如与恰当的对象一吐为快、打场篮球甚至大哭一场，然后向着目标继续前行，直到现实被你掌控。当坚强、自信与充实与你同在时，互联网的鬼魅自然不攻自破，而当局者则无法体会这份强有力的感觉。

若为互联网装上滤波器，将百无一用的信息全部剔除，把有价值的资源一网打尽，那么收获便会如期而至。比如，浏览新闻使你足不出户便知天下大事，借助电子邮件、聊天工具与 SNS，你可以在与他人互通有无的同时巩固社交网络。又如，在学校购买的数据库里，有求必应的图书、期刊与论文正在随时待命，如果充分加以利用，不仅可以为你提供权威参考，更有助于你去触及科技前沿，到多元文化的舞台上翩翩起舞。再如，曾经的危险品——游戏，如今只单纯地制造快乐，招之即来，挥之即去，偶尔帮你轻松一下又何妨呢。在滤波器的净化下，互联网是帮助你解决问题的助手，是指导你撰写学术论文的老师，是带领你发现生活乐趣的朋友，它让大学又平添了几分色彩。

2. 停下来去享受美丽——真的是"不优秀"吗？

亚里士多德说过："优秀是一种习惯。"对于从高考中脱颖而出的你来说，十年以来手不释卷、只争朝夕，追求卓越恐怕早已成为本能。然而来到大学以后，有的学生试图继续优秀下去，若"不优秀"便落得郁郁寡欢，无奈之下，习惯变成了"强迫症"，这点我们必须关心。

什么叫作"优秀"？或许你会回答，年级排名前十，评上"三好学生"，获得推免研究生的资格……这样回答无可厚非，因为你自幼受到的教育就是如此，表彰会上宣读的、光荣榜上张贴的以及师长啧啧称赞的，全部是这类学生的名字，你被叮咛着向他们看齐。而在进入大学之后，你又被卷入类似的竞争当中，甚至迷失自我。我们既鼓励你去发现究竟想要什么，也提醒你大学多样化的评价标准，为的就是让你为自己定义专属优秀。所谓专属优秀，很多时候等价于你的长处。德鲁克在其著作《21 世纪的管理挑战》中强调："只有当所有工作都从本人长处着眼时，你才能真正地做到卓尔不群。"除此之外他还建议读者采用"反馈分析"挖掘自身优势，即在做一件事情之前，先记录下自己对结果的预期，后以实际结果与之比较。超出估计说明你非常善于这件事情，持平代表一般，差距则表示尚有余地。以充分了解自己为前提，你才能够人尽其才，在避免以卵击石的同时弥补不足，从而做出一番成绩。另一方面，也有同学不愿将长处与优秀等同起来，他们并不在意结果多么漂亮，他们在乎的是过程中的快乐与满足感，这也是"优秀"的一种形式。

明晰了"优秀"的含义，另一个问题又随之而来，可不可以"不优秀"？透过字里行间你会发现，所谓的"不优秀"，是指不可以去迎合外界目光，因此你完全有权利选择成为"不优秀"的学生，在筋疲力尽的竞争途中停下脚步，去欣赏属于自己的那份美丽。有的学生看别人在博文中写"做科研不加班绝对做不到高水平"，便夜以继日地埋头苦干，只为让自己心安理得，丝毫不顾打疲劳战是否适合自己。但事实上，为所谓的硬性标准强迫自己摆出样子，如此"优秀"不仅有名无实，也会使你饱受煎熬，因为你不是在苦中作乐，而是自找苦吃。有的学生始终缺乏自信，因为虽然他们闯劲十足或者孝廉可嘉，但却没有一门考试成绩能为上述能力打分，更不用说颁发资格证了。所以，为了摆脱"不优秀"的影子，他们只得把得天独厚的特质亲手埋葬。退一万步，即使他们转而追求自己所认可的价值，打定主意不理会推免研究生、不计较奖学金、不在乎成绩单的排位突破两位数甚至三位数，也难以阻挡外界的种种质疑，让执着的守候摇上三摇。汉明（Richard Wesley Hamming，1915—1998，见图 6.14），美国著名计算机科学家，曾经在一次演讲中说过："包括科学家在内的很多人都具有一种特质，就是通常在年轻时能够独立思考、勇于追求。"而车尔尼雪夫斯基也曾写道："历史的道路不是涅瓦大街上的人行道，它完全在田野中前进，有时穿过尘埃，有时逾越泥泞，有时横渡沼泽，有时行经丛林。"由此可见，真理往往掌握在少数人手中，你不需要恐惧特立独行，更不必过分介意别人怎么说，因为即使不在学校，又或者说不是现在，守得云开见月明的那天终将来到。

最后强调一点，坦然面对"不优秀"的评价并不是鼓励你恃才傲物抑或裹足不前，而是希望你在发现自己偏离外界标准之际不必妄自菲薄甚至丧失自我。如果你能尊重心底最真实的感受，如果你能带上一颗平常心去看待周边事物，包容一切而又不被一切左右，如果你能欣赏自己，那么你就是最优秀的。

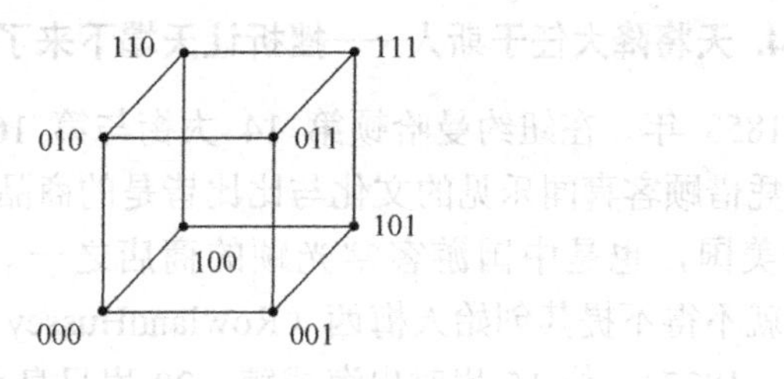

图 6.14　汉明与求解“汉明距离”的立方体

3. 失之东隅收之桑榆——谁说“推”比“考”好？

大学四年级出现的一类现象却令人担忧：备考研究生的学生开始复习，忙得焦头烂额；而推免研究生则迎来“解放”，整日闲庭信步。比较之下，很多人会觉得“推”比“考”好，但事实上，将来究竟谁主沉浮，我们还要拭目以待。

从大学一年级到三年级，能够被推免的同学大多经历了后高中时代，无时无刻不好好学习，天天向上。在教室第一排，他们留下了专心致志的身影；在图书馆的占座大军中，他们左手教材右手早餐，睡眼惺忪却毫无懈怠；在自习室的角落里，他们直到锁门才恋恋不舍地合上书本。有的学生远远规避校园活动，不敢离开学习半步，他们诚惶诚恐地关注着考试分数，患得患失地更新着竞赛名次，生怕一着不慎满盘皆输。有的学生还从事了社会工作，希望以课外表现来弥补课内成绩的不足，他们需要把两碗水端平，于是熬夜成了习惯，也着实不容易。此外，也有学生摸到了大学的窍门，吃透了学习的要领，他们学有余力，并且乐在其中，让人艳羡。等到四年级上学期确定推免研究生的资格以后，抢到“船票”的幸运儿终于可以松口气了，不用上课，不用占座，不用自习，每天悠然自得，要狠狠地补偿自己。话到这里，自然而然还有“但是”，部分推免的学生或许会淡忘之前所学，忽视实践能力甚至平添几分推免的优越感，全然不知备考研究生的学生正快马奔驰在超越的大道上，而日后的苦头还在等着自己。也有学生没让这段时光白白溜走，他们到企业去实地演练，参与实验室的研究项目，在提升能力的同时为研究生阶段做好准备，这些做法值得仿效。总而言之，推免的学生务必不要荒废时光，另一方面，备考的学生也要看到他们推免前的种种付出——天下没有免费的午餐。

众所周知，继高考的全民参与之后，研究生入学考试的硝烟正在四下弥漫，2017 年考研人数已经突破 200 万大关，大有第二次高考的风范。时值备考阶段，你宛若回到了中学时代，席天卷地的教材、备考书与试卷让你做梦都在想着怎样解题，而推免的学生大多活的神仙一般，求职的学生则开始自力更生，让人好不羡慕。但是反过来想，这一经历或许会为你带来与众不同的收获，让你有机会与推免与求职的学生一决高下，所以即使辛苦也很值得。第一，复习可以学而又思，在为各个学科找准位置的基础上串联起完整的体系，使你在理解上高了一级台阶，例如一年级时，高等数学可能只是高等数学，等到四年级时，高等数学是电磁场中的麦克斯韦方程组，是晶体管的小信号模型，是信号频谱上的傅里叶变换。第二，备战考试能够磨砺心志，让你在攻克难关的过程中增强自信，于抗击能力的同时收获坚强，在抵御玩乐的时候锻炼意志，你应该为自己骄傲。第三，鉴于难以兼顾多元评价标准，推免研究生的制度并非十全十美，而你也不必为规则所累，大可乘着禅心将其超越。回忆大学的前三年时光，你是否从学习里拔出精力并付诸时间，从科技实践与生活当中获益匪浅？如果答案是肯定的，那么不妨通过备考补回学习上缺失的一课，如此一来，你在未来又将省去多少考验的折磨呢？

将“考”和“推”做回比较，不过是这山望着那山高罢了。因为不论走上哪条道路，不论沿途风光怎样，只要不抛弃、不放弃，都能够到达伟大的罗马。

4. 天将降大任于斯人——挫折让天塌下来了吗？

1858 年，在纽约曼哈顿第 14 大街与第 16 大道的交会处，梅西百货（图 6.15）正式开张。凭借顾客喜闻乐见的文化与比比皆是的商品迅速名声大噪，如今梅西百货的分店几乎遍布整个美国，也是中国游客常光顾的商店之一。说到这里，就不得不提其创始人梅西（RowlandHussey Macy，1822—1877），他 15 岁时出海捕鲸，20 岁只身来到波士顿打拼。1843 年到 1855 年间，梅西先后经营四家零售商店，甚至奔赴西部领略淘金热的炙烤，然而全部惨淡收场。如果换成别人，或许早已丢盔弃甲，然而他是梅西，他把失败当成了最好的老师。从四次失败中，梅西先后从销售类别、店铺选址与营业面积等方面吸取教训，并将经验用到新的尝试中去，所以没有挫折，就没有今天的梅西百货。

图 6.15 梅西百货

由此联想到了孟子所言：“故天将降大任于是人也，必先苦其心志，劳其筋骨，饿其体肤，空乏其身，行拂乱其所为，所以动心忍性。曾益其所不能。”这段古文耳熟能详，背诵起来朗朗上口，但真正能做到的人有多少呢？挫折总是难免的，一些学生，尤其是在中学里拔得头筹的学生，到大学后往往摔得很痛，至于原因，包括专业不尽人意、考试的滑铁卢、伯乐难求，或者你喜欢的人不喜欢你，等等。这个时候，你可能会退化成愁眉不展的怨妇，一边在自怨自艾中虚度光阴，一边任凭抑郁吞噬健康，这是多么不划算的一件事情。积极地讲，不妨借用一点阿 Q 精神振作起来，进而适应甚至改变逆境，《西游记》中师徒四人历经八十一难后才取得真经，与吃人的妖怪相比，有的磨难简直是小儿科。

首先你要知道，作为成年人，不可以只做想做的事情。面对不想做的事情，与其敷衍了事，甚至消极怠工，不如试着全身心地投入，因为不论结果怎样，这一过程势必让你得到锻炼。其次你要看清，不经你的允许，挫折不能使你永远倒下。对待内心中熊熊燃烧的煎熬之火，湮灭是一回事，供养又是另一回事，若能做到“不去为打翻的牛奶哭泣”，你在与挫折的交战中便已经占了上风。第三你要明白，自我衡量的天平永远把握在你的手中。不管门户之见有多动荡，不论空穴来风有多猛烈，只要自己认可自己，做好自家事情，便不会被失重困扰，可见有必要学会偶尔“孤芳自赏”。最后你要铭记，除了以良好的心态加以应对，从挫折中吸取教训并且总结经验也很重要。教训如一道隐隐作痛的伤疤，每时每刻都提醒你不要被同一块石头绊倒。至于总结，如果适度的话，将有助于你识破其他石头的伪装。许多挫折缘起年轻时的瑕疵，而一遍一遍的打磨使你臻于完善，将你雕琢成器。由此可见，若能恰当利用心智之苦，挫折无异于一笔不可多得的财富，而跌倒后再爬起来的你，也将变得更加强壮。华为崛起也是同样道理。从电话交换机 JK1000 的惨败，到痛失小灵通市场，这家公司不仅没有一蹶不振，反而越挫越勇，愈挫愈强。究其原因，其总裁任正非一语道破天机：“我经历的挫折越多，我学到的东西越多，我的能力就比你强。”

除此之外，挫折还孕育一个群体，他们肩负的不但有书包，也有生活与家庭的重担，这意味着在兼顾学习的同时，他们还要打工赚取学费乃至补贴家用。有的学生出于自卑抬不起头，甚至以形单影只来保护自己，其实大可不必，因为挫折缔造的品质令他人肃然起敬。可以看到，除去劳动之苦与衣食之忧的磨炼不谈，他们要抵挡精神上的巨大压力，在与焦虑和无助的斗争中变得更为坚强，更能忍耐。在与人相处之际，他们懂得照顾别人，而遇到突发情况则表现得沉着冷静，能够以成熟的办法化险为夷。由于自幼便洞悉人生的苦涩，他们更明白奋斗的意义，更感恩幸福的来临。华人首富李嘉诚（1928—）有意让儿子挤电车上下学，一方面是出于“劳其筋骨”之说，另一方面就是希望他们去体验生活的艰辛。由此见得，与其把贫困视为挥之不去的阴影，不如将之当作挫折教育的学府，而你在其中领会的一切，又将会使你挥别苦难，一步一步地去接近美好。

本书或许只能走马观花地去收集那些凤毛麟角，因为大学之大，使得世界上任何一种计量单位都只能甘拜下风。从写作者的角度来说，我们最后仅给出了四个问题作为临别箴言，然而未解答的谜团远远不止这些，还需要你独立探索——书中的大学到此将告一段落，而你的大学则行将开始。

第7章　就业、创业与考研深造

就业是指具有劳动能力的公民，依法从事某种有报酬或劳动收入的社会活动。对大学生而言，到高等院校学习的主要目的是掌握更多理论与技能，找份理想的工作，更好地为社会服务。创业是从业者对自己拥有的资源或通过努力对能够拥有的资源进行优化整合，从而创造出更大经济或社会价值的过程。也是大学生利用大学阶段所学的理论知识和技能，根据社会的需要创办当前尚未发现或没有的企业，服务于社会的行为。二者都是直接参加社会工作，为社会直接创造财富。

大学本科是专业学习的第一阶段，主要学习本专业的基本理论和基本技能，对于更深入的理论和更全面的技能显然不够，测控技术与仪器专业毕业生还可以继续进行硕士与博士教育，通过继续深入、系统学习，才能成为可堪大用、能担重任的栋梁之材，鼓励有志青年考研深造。

7.1　就　　业

仪器仪表行业的发展直接影响国民经济各个部门的发展与技术进步，影响国防工业与国防科技的发展。提高生产效率，提高经济效益，都需要仪器仪表的支持，仪器仪表的技术水平直接影响国家科技现代化的水平。当前仪器仪表正向小型化、便携化、现代化与智能化的方向发展，应用前景无限光明。随着科技进步的不断深入，我国现代化建设的飞速发展，对掌握先进测控技术人才的需求将越发迫切。

7.1.1　就业前景

测控技术与仪器专业是仪器类学科的唯一本科专业，肩负着工业（包括国防工业）、农业、林业与国民经济各个领域的测量、控制、仪器仪表的设计、开发和监管等任务。涉及面非常广泛，大到航空母舰，小到居家小机电、小用品（如牙刷）、儿童玩具等产品的质量检测、监督与质量控制，都需要本专业的技术人才介入，这些都是测控技术与仪器专业毕业生就业的去处。

测控技术与仪器专业的培养目标指出：本专业培养专业知识、实践能力、综合素质全面发展，掌握测量、控制和仪器领域的基础理论、专门知识和专业技能，掌握信息获取、传输、处理和应用的技术方法，具有测量控制领域技术集成和仪器综合设计应用能力的复合型工程技术人才，能在国民经济各部门从事测量控制与仪器领域的科学研究、设计制造、技术开发、应用研究、质量控制和生产管理等工作。因为仪器仪表是各个领域都需要的质量监督、检测和监测的设备，需要对检测设备进行开发、设计、加工与装配，也需要对设备的使用进行学习、研究，实现质量控制和生产管理，都是本专业技术人才的工作。从培养目标中不难看出，本专业学生可以到以下几个方面寻找就业与发展的职位。

（1）到科研院所，从事仪器仪表的研究、开发

各省、市及自治区都设立了各种各样的研究院所，从事各行各业的质量监督检测仪器设备与仪表的研究、设计、制造、监管与使用等工作，需要测控技术与仪器专业人员的共同研究与

开发。当然，到研究院所从事仪器仪表的研究制造与设计开发需要在大学阶段打好理论基础，培养开拓创新的本领，才能适合研究、开发工作。

（2）到仪器仪表制造企业从事仪器仪表的设计、调试、检测与研发

仪器仪表制造企业几乎各省都有，各个行业都有相关仪器仪表的制造企业，到这些企业去，从事现有仪器仪表使用、维护和现有生产工艺的改进，在确保产品质量的前提下提高产品生产效率、降低成本。降低产品成本永远是企业生存、发展的原动力，也是仪器仪表发展的重要因素。

我国现代化工业发展进程飞速，新型仪器仪表不断涌现。创新设计是各个企业发展的原动力，需要大量专业技术人才的参与；设备生产过程需要调试、检测的项目不断增加，需要测控技术与仪器专业知识的支持，需要专业技术人才，尤其需要热爱本职工作，爱岗、敬业的人完成各项检测任务。

（3）到各个省市的计量监督、检测机构从事质量技术管理

各省市都设立了产品质量技术监督部门，对本省、本市所生产的产品进行质量技术的监督检测，尤其是对高压、高热和关乎人类生命安全的产品更要进行严格的质量监管。测控技术与仪器专业系统地学习了产品质量标准体系，主要目的是能够适应产品质量监管工作的需要，要做好到省市级计量监督、检测机构从事质量技术管理的准备，因为这些部门是测控技术与仪器专业学生发挥作用的场所。

（4）到现代化生产企业从事产品质量保障与管理工作

中国质量大会对技术和管理两方面提出要求：要大力推动企业质量技术创新，加快技术改造步伐，不断提高产品档次和附加值。管理是质量发展的重要基础。要积极推广应用先进管理办法和先进标准，健全质量管理体系，提高产品的稳定性、可靠性，提高服务的基本功、舒适度。

各行业的生产企业内容非常丰富，企业包括大型企业、中型企业、小型企业和微型企业，生产企业的共同特点是生产产品，产品质量是企业的生命线，如何确保产品质量，是任何向上发展的企业的高管都十分关注的工作。确保产品质量稳定，需要对产品的各项性能指标进行出厂前的检测，其完成者为企业质量标准的检测部门，常称其为 QC（Quality Control）。为提高产品竞争力，生产企业要不断地提高产品的质量，包括功能的提高、生产效率的提升和成本的降低。这是企业研发部门、质量检测部门的任务与工作，也都是测控技术与仪器专业学生发挥作用的地方。

（5）服务于国防、航空航天、勘测等领域

具有测控技术与仪器专业技能的学生还可以选择另外的职务，如仪器仪表的使用、维修、维护等行业。很多行业如国防、航空航天、勘测等离不开测量仪器与仪表，但是他们缺少对所用的仪器仪表的原理、结构维护与维修的基本常识，没办法对所用仪器仪表出现的故障进行维修，维修任务只能落在学校学习过仪器仪表原理，知晓其设计思想的测控技术与仪器专业知识的人才身上。随着科技发展，越来越多的高精密、大型仪器仪表用于国家重要领域，这些仪器仪表不仅仅是简单的使用，需要在功能上进行二次开发，需要更多的高层次人才参与才能物尽其用。同时，国内新兴起众多的精密仪器仪表生产单位，如上海全站测绘科技有限公司是典型的服务于大地测量仪器（如经纬仪、水准仪、全站仪等）设备维修、维护、仪器校准、仪器改进与研发的企业。该企业为国内外多家仪器生产厂商生产的测量仪器产品进行维修、维护，服务于各种勘测、设计、施工企业。

（6）从事教育事业

目前我国已有近 300 所院校设立了测控技术与仪器专业，几乎遍布全国各个省市、自治

区，其中很多高校需要测控技术与仪器专业的毕业生充实专业教育与开展研发工作，需要大量经过深造的专业人才从事教育事业。

习近平总书记在2014年9月9日第30个教师节前夕同北京师范大学师生代表座谈时指出：“教育是提高人民综合素质、促进人的全面发展的重要途径，是民族振兴、社会进步的重要基石，是对中华民族伟大复兴具有决定性意义的事业。”教师是人类历史上最古老的职业之一，也是最伟大、最神圣的职业之一。从事教育事业神圣而伟大。中国共产党第十九次全国代表大会报告指出：“建设教育强国是中华民族伟大复兴的基础工程，必须把教育事业放在优先位置，加快教育现代化，办好人民满意的教育。要全面贯彻党的教育方针，落实立德树人根本任务，发展素质教育，推进教育公平，培养德智体美全面发展的社会主义建设者和接班人。”

从以上6个方面不难看出社会对测控技术与仪器专业学生的需求量很大，就业前景一派大好。

7.1.2 就业准备

社会对测控技术与仪器专业的需求很大，就业前景很好，是否等于测控技术与仪器专业的学生很快就能够找到理想的工作呢？回答是否定的，因为“凡事都要做好准备才能成功”。

这是不争的事实。那么究竟需要做哪些准备？下面分几个问题讨论。

（1）确定合理的就业目标

明确就业目标并不是件易事，目前，社会的发展很不平衡，思想比较复杂，诱惑太大，首先需要端正思想，尤其要克服急功近利的思想。找工作要首先考虑发展前景，要做出自己成长成才的规划，做到“规划人生”，考虑长远发展。要使自己的发展与社会进步紧密结合，为此要考虑专业对口的问题，要认识到学校教育是打基础阶段，需要到社会去磨炼，需要到企业去实习、锻炼，接受继续教育。这就要求从长远利益出发考虑所求职的工作。不要关注眼前的利益，尤其不要受金钱诱惑。

其次，不要攀比，年轻人尤其是刚刚毕业的学生非常容易攀比，讨论各自的工作，薪酬待遇、工作强度、休息时间等都是交流的话题。交流是好事，但是需要坚定自己的选择，不要轻易改变自己的规划，不受金钱诱惑，不能只看到眼前的利益，因心里不平衡而跳槽，最终影响自己的发展前程。

（2）知识、技能和能力的准备

拟定向技术研发型目标发展，需要尽早学好扎实的基础理论，学好与专业相关的各门基础课。而有意从事管理的，则需要尽早了解管理岗位对人才的需求，早做准备。管理岗位要求具有范围更广的知识面，有一定的管理与办事能力，需要在大学阶段更多地参加社会工作，例如团委、学生会组织的各种学术团体、班级等管理工作，抓紧时间锻炼自己的工作与办事能力，做好从事管理工作的准备。

（3）树立良好的就业意识

目前企业、事业单位都采取竞争上岗的方式，优胜劣汰是社会主义初级阶段的表现，“双向选择”是需要做好心理准备的，每位毕业生都必须做好被选择的准备，树立良好的心态，准备好个人简介，用精练的语言介绍自己，让人了解你的品德和才能。

要量力而行，根据自身条件、爱好和理想，有步骤地规划前程，尤其是我们生活在这样的国家、这样的社会，外部环境为我们实现自己的理想提供了非常优越的条件，剩下的就是我们自己的努力了。细心地体会社会和周边环境，正确估价自己，要切合实际地设计人生，理解“先苦后甜”的道理，它说明了幸福美满的明天是需要付出艰苦努力之后才能获得的。不要相信“天上能够掉下馅饼”，要注意诱惑后面的“陷阱”。要看重前程，尤其要看企业发展史、企业老板与企业文化的文明程度。企业的发展前景有很多影响因素，老板的人品、企业文化是关键因素，不能光顾眼前利益，更不能钻钱眼，只看薪金。

（4）要理解储备

目前，企业招聘有多种储备，储备业务员、储备技术员、储备干部等。“储备”一词是近几年出现的，是因为高等院校培养的人才不能满足企业入职初期阶段的需要而采取的权宜之计。

目前，大多数高校对本科生的人才培养模式属于宽口径、重基础，目的是让学生能够适应更多企业的需要。而企业往往根据岗位的需求来招聘，岗位需要专业性很强的技术人才，二者存在着专业对口性的问题。企业不可能招聘到非常适合岗位需要的人才，解决问题的方法之一是企业给刚刚招聘的新员工再培养，因此，诞生了“储备”一词。被储备者要理解企业的良苦用心，要接受再学习、再教育，抓紧时间补上在上学期间没有学到的知识内容，以满足各个岗位对人才的需要。当然，树立了终身学习思想的学生不会对企业的再教育有任何反感，会欣然接受，并应该感谢企业对自己的培养与教育，感谢企业给自己成长发展的机会。

储备期间是补充学习，是实战前的锻炼机会，也是人生难得的机会，要做好准备。机会总是留给有准备的人。我们要抓紧时间做好准备，大学期间的学习就是在做准备，为祖国的繁荣富强做好准备。

7.2 创　业

创业是近几年发展起来的新生事物，大学生创业是科技进步的需要，是企业转型发展的需要。目前，北京中关村高新产业园已有很多大学生成功创业的实例，说明大学生利用所学的知识能够闯出一条发展高新技术的创业之路。

李克强总理在 2014 年 9 月的夏季达沃斯论坛上提出要在 960 万平方公里土地上掀起“大众创业”“草根创业”的新浪潮，形成“万众创新”“人人创新”的新势态。2015 年在政府工作报告中又提出：“推动大众创业、万众创新，既可以扩大就业、增加居民收入，又有利于促进社会纵向流动和公平正义。”在此基础上，中央与地方政府先后出台了若干扶持大学生创办高科技企业的政策，鼓励大学生创业，在高校设立了“大学生创业训练项目”，国家和地方政府投入经费鼓励在校大学生进行创业训练。为什么要鼓励大学生进行创业训练呢？需从下面几点进行分析。

（1）科技发展的需要

进入 21 世纪以来，科技进步飞速发展，很多企业都在提倡转型升级，不升级就有可能被淘汰，柯达公司的破产就是一个例证。

新技术促进新兴企业的发展已经成为技术创新的新潮流，是不争的事实。创新与创业紧密联系是企业生命力的体现，是企业发展的原动力。

创业需要掌握某种科技知识，需要具有强烈的创新意识，有开拓进取之心才能走好创业之路。一些高校师生的创业道路就是这样走过来的，一些具有创新思想、掌握一定科技理论和实践技能的年轻人联手创办企业在我国随处可见。马云创办了阿里巴巴，柳传志创办了联想，任正非创办了华为。

（2）创业是企业新陈代谢的表征

生物存在新陈代谢早已被达尔文证实，企业也存在新陈代谢，很多企业转型才能发展，有些曾经辉煌的企业倒闭了，其中因为技术进步原因的，可以理解为新陈代谢。怎样才能够促进企业的新陈代谢？关键是鼓励“创业”，国家与地方政府已经为“创业”下调了准入门槛，注册一个企业再不用愁注册资金的问题，国家还要给创业大学生以资助鼓励，用新技术、新思路创办新企业，都能够得到中央与地方的资助。

（3）大学教育的提升

进入新时代，教育改革已经遍布全国各个高校，新技术渗透到各个学科，学科发展、新技术的引入为创办新企业提供了技术准备和有利条件，创新创业教育已在社会、政府与高校间达成共识。创新创业教育是以培养具有创业基本素质和开创型个性的人才为目标，不仅仅是以培育在校学生的创业意识、创新精神、创新创业能力为主的教育，而是要面向全社会，针对那些打算创业、已经创业、成功创业的创业群体，分阶段分层次地进行创新思维培养和创业能力锻炼的教育。

目前，国家设置建设创新创业教育基地和平台，全国各高校纷纷成立创新创业教育学院、机构，开展了创新创业教育，形成创新创业课程体系。国家与各省市区都出台了“大学生创新创业训练计划项目”，即“双创项目”，目的是培养大学生的创新创业能力，鼓励大学生毕业后进行创业活动。

创新训练项目是鼓励那些学有所长的学生把他们的创新性充分发挥出来，实现理论学习与实践的充分结合，学与用的结合，得到创新训练；大学生创业训练项目是鼓励学生把学到的高新技术用到创业中，创办适应市场需要的企业，培养创业意识，得到创业训练。

7.3 考 研 深 造

考研是继续深造的一种选择，大学本科毕业后可以通过研究生入学考试继续学习本专业更深层的理论知识与实践技能，也可以考取与本科专业相差较大的专业，目的是扩展知识面；另外，通过考研还可对高校、对导师进行再选择。目前我国的硕士研究生入学考试对考生的学历有一定的要求，应符合下列条件之一：

（1）国家承认学历的应、往届本科毕业生。

（2）具有国家承认的大学本科毕业学历的人员。

（3）获得国家承认的大专毕业学历后，经两年或两年以上，达到与大学本科毕业同等学力，且符合招生单位根据本单位的培养目标对考生提出的具体业务要求的人员；国家承认学历的本科结业生和成人高校应届本科毕业生，按本科毕业同等学力身份报考。

（4）已获得硕士学位或博士学位的人员，可以再次报考硕士生，但只能报考委托培养或自筹经费的硕士生。

7.3.1 考研方向

报考哪个学校，什么专业，需要认真仔细地研究，既不要跟随他人的引导，也不要受一些“考研辅导”的诱惑，一定要根据自己现在学习的专业，根据自己的规划和将来发展的需要报考合适的专业。要充分发挥自己的强项，根据查询到的学校专业介绍，进行选择、报考。规划要尽早做，最好是大一开始就下定决心是否考研深造。可通过网络查询学校，做好选择，观察每年的招生情况，有关注、有准备，实现考研深造的理想。

依据 2012 年教育部颁发的博士、硕士学位授权目录，测控技术与仪器专业学生可以选择报考的硕士研究生学科专业方向如下。

1．仪器科学与技术（0804）

仪器科学与技术为一级学科，下设精密仪器技术与工程（080401）和测试计量技术及仪器（080402）两个二级学科。现在许多学校均按一级学科招生，可设置多个研究方向来覆盖两个二级学科，如长春理工大学仪器科学与技术学科设置如下 6 个研究方向：

（1）航天器地面模拟试验与标定技术

主要进行地球、太阳、月亮和星辐照环境模拟与标定技术、导航敏感器可靠性测试和航天器性能测试技术与仪器的研究。

（2）光电检测技术与质量控制

主要进行几何尺寸光电非接触检测仪器、形位误差光电综合检测系统、在线检测技术与方法的研究。

（3）光电精密测量及数字化装配

主要进行空天飞行器数字化测量与辅助装配技术、机载设备半实物仿真及综合测试技术、飞行器激光导航等的研究。

（4）智能测试技术与系统

主要进行靶场武器系统测试技术、轻重武器特征参数测试方法、常规武器智能测试设备的研究。

（5）精密仪器总体设计与仿真

主要进行光电精密仪器的总体设计、精度分析及总体系统仿真等的应用研究。

（6）视觉检测与图像处理技术

主要进行视觉信息转换与获取、视觉处理系统与设备、机器人视觉识别技术等方面研究。

有意报考的同学可上网搜索详细介绍，由于学校的优势与特色不同，各校的研究方向会有较大的区别。了解更为详细的内容与招生学校及其排名情况，具体报考哪所学校的哪个研究方向需要到相关学校网站上查询。

2．控制科学与工程（0811）

控制科学与工程为一级学科，包括博士、硕士授予权，下设 7 个二级学科。

（1）控制理论与控制工程学科（081101）

本学科以工程领域内的控制系统为主要对象，以数学方法和计算机技术为主要工具，研究各种控制策略及控制系统的建模、分析、综合、优化、设计和实现的理论、方法和技术。本学科培养从事控制理论与控制工程领域的研究、设计、开发和系统集成等方面的高级专门人才。

下设几个研究方向，需要到相关高校研究生招生网站仔细查询，例如中国计量学院下设 3 个研究方向，分别为：01 非线性系统理论；02 智能控制与智能检测；03 机器人技术。

（2）检测技术与自动装置学科（081102）

本学科下设 3 个研究方向，分别为：01 检测校准技术；02 太赫兹波检测与量子信息处理；03 电测与控制技术。

（3）模式识别与智能系统（081103）

本学科是 20 世纪 60 年代以来在信号处理、人工智能、控制论、计算机技术等学科基础上发展起来的新型学科。本学科培养从事模式识别与智能系统的研究、开发、设计等方面工作的高级专门人才。

本学科下设 3 个研究方向，分别为：01 智能机器人技术；02 迭代学习控制；03 智能检测与智能系统。

（4）导航、制导与控制（081104）

本学科是以数学、力学、控制理论与工程、信息科学与技术、系统科学、计算机技术、传感与测量技术、建模与仿真技术为基础的综合性应用技术学科。该学科研究航空、航天、航海、陆行各类运动体的位置、方向、轨迹、姿态的检测、控制及其仿真，是国防武器系统和民用运输系统的重要核心技术之一。重点科目为：惯性定位导航技术；组合导航及智能导航技术；飞行器制导、控制与仿真技术；惯性器件及系统测试技术；火力控制技术。

本学科下设 7 个研究方向，分别为：01 运动体的精密制导、导航与控制的理论与技术；02 空间探测及飞行器在轨技术研究；03 天地一体化信息交互与处理技术；04 智能控制及主动控制技术在飞机设计中的应用；05 机载（星载，弹载）计算机及嵌入式系统和嵌入式应用软件；06 虚拟现实技术在航天仿真的应用研究；07 水声对抗及水下航行器的制导与控制。

（5）检测技术与自动化装置（081105）

本学科是研究被控对象的信息提取、转换、传递与处理的理论、方法和技术的一门学科。它的理论基础涉及现代物理、控制理论、电子学、计算机科学和计量科学等，主要研究领域包括新的检测理论和方法、新型传感器、自动化仪表和自动检测系统，以及它们的集成化、智能化和可靠性技术。

重点科目为：先进传感与检测技术；新型执行机构与自动化装置；智能仪表及控制器；测控系统集成与网络化；测控系统的故障诊断与容错技术。

检测技术研究如何将各种反映被测对象特征的参数按照一定的对应关系转换为易于传递的信号，并提供给自动控制系统；自动化装置涉及控制系统中的传感器、变送器、控制器、执行机构等，包括它们的集成化、智能化技术和可靠性技术。本学科培养从事各种检测技术与自动化装置的研究、开发、设计等方面工作的高级专门人才。

（6）系统工程（081106）

“系统工程”是为了解决日益复杂的社会实践问题而形成的从整体出发，合理组织、控制和管理各类系统的综合性的工程技术学科。系统工程以工业、农业、交通、军事、资源、环境、经济、社会等领域中的各种复杂系统为主要对象，以系统科学、控制科学、信息科学和应用数学为理论基础，以计算机技术为基本工具，以优化为主要目的，采用定量分析为主、定性定量相结合的综合集成方法，研究解决带有一般性的系统分析、设计、控制和管理问题。重点科目为：系统工程理论及应用；系统分析、设计与集成；系统预测、决策、仿真与性能评估；网络信息技术、火控与指挥系统技术；复杂系统信息处理、控制与应用技术。

（7）生物信息学（081107）

“生物信息学（Bioinformatics）”是在生命科学的研究中，以计算机为工具对生物信息进行存储、检索和分析的科学。它是当今生命科学和自然科学的重大前沿领域之一，同时也将是 21 世纪自然科学的核心领域之一。其研究重点主要体现在基因组学（Genomics）和蛋白质组学（Proteomics）两方面，具体说就是从核酸和蛋白质序列出发，分析序列中表达的结构功能的生物信息。

3．光学工程（0803）

光学工程是一门历史悠久而又年轻的学科。光学老前辈王大珩院士曾在 1999 年论述了“光学老又新，前程端似锦”，它的发展表征着人类文明的进程。它的理论基础——光学，作为物理学的主干学科经历了漫长而曲折的发展道路，衍生出几何光学、物理光学、量子光学及非线性光学，揭示了光的产生和传播的规律和与物质相互作用的现象与理论。长春理工大学光学工程学科为国家级重点学科，经过多年建设已形成鲜明的特色与优势，主要研究方向如下：

（1）空间激光通信技术

开展高灵敏度激光接收、高速率激光调制、高精度捕获跟踪、多功能光学系统设计、空间通信网络等技术研究，并进行空地、空空、星际、星空、星地激光通信链路研究与试验。

（2）光电仪器与检测技术

开展军用光电动态测试、大型异型曲面检测、光学系统动态质量测评、军用目标模拟、光谱偏振强度成像技术与仪器研究。

（3）光电子技术及应用

开展半导体激光器有源材料与物理特性、器件模型及优化设计、制作工艺与输出特性、器件测试方法与评价、半导体激光器应用研究。

（4）光学设计与先进制造技术

开展一体化光学公差分配技术、基于动态光学的系统装调技术、仿生光学系统的设计与制造、衍射元件理论、设计和快速复制、红外与激光特殊膜系设计和加工、微纳光学元件设计与制造研究。

（5）微纳光学材料与制造技术。开展纳米材料的制备、结构及其光电性能分析与应用研究；飞秒激光制备宽谱吸收微纳表面；多光束激光纳米光刻及微纳复合功能结构表面制备方法研究。

近些年来，在一些重要的领域，信息载体正在由电磁波段扩展到光波段，从而使现代光学产业的主体集中在光信息获取、传输、处理、记录、存储、显示和传感等的光电信息产业上。这些产业一般具有数字化、集成化和微结构化等技术特征。在传统的光学系统经不断地智能化和自动化，从而仍然能够发挥重要作用的同时，对集传感、处理和执行功能于一体的微光学系统的研究和开拓光子在信息科学中作用的研究，如平板显示技术、全光信号处理及网络应用技术、生物分子光探测技术等，将成为今后光学工程学科的重要发展方向。

光学在不断发展，它涵盖的波段所具有的特性和应用价值正在被开发，一些预想不到的性能与理论研究还有待于被发现，更广泛的应用价值有待于未来科技工作者去发现和开发。

7.3.2 考研准备

俗话说："成功总是留给有准备的人的。"无论做什么事，要想成功，都必须做周密的计划和细致的准备。考研深造也必须尽早筹划，早做准备，才能实现自己的理想。

1. 尽早选择好要报考的专业和学校

选择好所要报考的专业非常重要，是自己发展方向的选择，是对未来的规划。选择好专业，再选择学校，根据学校的专业介绍和要求的考试科目进行准备。

2. 制订合理的学习规划

考研深造是个系统工程，需要尽早制订出学习规划，才能确保理想的实现。尽管刚刚步入高等院校，对高校的生活和学习还比较生疏，考研又是毕业前的事，为什么在学习导论阶段就提出制定学习规划呢？原因很简单，越早做准备，时间就越富余，准备的就越好。另外，从大一开始学习的基础课对考研准备非常重要，如果大一放松了，基础没有打好，将来再想补上，就要付出成倍的努力。

工科硕士研究生考试初试的科目基本为数学、外语（英语）、政治和专业基础课（由校方招生宣传确定）。通过初试的考生才有资格参加有关专业综合科目的复试。

（1）数学

数学的考试内容包括高等数学、线性代数、概率论与数理统计，是大一至大二的主要课程。

（2）外语（英语）

外语（英语）的考试内容包括阅读理解、写作与外语知识应用，也是从大一开始学习。

（3）政治

政治的考试内容包括马克思主义哲学原理、毛泽东思想概论、邓小平理论和“三个代表”重要思想等，也是大一开始学习的内容。

（4）测控技术与仪器专业的专业基础课

测控技术与仪器专业的专业基础课一般包括电路、电子技术、工程光学和自动控制原理等内容，最好到准备报考学校的网站上核实，有目的的准备。

3．掌握正确的学习方法

工科方向学科的理论课系统性很强，循序渐进，一环扣一环，理解、分析与记忆相结合是很好的学习方法，课上要认真听老师的讲述，听出内在关系，课后总结本节课的知识点，如果能够提出一些疑问就说明自己已经基本掌握了。

（1）理论课

基础理论课是专业课的基础，它由基本概念、基本定理、定律、计算公式、定律的推导方法等组成。

理论课要注重理论体系，是需要定量描述与抽象思维的系列课程，例如，数学、物理与控制理论等。学好基础理论课的关键有4点：

① 重视课堂教学环节

老师讲课是门艺术，学生听课也很有学问。老师要经过周密细致的准备才能上好课，将知识点交代清楚，让学生尽量能够在课上接受。作为学生，课上要听老师是如何提出概念问题，讲解概念、定理、定律的意义，论证的方法，推导的思路，适当地做笔记会帮助课后复习、理解。

② 加深理解基本概念、定理与定律

基本概念、定理与定律是理论的基础和“框架”，学好基本概念、掌握基本定理与定律需要多看参考书，加深理解。因为每本参考书的作者在编写过程中都要对基本概念进行深入的研究，从不同的角度阐述基本概念，验证的方式也各有千秋，能够帮助我们加深理解和记忆，对概念的认识更加深刻。

多读参考书也会对基本定理与定律的掌握有更多的益处，定理、定律的验证或证明方法是很重要的，可以帮助学生理解定理、定律的意义和应用。工科学生要特别注重定理、定律的应用问题。

③ 做习题

做习题要明确目的，做习题能提高学生对基本概念、定理与定律的理解和应用能力。每做一道习题（包括看例题）都要研究、讨论本题用了哪个基本概念，是用哪条定理或定律解决的，尤其是例题，目的性非常强，这样做习题，量不要求多，但收效特别大。当然不排除多做习题，因为每道习题都为你提供了不同的思考点，尤其是难题，需要用更多的概念和定理、定律才能解决。同学之间相互讨论是更好的学习方法，能够对问题研究得更深入，对理论的理解更充分。

④ 学会总结归纳，系统掌握理论的整体性

随着学习的深入，基本概念、定理和定律越来越多，这时需要进行梳理、归纳与总结，将各个知识点的相互关系找到，穿成串，便于消化、理解、记忆和掌握。每门课程都分章节，都有要点、难点和重点，要注意总结，把它找到、抓住，要系统掌握理论的整体性。

（2）实验课

通过实验课可以检验定理、定律等理论的正确性和理论的应用范围与价值。实验课基本由如下步骤构成：

① 实验目的：通过做该项实验达到的目的。例如，验证某个定理、定律或某个规律的正确性，某种测量方法的可行性等。

② 实验所需的仪器与器材。用哪些实验仪器与器材能够完成预定的实验目的。

③ 实验内容：实验所要验证的定理、定律或某种规律的实验原理。

④ 实验步骤：完成实验的程序与操作过程，是工科学生培养动手能力最为重要的内容。要重视实验过程，重视分析实验步骤、实验方法、调整过程对结果数据的影响，提高分析能力。

⑤ 实验结果与数据处理：实验过程中观测到的结果与数据处理必须严格遵守实事求是的原则，根据实验数据处理结果得出结论。

⑥ 实验报告：将实验数据列表或绘出相应的曲线，进行分析，得出实验结论。通过实验的调试过程对实验结果的影响，解释实验结果变化的原因是能力提高的关键。

（3）外语课

外语是学习国外先进技术的重要工具，也是对外交流的工具。工程技术人员应该向科技比较发达的国家学习先进技术，因此要掌握外语阅读能力，尤其是科技外语的阅读能力。因此，研究生考试要考外语阅读能力。提高外语阅读能力的方式是多看与多写。

为了对外交流，研究生入学考试还要加试外语口语。外语听说能力的提高需要坚持多听多看外语原版的录音录像，有条件可以听外语广播，看外文电视、电影，学习外国人的语感语调；尽量多与外籍人员交流，提高自己的外语能力。

成功总是在艰苦奋斗之后，多少运动项目的冠军得主都有辛酸的奋斗历程，希望每位测控技术与仪器专业的学子都能够树立远大的理想，奋发努力，实现继续学习深造的愿望。

7.4 多元自我，多元目标

你一定还记得电磁波谱，从无线电波与微波开始，历经红外线、可见光与紫外线，一直达到 X 射线与γ射线，虽然可见光因为让我们看到世界而最先被接纳，但是其他电磁波也陆续找到了自己的位置，譬如无线电波与微波被广泛地应用于通信，又如紫外线的消毒作用。人也如同光谱一样有长有短，许多人是微波，是红外线，但是鉴于可见光为人所熟知，便也有意或无意地装作是可见光的样子，放弃了自己独具魅力的价值，多么可惜而又可悲。所以，为何不去发现未知的自己呢，穿透使你人云亦云的屏蔽墙，向着多元化的目标努力发展，总能到达属于你的终点。

7.4.1 发现未知的自己

1983 年，哈佛大学心理学与教育学教授加德纳（Howard Gardner，1943—）提出多元智能理论——“按照生物在解决每一个问题时本能的技巧构建而成”的理论。加德纳将多元智能分成七种（见图 5.1），分别是音乐智能、身体-动觉智能、逻辑-数学智能、语言智能、空间智能、人际智能、自我认知智能，并摘录相应的人物传记说明每种智能的决定性作用。譬如梅纽因（Yehudi Menuhin，1916—1999），这位美国小提琴家在 10 岁时就已经享誉世界，所依靠的便是音乐智能。

这里我们必须看到，尽管从中学到大学，教育的竞技场似乎倾斜于逻辑-数学智能，但事实上，被冷落了的其余六项智能，经过挖掘与培养，同样可能使你脱颖而出。风华正茂的 18 岁，正值学习专业知识与技能，定位自我与选择方向的年纪，一旦确定将投身于某个领域或行业，便可开始全力以赴奔向目标。或许迫于应试教育的压力，其余六项智能已经隐藏起来，但是通过多样化的尝试，同样能够有所发掘进而做出抉择。

也许，你已经较为确定一项智能就是自己最好的一面，并希望将之作为毕生的追求与谋生的手段，多么可喜可贺，只是不要忘记：问题的解决需要运用多种智能的组合，其余六项智能同样不可小觑。例如在前四章中，我们结识了任正非、诺伊斯、雅各布等人，作为卓越的科学技术工作者，他们的逻辑-数学智能毋庸赘言。但同时，我们也须看到，作为商业精英，他们还具备有效沟通、恰当判断以及商务与管理等诸多能力。特别是“不时抛出凝聚着深刻洞见和教益的美文”的任正非，竟然还是一位颇有造诣的文艺青年，在体现语言智能的同时，也为其他能力锦上添花。而诺伊斯除了获得麻省理工学院物理学博士学位以外，还攻读了格林尼尔学院文学学士，喜欢吹奏双簧管，表演连续剧，潜水，滑雪甚至驾驶飞机。由此可见，能力素质并非单调的“平面图形”，而是丰满的“立体圆锥”，这座由多元能力素质交织而成的尖峰，其奇妙之处在于用同一平面进行切割，不同的方法可以得到不同的“圆锥曲线”。

糟糕的是，如果将这个平面视作评价标准，你会发现几乎所有的评价的标准都具有其局限性，这种情况不仅发生在校园中，工业领域与社会各界亦难以幸免，只不过有“五十步”与“百步”之分罢了。所以，当你发现自己的某种能力素质在现存评价标准当中未被认可的，千万不要徒增退意，反而要坚定信念——“莫愁前路无知己，天下谁人不识君。”

7.4.2 遇见不同的未来

2001 年，美国工程院与自然科学基金委员会联合发起“2020 工程师”计划，并于 2004 年首次发表正式报告，题为《2020 的工程师：新世纪工程的愿景》（下文简称《愿景报告》）。这份报告在详细剖析 2020 年工程实践背景与未来工程师关键特征的基础上，提出了工程教育的十大愿景。位列第一的是“社会认可”——公众需要了解：接受工程教育能够获取不同的就业机会，也就是说，工程专业造就的不一定是工程师，也可以是非工程领域的人才。如同人类具有多元智能一样，职业发展同样可以具有工程界内外的多元选择。譬如任正非，毕业于重庆大学城市建设与环境工程学院，而如今最广为人知的身份是商人，是“华为技术有限公司总裁”；柳传志，其母校是西安电子科技大学，也就是当时的西北电讯工程学院，却在 2001 年被美国《时代周刊》选入“全球 25 位最有影响力的商界领袖”，最初他学习工程专业，从事一段时间技术研发，最后通过自主创业或者其他方式华丽转身进军商界。马云毕业于杭州师范学院外语系，并担任杭州电子工业学院英文及国际贸易专业教师多年，1999 年创办阿里巴巴，并担任阿里集团 CEO、董事局主席，2017 福布斯中国富豪榜公布，以 2554.3 亿元财富排名第三位。 京东集团董事局主席兼执行官刘强东中国人民大学社会学系毕业，创办“京东多媒体网（京东商城的前身）”，京东商城已成为中国最大的自营式电商企业，2016 福布斯中国富豪榜，刘强东排名第十六位。但是，读者或许认为这些案例遥不可及，缺乏说服力与参考价值。那么，就让我们摘录一则身边真实的招聘信息作为例证：

职位类别：S通信研究院人事实习生

工作内容：分析项目招聘需求，筛选简历，组织技术面试

学历要求：人力资源，社会学，通信与计算机相关

......

看到这里，不知道你是否会感到错愕：人事工作与人力资源、社会学挂钩无可非议，怎会偏偏多出看似格格不入的通信与计算机？别急，重新审视一下你会发现：虽是人事工作，却是“S 通信研究院”的人事工作，这意味着招聘分析、简历筛选以及面试安排统统针对通信领域的研发工程师。而具有相同专业背景的人事实习生相当于多掌握了一门业内语言，在理解招聘需求与简历描述时具有优势，可以作为使者游走于人事部门、技术部门以及面试者之间。也就是说，学习工程专业可以成为一名工程师，也可以成为挑选工程师的人。如此一来，从特殊至一般的例证让我们有理由相信，工程专业的毕业生具有工程与非工程的多元职业选择。当然，“越界”的过程并非一蹴而就那么轻松，不仅需要补充学习欠缺的专业知识，也需要在实践当中不断积累经验并提高素养，后者往往在参与大学社团或者其他活动时就已经悄无声息地开始了。

另一方面，公众在定义工程师时经常认为：工程师都埋头在实验室中做理论与技术研究，因而要么是专业技术型，要么是研究导向型。这是一种误区。2009 年，中国工程院指出我国未来发展还需要技术集成创新、产品创意设计与工程经营管理三类工程人才，依次侧重学科交叉、创新设计以及创业与市场能力。此外，2006 年，一次面向美国公众的职业调查显示：社会普遍认为，工程师呆板、不善社交、似乎总会制造麻烦。中国公众科学素养调查报告也反映了类似结果。显然，公众与工程师之间存在误解，但同时也说明，工程师面临着包括自然科学与数学知识在内的多元要求。总而言之，工程专业具有多元培养目标，这里的多元培养目标耦合于加德纳的多元智能理论：“每个成年人只有一种智能可以达到辉煌的境界。但事实上几乎具有任何程度的文化背景的人，都需要运用多种智能的组合来解决问题……正是通过这些智能的不同组合，创造出了人类能力的多样性。”退一步讲，即使没有发现自己某种智能超乎寻常也不必担心，因为各项均衡的能力素质也是一种能力素质，说不定何时就会锋芒毕露。

7.4.3 与明天有个约会

从你捧起本书的那一刻起，就开始与形形色色的人物交谈了，这些人物的一种或几种突出能力被我们拿到显微镜下放大、观察、剖析，希望从中有所启发和借鉴。更进一步，经过以上探讨我们知道，每个人物还同时蕴含着其他素质，只不过文中没有给出笔墨，需要读者自己体会、思考、总结。让我们共同分享本节的最后一个故事：说起包起帆，除了“抓斗大王”这一如雷贯耳的名号以外，还有全国优秀共产党员、劳动模范、道德模范、人大代表……以及国家发明奖 3 项、科技进步奖 3 项、国际发明博览会金奖 4 项……此外，这位始终以“初中二年级文化水平”自居、由码头装卸工“小包”蜕变成为教授级高级工程师“老包”的传奇英雄，始终只将自己视为一个有出息的蓝领工人。

坐在汗牛充栋的书籍中，包起帆回忆起自己业余学习的种种：“通过在职的文化课学习，上了一些专升本、工学硕士的课程，同时在工作中注意向同事学习，并通过各种展览会、技术座谈会来接触新事物、学习新知识。”谈起研制抓斗制服“木老虎”的初衷时，他亦没有豪言壮语：“从我 1968 年进港工作到 1981 年这短短十几年里，码头上死于木材装卸的职工就有 11 名，轻伤重伤的职工竟然达 546 人次之多，是码头的安全问题逼得我开始研究。”说到持续创

新与 RFID 货运标签系统的灵感之源——聚焦科技前沿的国际视野以及寄给儿子的月饼如何追踪，包起帆强调："除了要对自己所从事的事业具有深厚的感情，更重要的是要有非常敏锐和专业的洞察力。"面对大大小小的成就，他总结出"不结硕果绝不罢休"作为获取成功的传家之宝，提倡"老实做人，踏实做事"。他以"酒泉"这剂良药治愈了"科技成果好搞，奖金难分"的通病，凝聚起协同作战、其利断金的科研团队，更是三十年如一日将绝大部分奖金分给团队、伤残职工和困难职工，从而"吸引更多的人来种创新之树"。除此之外，平和的心态也是包起帆人生哲学里的关键词汇之一。

与彼时的"小包"相比，我们已经幸运太多，至少我们享有大学和大学教育这片沃土，至少我们拥有广阔的资源与开放的环境，至少我们能够安心生活，生命不受威胁……现在的"老包"最喜欢做的事情便是走进大学与学生分享自己的人生经历："你可以没有学历、没有资历、没有背景，现在还从事着平凡的劳动，但只要努力学习，爱岗敬业、用心做事，就能够在创新的道路上取得成功。"

2015 年"五一"央视新闻推出系列节目《大国工匠》。节目讲述了为长征火箭焊接发动机的国家高级技师高凤林等 8 位不同岗位劳动者，这群不平凡劳动者的成功之路，不是进名牌大学、拿耀眼文凭，而是默默坚守，孜孜以求，在平凡岗位上，追求职业技能的完美和极致，最终脱颖而出，跻身"国宝级"技工行列，成为一个领域不可或缺的人才。看到包起帆与众多前辈现身说法，认识到多元能力素质与多元培养目标，我们需要鼓起勇气并坚定信念，通过适当的心态与正确的方法，让"天生我材必有用"、"行行出状元"不再仅仅是苍白的口号，祝福自己，约定明天。

除去数以百计的发明与创造，包起帆又奉献了多少宝贵的精神矿藏供我们开采与把握？他是以怎样一种无言的方式引领并激励我们不断前行？我们又该以怎样的姿态做出回应？期待在完成本章乃至本书的阅读之后，你会给出属于自己的那份答案。

7.5 昨天、今天与明天

在了解工程师培养目标的多元性之后，你是否对自己又有了新的认识？是否看到了新的方向？是否找寻回了丢失已久的信心与勇气？不管怎样，正式启程明天之前，需要了解工程实践的过去与当前，进而合理预测，未雨绸缪。本节将从自然与社会、科学与技术、工程与专业三个方面入手，对工程实践背景进行总结与展望。

7.5.1 自然与社会

2012 年 12 月 21 日，我们多少有些惴惴不安：关于世界末日的古老预言，电影《2012》中关于股市崩盘、经济衰退、街头骚乱、战争屠杀的预告，以及地震、火山爆发、海啸等惟妙惟肖的灾难场面……这些既成现实或唯恐成为现实的画面在我们的脑海中来回飘荡，12 月 22 日还会到来吗？清晨醒来，我们庆幸一切安然无恙，世界末日是个谣言。然而剧中"疯子查理"所言——环境破坏和资源掠夺迫使地球平衡系统濒临崩溃，人类文明即将终结在无力回天的灾难之中——并非空穴来风，需要予以重视。

美国工程院将悬而未决的工程问题分为四类，最受关注的三类分别是能源和环境类、健康类与安全类；《愿景报告》指出，未来工程实践的社会大背景，主要体现在人口、健康与医疗、青少年问题与经济全球化方面；密歇根大学名誉校长杜德施塔特（James Duderstadt）研究并归纳了将会对世界和工程界构成重大影响的社会变化，知识经济、全球化与人口统计特征位列其中。由此看来，未来工程实践不止《2012》一个布景——环境与资源危机，与之毗邻的种种场景还涉及人口问题、国家安全、全球化、知识经济等。

预计到2020年，世界人口将突破80亿人，且老龄化与低龄化严重，食品、健康、医疗、贫穷、就业等一系列问题层出不穷，防不胜防。此外，国家安全存在隐患：恐怖主义，特别是核恐怖主义，如制造“9.11”事件的“基地”组织及其发布的“脏弹”威胁；不断升级的随机暴力行为，如2013年波士顿马拉松爆炸事件；以及网络危机，它以网络罪、黑客为典型作案方式，如携带“I Love You”病毒的电子邮件。这些由自然与社会变迁引入的负面影响都是未来工程实践的约束条件。

至于全球化，三次普利策新闻奖获得者弗里德曼（Thomas L.Friedman）在《世界是平的：21世纪简史》中对其有所描绘，并追述了“全球化正在滑入扭曲飞行的原因和方式”。信息技术的发展犹如在世界地图上倒了杯水，模糊了地理界限，同时使得资本与劳动力在全球自由流动。例如，iPhone由美国总部设计，日本制造关键部件，韩国生产显示屏与核心芯片，中国大陆与台湾地区、英国与德国等供应其余部件，深圳组装，返回美国集散中心然后发往世界各地。因此，乔布斯的号码簿中不仅有库克（TimD. Cook）与伊夫（Jonathan Ive），也有村田、三星、LG、富士康、TPK、ARM、英飞凌……对于发达国家而言，全球化意味着可以在世界范围内招贤纳士从而博采众长，合理配置资源并降低生产成本，尽管这是以加剧贫富差距为代价的。对于发展中国家来说，全球化是柄“双刃剑”，一面是机遇，另一面则是挑战。例如，基于劳动密集型产业的“Made in China”，虽然能够促进经济增长、带动技术发展并且缓解就业问题，但却可以引发经济波动、转嫁环境污染甚至陷入创新图圄。对于未来工程师来说，工程项目正由自上而下分工明确的竖条形发展为不同职能团队鼎力协作的扁平形，学科交叉、国际合作与文化差异等新的情境对工程师提出了新的要求。

最后，让我们再看一个案例。作为世界上最大的家电制造商之一，美国惠而浦公司于20世纪80年代开始拓展国际市场，却险些遭遇滑铁卢，原因是众口难调：瑞典用户想要电镀洗衣机抵御空气中的大量盐分；英国用户偏爱声音较小的洗衣机从而可以经常使用；甚至，法、德、意三国用户很难发出“惠而浦”的音节，又怎能发自内心认可这个品牌？看到这些用户体验与文化的差异，惠而浦公司却仍然做着白日梦——欧洲用户终将统一口味，于是，失败板上钉钉。这个案例作为“知识经济”时代技术市场的一个切片，足以让我们洞悉其举足轻重的地位。更进一步，知识经济最终将投射到以科学技术、管理及行为科学为核心的人力资本上——工程师需要纳入人与社会维度，使用综合思维解决复杂问题。

7.5.2 科学与技术

100年前，福特（Henry Ford，1863—1947），美国汽车工程师与企业家、福特公司创始人，道出这样一句名言：“如果我最初问消费者他们想要什么，他们应该会告诉我‘要一匹更快的马’。”100年后，乔布斯“像躲着瘟疫一样”避开由消费者组成的焦点小组座谈，带领苹果团队驾驶时光机器直达未来，赶在消费者之前洞悉他们的真正需求进而获得技术灵感，于是，改变世界的iPhone与iPad相继出世。

现代科学技术发展日新月异，普通大众在认知上难以企及，也就很难想出诸如“用手指代替键盘与鼠标”的点子。于是，掌握并运用科学技术“创造还没有的世界”的任务，只能交由工程师来完成。21世纪，纳米科学与技术（NANO）、生物科学与生物医学（BIO）、信息技术（INFO）以及认知科学（COGNO）蓬勃发展，交叉融合成为“会聚技术（NBIC）”，这意味着人类将进入微小化的科学王国，从纳米层面重新审视并改造世界与自身。生物传感器、碳纳米管、纳米计算机与NDA计算机等，均属NBIC研究范畴。以DNA计算机为例，这类计算机将传统微硅芯片置换为DNA序列，通过生物化学反应实现数据运算——1cm^{3}DNA可以存储多于百万张CD容纳的资料，十几小时便可打破所有电脑问世以来的运算总量。同时，自然、人文与社会科学间联系得更加紧密。例如，作为计算机科学的“新枝”，人工智能的实现还需从信息论、控制论、自动化、仿生学、生物学、心理学、数理逻辑、语言学、医学和哲学等众多学科中汲取营养。

除此以外，仿真开始在工程中发挥重要作用，工程师萌生了新的念头，可以通过仿真快速验证是否可行，这一做法大幅度缩减了创新的成本、风险与周期，而新产品的性能则节节攀升，特别是近些年来，随着技术臻于成熟，不论是有形的跌落碰撞，抑或是无形的电磁辐射，仿真几乎都能做到以假乱真，甚至于复杂系统的各个模块都可以被协同起来进行仿真，这又进一步提升了团队合作效率。另一方面，科学技术并不总是高高在上的，而是渗透到人类生活的方方面面，大到城市基础设施建设、通信设备、环境保护与可持续发展，小到对弱势群体的技术援助，到处都可以捕捉到科学与技术的身影，它们在不断发展壮大。

与此同时，蓬勃发展的科学与技术也引发了一系列重大问题。计算机带来电磁辐射，氟利昂引起温室效应，转基因食品可能导致人体突变、过敏或者部分组织器官病变……2010年5月20日，美国宣布世界首例人造生命诞生，这种名为“Synthia”的重组细胞完全由人造基因控制并能完成自我复制，这标志着新的物种可以由实验室创造而不一定通过进化诞生。这一成果令人喜忧参半，喜悦的是人造生命应用前景广泛，例如合成生物燃料；忧虑的是人类扮演上帝可能酿成环境灾难，妨害伦理道德，甚至制造出生物武器等潜在威胁。2011年，英国电视4台推出迷你电视剧《黑镜》，通过窥探残酷而现实的未来世界透视科技进步对人类生活的影响，特别是对人性的重构甚至摧残。当法国小说家儒勒·凡尔纳（Jules Verne，1828—1905）的科学幻想成为预言，我们欢欣雀跃地看到潜水艇、人类登月从书中走进现实；然而如果让《黑镜》中的黑色幽默走出荧屏，我们的幽默感是否将荡然无存？

末尾，我们引入一个新鲜名词“分裂性技术”，用以表述科技革新的又一特征。20世纪80年代，正立足行业之巅的IBM决定将操作系统和微处理器芯片外包出去，丝毫没有料到这些新兴的“雕虫小技”将会蜕变成为“雄才大略”，结果英特尔与微软迅速崛起，IBM衰退十年。这些在主流技术基础上进行分裂后产生的新技术便是分裂性技术。从蓝色巨人马失前蹄，到短信的出现与风靡，分裂性技术不断衍生出新的科技方向，甚至创造出新的用户需求，一举占据成本与市场两个优势。因此，拥有核心技术作王牌的大型企业需要重视分裂性技术，及时预测并抢占先机；没有王牌的中小型企业则需要审时度势，尽情发挥分裂性技术的优势。作为科学研究与技术创新的崭新思路，分裂性技术已然足够吸引工程界的眼球。

7.5.3 工程与专业

我国于1994年成立中国工程院，虽然有别于中国科学院，但权威性不相上下，这昭示着，工程并不是科学的一个分支，也不仅是科学的具体应用，而是一种集综合性与实践性于一身的“有创造力的专门职业”，亦即专业，工程师则属于一类专业人员。因此，未来的工程实践不能脱离专业背景，当中涉及系统工程观念、以用户为中心原则、业界影响下的公共政策以及工程的社会认可，等等。

为了追赶科学技术前进的步伐，工程项目规模日益壮大，复杂程度与日俱增。这意味着，工程实践亟须“系统观念”来指点江山，通过跨学科合作集思广益，使技术与道德、法律、社会、政治和文化等并驾齐驱。此外，科学技术过快发展使得普通用户难以驾驭，微软公司开发的办公软件 Excel 便是一个例证：虽是装机必备，然而 50%的功用却无人问津。因此，在测量科技运行轨迹的同时，还需定位用户体验，因为后者永远是前者的中心，距离越远，引力越小。如何缩小二者距离？是科学普及还是技术改良？这些问号需要由未来工程实践来一一破解。

需要指出的是，工程专业需要公共政策与社会认可提供辅助与激励。例如，《多晶硅行业准入条件》于 2010 年正式颁布，旨在抑制低端产能重复建设，确保产业健康发展。真可谓是“千呼万唤始出来”，除工业和信息化部以外，多晶硅骨干企业、业界专家、行业协会与研究机构均参与了这一公共政策的制定，他们不仅使之更加权威，也在一定程度上保证了行业自身利益。由此可见，工程与公共政策的对话是何其重要的一个方面。至于社会认可方面，《愿景报告》暗示，公众不了解工程教育提供的就业机会并不拘泥于工程领域，也不了解从幼儿园开始渗透工程教育对于挖掘工程人力资源潜力的重要意义。因此，必须寻找切实有效的途径博取社会认可，提升工程教育地位，保障其与时俱进的发展态势，从而更好地服务于未来工程实践。

一步一步细细数来，不难发现未来工程实践机遇与挑战并存，于是“未来工程师需要哪些能力素质”便成为我们接下来要讨论的一个问题。

7.6 未来工程师的能力素质

《愿景报告》这样描述未来工程师所需的能力素质：“2020 年的工程师应当具有什么特征？他或她应当具有莉莲·吉尔布雷思（Lillian Gilbreth，1878—1972）的灵巧力、戈登·摩尔的解决问题的能力、爱因斯坦的科学洞察力、巴勃罗·毕加索（Pablo Picasso，1881—1973）的创造力、莱特兄弟的果断、比尔·盖茨的领导力、罗斯福夫人（AnnaEleanor Roosevel，1884—1962）的道德心、马丁·路德·金（Martin Luther King，1929—1968）的远见，以及小朋友的好奇心。”通过对《愿景报告》、欧林工学院“工程创新人才”应具备的 9 种竞争力、《哈佛大学通识教育红皮书》、中国工程师资格认证，以及华为、中兴等企业对毕业生的基本要求等资料进行整理，我们将未来工程师的能力素质综合为以下四点：学习能力、实践能力、创造能力与伦理道德，这些是对工程师、工程界与工程教育提出的要求与期望。

7.6.1 学习能力

万向集团董事局主席、中国优秀企业家、香港理工大学荣誉博士……在感叹“民企常青树”鲁冠球（1945—）头衔数不胜数的时候，他却说道：“我办企业是逼上梁山的。”从米面加工厂到铁匠铺，从宁围公社农机修配厂到资产过亿的万向集团，鲁冠球可谓是摸着石头过河却又一步一个脚印。办厂同时，鲁冠球参加浙江大学现代化管理培训班，更不忘加强对员工的“脑袋投入”。在打入国际资本市场之际，鲁冠球认识到了设立海外公司的重要性，万向员工则学会了如何提高服务意识与自身修养。然而，鲁冠球最初不过是个初中毕业的打铁小学徒。

等一等，这里讨论的不是“工程师的学习能力”吗？怎么鲁冠球是位企业家？而且连大学都没有上过？其实，学习作为一种能力，无所谓学什么、怎么学、在哪儿学，鲁冠球在实践中学习、实时学习与终身学习的能力当仁不让可以率先垂范。站在工程师的角度上看，在实践中学习是指从工程、团队以及社会的课堂中有所收获，摸索前进。而实时学习是指工程师务必能够即时更新知识储备，快速融入新的领域，灵活适应突飞猛进的科技发展，从而确保不会被淘汰出局。终身学习呼应的是终身教育，美国实用主义哲学家、教育家约翰·杜威（John Dewey，1859—1952）曾经提道：“真正的教育来自离开学校之后，而且没有理由显示教育应该在临终之前停止。”更进一步，法国成人教育家、终身教育之父保罗·朗格朗（Paul Legrand，1910—2003）说道：“如果目标是要培养工程师使其能够适应明天的技术，那么主要的力量应放在教会学生如何学习，因为学生将不得不活到老学到老。”特别是对测控技术与仪器专业的学生而言，科技发展日新月异，仅凭大学所学有限知识很难追赶上它的步伐，“前半生用于受教育，后半生用于劳动”的说法再也站不住脚。因而，终身学习的能力已然成为驶向未来的船票，如何主动学习、持续学习、适应社会、实现自我，成为工程师需要化解的当务之急。以大学所获得的学习方法为前提条件参与职业教育，或者丰富文化生活，都是终身学习可以借鉴的途径。

作为一名工程师，精湛的工程基础和专业知识永远都是学习能力大显神通的重要阵地。同时，针对之前谈到的知识经济和学科交叉融合两大背景，工程师不仅需要深入某一专业领域，也需适当关注相关领域的发展以及对人文社会学科的学习，培养跨学科交流合作能力并提高人文修养。对于掌握专业技能同时能兼顾其他的综合性人才，工程界将振臂高呼以示欢迎。题外话是，如果你正为对专业不感兴趣而郁郁寡欢，不妨由喜好出发，将用于慨叹穷途末路的时间用在寻找跨学科的机会上，这样反而可能成全你的海阔天空。

7.6.2 实践能力

“当代毕昇”、国家最高科学技术奖获得者王选（1937—2006）院士于 1975 年开展汉字激光照排技术研究时曾遭遇瓶颈：传统照版系统设计面向 26 个英文字母，相比之下，中文字形不同并且信息量大，若都用点阵表示则需要千亿字节的存储量。针对这些特点，王选日思夜想，终于给出用数学方法计算汉字轮廓曲率的解决方案。接下来是技术攻关，王选带领团队“18 年没有星期日、元旦和春节的休息”，终于赶在英美竞争对手之前将中国印刷技术带离“铅与火”的时代。事情还远没有结束，王选通过开创北大方正集团实现产学研一体化，完成了研究成果的市场转换。1992 年，汉字激光照排系统已经占领 99%与 80%的国内与国外中文电子排版市场。更加可贵的是，王选从未冠名汉字激光照排系统，他没有架子，他的演讲稿也没有“帽子”与“鞋子”，他乐于提携年轻人并委以重任——“京剧界讲一台戏就是‘一棵菜’，生旦净末丑各行当一起托戏，搞科研项目，也需要这种团队精神。”工作之余，王选不忘关注科研体制改革，他于 2005 年向全国政协递交两份提案，一份是《提高与科技相关的执法水平》，一份是《国家科研经费应重点投向充满活力和创新能力的科研团队》。

在“汉字印刷术的第二次发明”过程中，王选表现出来的实践能力都有哪些？

首先是分析、判断、解决问题的能力。譬如在对汉字照排刨根问底的时候，王选抓住汉字具体特点，在掌握前沿照排系统核心思想的前提之下，运用科学知识与数学工具设计出实用产品，并通过明辨机遇、预测风险、估计成本和集聚资源来把握机会。特别是计算汉字轮廓曲率的矢量方法，不仅体现出王选扎实的数学功底与超强的想象能力，也展现了他暂时跳出工程诉诸理论解决问题的科学思维，以及敢于颠覆传统技术并相信问题能够解决的勇气。放眼未来，工程师将面临更加复杂而激烈的挑战，他们不仅需要拨开复杂系统中的重重迷雾，通过定性分析估算、预测、想象不确定情况，通过定量分析建模，计算、实验，判断问题从而化解问题。同时还需借助信息技术站得更高，关注国家大事，培养国际视野。在信息爆炸的年代，忙碌的一天常常从筛选数十封邮件开始，因此，未来工程师必须具备评估与分析信息的能力，运用批判性思维在自我价值与舆论价值之间做出辨别，这些价值不仅包括知识，也包括道德、审美，不一而足。本节伊始，我们提到莉莲的灵巧力——在设计和发明时进行规划、合并与适应从而界定并解决问题的技能，这是《愿景报告》以及工业界对未来工程师实践能力的最高期望。此外，工程师极有可能面临未曾谋面的问题，无法找到前人栽下的大树可以乘凉，这时，他们积累的实践经验或有助于找到突破口。

其次是交流合作、创业及领导能力。王选把科研项目比作“一棵菜”十分贴切，结合未来工程实践的全球化背景，团队合作正日益呈现出跨学科、跨国家与跨文化的特点，“生旦净末丑”虽需各司其职，但却万万不能井水不犯河水。因此，未来工程师需要具备良好的交流合作能力。无论对象是谁、来自哪里、信仰如何，他们都能使用诸如书面、口头、表格、图画的交流方式使自身被理解与信服，在国际竞争中占据优势。至关重要的是，他们必须善于科学普及，把高精尖的科学技术翻译成娓娓动听的通俗故事，让业外人士不至于摸不到头脑。例如，乔布斯在新产品发布会上掳获人心的魔力演讲、活泼生动的语言、聚焦用户利益的思路、大道至简的黑白幻灯片、掷地有声的数据等，足以将一个苹果的梦想兜售给世人。同时，未来工程师从不忽略合作伙伴的观点和感受，他们在协作中彼此包容、锐意进取。他们明白人无完人，懂得依靠团队，降低整体“误差”。这里有一个小小的细节，那就是在国际合作当中，语言能力，通常是指英语水平，其意义已远远胜过一张单薄的 CET 证书。同时，未来工程师也能够与政府部门打交道，参与到公共决策中去。又如王选的两份提案，不论呼吁科技打假、维护知识产权，还是建立公平合理的科研经费分配机制，都使政府与公众听到了企业的呐喊。

工程师在将知识转化为技术之后，还要把技术转化为生活，企业能力作为连接梦想与现实的纽带，亦是不容忽视的。长久以来，我国学术界与产业界时常是一个在天涯一个在海角，“相顾无言，唯有泪千行”——科研成果无奈浪费，企业研发不温不火，王选创立北大方正集团，助力产学研一体化，正是为消除二者隔膜树立典范。创业并非一劳永逸之事，对科学研究，对团队成员，王选要求大家做到“顶天立地”，“顶天”指技术一流，“立地”指产品实用。从此以后，汉字激光照排技术由此被赋予不败的生命活力，就像原本牵着线的小木偶活了起来，上演一出令人拍案叫绝的好戏。

不论对于团队还是企业，领军人才必备领导能力与管理能力。领军人才兼有专家与领导的双重身份，他们能够把握研究方向，凝聚并鼓舞团队力量，善于决策，勇于创新，他们是团队成员的良师益友，是工程的控制者、协调者与宣传者，是一切矛盾与冲突的调停人。从某种意义上讲，卓越的未来工程师可以是也应该是优秀的领军人才。2013 年初，《人民日报》发表文章《创新领军人才须具备领导力》，将领导能力分解为“四力”，分别是前瞻力、影响力、决断力与控制力，这里增加适应力，将工程与政治、经济、环境等外界因素融合的能力——作为补充。需要指出的是，没有人是天生的领导者，即使是在领导能力当中占据一席之地的人格魅力也并非与生俱来的，只有经过学习与实践历练而成的“浩然之气”，才能让工程师作为领军人才脱颖而出。

7.6.3 执行能力

“18 年没有星期日、元旦和春节的休息”，每当看到“18”这个数字，想必任何人都会为王选敢想敢干、坚忍不拔的精神与志在必得、舍我其谁的霸气深深折服。没有执行能力作引，想法将永远不能贯彻成为行动，行动也将无法落实成为结果，实践能力总归也只是一种能力罢了。就像龟兔赛跑，善于奔跑的兔子半途而废，而慢吞吞的乌龟却坚持爬到终点。这里需要高度注意的是，中兴通讯公司曾经反馈过这样一则用人体会：“一些实践，缺乏规范和专业化指导，反而养成一些不好的职业习惯。”因此，在执行过程中，我们还需要通过交流与反思不断矫正自己的实践能力。

军事科学领域最好的教师未必是战场上最好的指挥官。《哈佛大学通识教育红皮书》指出："抽象的原则本身是无意义的，除非它们与经验具有某种联系。"工程师离开校园之前，将主要精力集中于理解各种思想及其关联上，然而，只有通过"实例、实践和习惯"将思想应用于实际事务，其价值才能得以展现。

还有就是"心有大我至诚报国"信念，2018 年 1 月英年早逝的"时代楷模"吉林大学地球探测科学与技术学院教授、博士生导师黄大年教授，2009 年毅然放弃国外优越条件回到祖国，刻苦钻研，勇于创新，取得了一系列重大科技成果，填补了多项国内技术空白。他把爱国之情 报国之志，融入祖国改革发展的伟大事业之中，融入人民创造历史的伟大奋斗之中。这也是每个青年人需要具有的素质和品质。

最后引用中国共产党第十九次全国代表大会报告中关于青年一代的论述："青年兴则国家兴，青年强则国家强。青年一代有理想、有本领、有担当，国家就有前途，民族就有希望。中国梦是历史的、现实的，也是未来的；是我们这一代的，更是青年一代的。中华民族伟大复兴的中国梦终将在一代代青年的接力奋斗中变为现实。全党要关心和爱护青年，为他们实现人生出彩搭建舞台。广大青年要坚定理想信念，志存高远，脚踏实地，勇做时代的弄潮儿，在实现中国梦的生动实践中放飞青春梦想，在为人民利益的不懈奋斗中书写人生华章!。"让我们一同共勉！

参考文献

[1] 王庆有. 测控技术与仪器专业导论. 北京：机械工业出版社，2015
[2] 陆毅静. 测控技术与仪器专业导论. 北京：北京大学出版社，2016
[3] 张有光，王梦醒，赵恒. 电子信息类专业导论. 北京：电子工业出版社，2014
[4] 林玉池，毕玉玲，马凤鸣. 测控技术与仪器实践能力训练教程. 第 2 版. 北京：机械工业出版社，2012
[5] 中华人民共和国教育部高等教育司. 普通高等学校本科专业目录和专业介绍（2012 年）. 北京：高等教育出版社，2012
[6] 徐熙平，张宁. 光电检测技术. 第 2 版. 北京：机械工业出版社，2016.1
[7] 浦昭邦，王宝光. 测控仪器设计. 第 2 版. 北京：机械工业出版社，2012
[8] 刘传玺，毕训银，袁照平. 传感与检测技术. 北京：机械工业出版社，2012
[9] 程德福，林君. 智能仪器. 第 2 版. 北京：机械工业出版社，2012
[10] 夏路易. 单片机原理及应用. 北京：电子工业出版社，2010
[11] 廖晓钟，刘向东. 自动控制系统. 第 2 版. 北京：北京理工大学出版社，2011
[12] 郁道银，谈恒英. 工程光学. 北京：机械工业出版社，2012
[13] 苏振兴. 古典时代希腊教育思想研究. 天津：天津人民出版社，2011
[14] （英）约翰•亨利•纽曼. 大学的理念. 北京：中国人民大学出版社，2012
[15] 朱永新. 中国古代教育思想史. 北京：中国人民大学出版社，2011
[16] 朱永新. 中国近代教育思想史. 北京：中国人民大学出版社，2011
[17] 北航高研院通识教育研究课题组. 转型中国的大学通识教育——比较评估与展望. 杭州：浙江大学出版社，2013
[18] 朱永新. 中国古代教育思想史. 北京：中国人民大学出版社，2011
[19] （丹）克努兹•伊列雷斯. 我们如何学习：全视角学习理论. 孙玫璐，译. 北京：教育科学出版社，2010
[20] 戴世强. 戴世强科技博文精选：与青年朋友谈科研与学习方略. 上海：上海大学出版社，2011
[21] （英）阿弗列•诺夫•怀特海. 教育的目的. 庄莲平，王立中，译. 上海：上海文汇出版社，2012
[22] 王磊. 电子信息工程的现代化技术探讨. 城市建设理论研究（电子版），2012.6
[23] 于淼. 浅析测控技术与仪器专业. 企业文化（下旬刊），2016.4
[24] 王星星. 新形势下电子信息工程发展方向的研究. 电子制作，2013.3
[25] 顾祖钊. 浅谈测控技术与仪器的发展及特点. 科学与财富，2016.1
[26] 王培彦. 对智能建筑中建筑施工的节能再探讨. 城市建设理论研究（电子版），2012.6
[27] 罗超. LED 驱动智能家居照明新未来. 中国公共安全（综合版），2015.8
[28] 韩彦江. 浅谈高层住宅智能家居的电气设计，建材发展导向（下），2013.3
[29] 鲁春雨. 对测量控制技术的探讨. 城市建设理论研究（电子版），2013.12
[30] 卫东. 汽车的识别技术. 汽车与运动，2017.2
[31] 戴勇. 基于物联网技术的智能工厂应用示范. 无线互联科技，2015.12

[32] 任天. 能飞会跑的机器人. 科学大观园，2013.9
[33] 卢鹏. 网络技术对测控发展的促进作用分析. 商品与质量，2016.7
[34] 毛翠丽，周先辉. 测控技术综合实训模式的探索与实践. 科技创新导报，2013（8）
[35] 温秀兰. 测控专业人才培养模式与改革的研究与实践. 装备制造技术，2011（1）
[36] 付跃刚，徐熙平. 地方高校与军队联合卓越工程师计划的实践探索. 吉林省教育学院学报（下旬），2014.10
[37] 徐熙平，张宁. 测控技术与仪器国家级特色专业建设的实践. 教育教学论坛，2012.9
[38] 王孙禺，曾开富. 针对理工教育模式的一场改革——美国欧林工学院的建立与背景及理论基础. 武汉：高等工程教育研究，2011（4）
[39] 李曼丽. 独辟蹊径的卓越工程师培养之道——欧林工学院的人才教育理念与实践. 长沙：大学教育科学，2010（2）
[40] 乔杨，徐熙平. 高教改革根本出路在于开放大学本专科教育. 教育教学论坛，2014.11
[41] 钱颖一. 论大学本科教育改革. 北京：清华大学教育研究，2011.32（1）
[42] 谭晋钰. “互联网+”大学生创新创业大赛校赛实践与思考. 高教学刊，2017.5
[43] 王一美. 新建本科院校人才分类培养模式的可行性研究. 文学教育（下），2016.8
[44] 胡锦涛. 浅析高校学生干部能力素质模型及应用研究. 中小企业管理与科技，2014.9
[45] 刘勇. 创业型电子商务人才培养实践教学研究. 四川省高教学会 2012 年学术年会，2012.12
[46] 孙文武. 测控技术与仪器专业的发展及应用. 消费电子，2014.11
[47] 孙建中. 加强仪器仪表在研发与应用上的创新. 中国电子商务，2013.2
[48] 杨晶. 我国高校创业教育现状分析及对策. 职业教育（下旬），2014.5
[49] 王守伦. 传承与创新大学文化的育人功能. 中国高教学会高教管理研究会 2012 学术年会，2012.10

举报电话：（010）88254396；（010）88258888

传　　真：（010）88254397

E-mail：dbqq@phei.com.cn

通信地址：北京市海淀区万寿路 173 信箱

电子工业出版社总编办公室

邮　　编：100036